HUBSCHRAUBER · FLUGSCHRAUBER · TRAGSCHRAUBER

DIE GESCHICHTE DER DREHFLÜGLER

ROBERT JACKSON

Hubschrauber
Flugschrauber
Tragschrauber

MOTORBUCH VERLAG STUTTGART

Umschlagzeichnung: Carlo Demand
Einband und Umschlagkonzeption: Siegfried Horn

Copyright © 1971 by Robert Jackson
Die englische Ausgabe ist erschienen bei Arthur Barker Limited, London W 1 unter dem Titel »The Dragonflies«.
Die Übertragung ins Deutsche besorgte
Manfred Jäger

ISBN 3-87943-425-5

1. Auflage 1976
Copyright © by Motorbuch Verlag, 7 Stuttgart 1, Postfach 1370.
Eine Abteilung des Buch- und Verlagshauses Paul Pietsch GmbH & Co. KG.
Sämtliche Rechte der Verbreitung in deutscher Sprache – in jeglicher Form und Technik – sind vorbehalten.
Gesamtherstellung: studiodruck, 7440 NT-Raidwangen.
Printed in Germany.

Inhalt

Sich von der Erde lösen	7
Der Hubschrauber lernt fliegen	20
Hubschrauber-Entwicklung 1919–1939	26
Die Zeit des Autogiro	43
Drehflügler im Krieg	59
Mädchen für alles	94
Feuertaufe	107
Auf den Stufen zur Vollkommenheit	126
Rettungsflüge	150
Mit Stacheln bewehrt	172
Der Hubschrauber im zivilen Einsatz	186
Die Zukunft des Drehflügels	200
Die Grundlagen des Hubschrauberflugs	209
Anhang	218

Sich von der Erde lösen

Der Traum, sich in die Luft zu erheben, ist so alt wie das bewußte Denken der Menschheit. Vor fünfzigtausend Jahren mögen die Jäger ihre feuersteinbewehrten Speere auf dem Boden aufgestützt und ihren Blick zum Himmel erhoben haben, über den die Zugvögel dahinflogen – auf der Flucht vor dem Eis, das von Norden her vordrang. Und es mag dann jenes Glitzern in ihren Augen gestanden haben, das nichts anderes ist als ein Zeichen von Neid.
Jahrtausende sind darüber vergangen. Der Mensch hat gelernt, das Feuer zu beherrschen und die Scholle zu brechen. Das Feuer hielt seine Sippe warm. Und was da wuchs, das füllte ihre Bäuche. Aber mit der Überwindung des Hungers kam ein anderer, größerer Wunsch – ein Durst nach Wissen und Entdeckung, ein endloser Drang, der den Menschen dazu trieb, sich in kümmerlich primitiven Booten auf das Meer hinauszuwagen – auf der Suche nach neuen Ufern.
Und immer noch flogen die Vögel nach Süden, und immer noch wandte der Mensch seinen Blick auf zum Himmel – und kam dann ins Grübeln.
Es gab manche, die wollten es beim Neid nicht bewenden lassen. Sie versuchten es den Vögeln nachzutun. Sie sprangen von hohen Felsen – mit selbstgemachten, unbeholfenen Schwingen schlagend – und zerschellten am Boden. Sie konnten noch nicht wissen, daß die Muskeln des Menschen zu schwach sind, um die Schwerkraft ohne Hilfe zu überwinden.
Aber bereits im vierten Jahrhundert vor unserer Zeitrechnung

haben die Kinder im alten China ein kleines Spielzeug gehabt, dessen Prinzip einmal viele hundert Jahre später der Flugwissenschaft eine neue Dimension eröffnen sollte. Es war ein kleiner runder Stab mit ein paar Vogelfedern, sternförmig oben eingesteckt – aber so, daß jede ein wenig schief stand. Wenn der Stab schnell gedreht wurde, dann entstand durch die leichte Anstellung der Federn soviel Auftrieb, daß das Spielzeug senkrecht in die Luft stieg.

Zweihundert Jahre darauf ist Archimedes von Syrakus – der griechische Physiker und Erfinder, dem wir so manche Entdeckung verdanken, die zu den Grundlagen der modernen Wissenschaft zählt – auf das gleiche Prinzip gestoßen, wenn auch in einem anderen Medium. Er hat eine rotierende Schraube erfunden, die eine ausgezeichnete Wasserpumpe abgab, wenn man sie in einen Zylinder einpaßte. Rotierte die Schraube fortlaufend in diesem Zylinder, dann drückte sie gegen das Wasser und bewegte dieses weiter. Dabei entstand eine Reaktion: das Wasser drückte zurück – es versuchte zu widerstehen. Aber weitere zweitausend Jahre sollten vergehen, bis das Prinzip der Schraube des Archimedes auf das andere strömende Medium angewandt wurde – nämlich auf die Luft – um dort einen Auftrieb zu erzeugen.

In der Zwischenzeit bastelten die frühen Pioniere brüchige Schwingen, die oft den Flügeln der Vögel bis ins letzte nachgebildet waren, und tasteten sich im Dunkel des Unbekannten ihrem Ziel entgegen. Ein paar Lichtschimmer durchdrangen immer wieder für kurze Zeit das Dunkel. Die Gedanken und Inspirationen einer Handvoll Männer, die sich vom Vorbild des Vogelflugs abwandten und nach anderen Wegen suchten, dem Menschen die Ketten abzunehmen, die ihn an die Erde fesselten – diese Gedanken haben Formen des Fliegens vorweggenommen, die wir heute für selbstverständlich halten.

Roger Bacon war solch ein Mann – der englische Mönch und Scholar, nach dessen Ansicht allein das Experiment den Weg zu wissenschaftlicher Wahrheit und Erkenntnis wies. Bacon war 1215 in der Nähe von Ilchester zur Welt gekommen, stu-

dierte zu Füßen des großen Robert Grosseteste, Bischof von London, und lehrte später in Oxford und Paris. Zwanzig Jahre lang kämpfte er, um eine Grundlage für wissenschaftliche Erkenntnisse zu schaffen, drang in seine Studenten, forderte sie auf, die Fesseln des religiösen Aberglaubens abzuwerfen und endlich unabhängige, eigene Gedanken zu entwickeln. Es war abzusehen, daß er am Ende durch die Allmacht der Kirche gebrochen in einem Franziskanerkloster zu einem müden, enttäuschten Einsiedler wurde, dem der Papst verboten hatte, weitere wissenschaftliche Experimente aufzustellen. Aber seine Schriften haben überlebt, und neben seiner wohlbekannten Formel für die Herstellung von Schießpulver und einer Zusammenfassung seiner Forschungen auf dem Gebiet der Optik enthalten sie eine Anzahl bemerkenswert genauer wissenschaftlicher Voraussagen über die Möglichkeit des Menschenflugs. So hat er eine Flugmaschine für denkbar erachtet, »bei der ein Mann inmitten der Maschine sitzt und bei der ein Motor künstliche Flügel antreibt, die die Luft schlagen«. Dieser eine Satz ist von Bedeutung, denn er zeigt, daß Bacon die Grenzen der menschlichen Muskelkraft erkannt hat. Ihm war klar, daß der Mensch nur durch mechanische Mittel eine entfernte Chance hatte, genügend Kraft zu entwickeln – für den Antrieb seiner »künstlichen Flügel« – um sich damit vom Boden erheben zu können. Aber selbst Bacons Erkenntnis war noch zu begrenzt, um den Gedanken weiterzuführen.
Es sollte noch einmal sechseinhalb Jahrhunderte vergehen, bevor seine Gedanken einer Verwirklichung nahegebracht werden konnten – durch die Erfindung des Benzinmotors als geeignetem Antrieb.
Zweihundert Jahre nach Bacons Tod hat ein anderer großer Denker dem Problem des Menschenflugs seine Aufmerksamkeit zugewandt: Leonardo da Vinci, den das Thema zehn Jahre seines Lebens beschäftigt hat, von 1495 bis 1505. Wie bei Bacon waren auch Leonardos Ideen ihrer Zeit um viele Jahre voraus. Anders als Bacon brachte er ein beträchtliches technisches Können für die Aufgabe mit. Er war der erste, der die wahren Prinzipien des Flugs erläuterte. Er wußte, daß so-

wohl Wasser wie Luft strömende Medien sind, und daß das Verhalten eines festen Körpers, der sich in beiden Medien bewegt, im Grunde das gleiche ist. 1505 schrieb er eine bemerkenswert ausführliche Abhandlung über den Vogelflug. Es ist das Werk eines Genies – in Spiegelschrift geschrieben. Der brandige Geruch der Scheiterhaufen war eine dauernde Mahnung für frei denkende Wissenschaftler der Zeit, daß die Kirche wenig erfreulich auf das reagierte, was sie Häresie nannte. Leonardo hat sich große Mühe gegeben, das zu verbergen, was er an wissenschaftlicher Forschung unternahm. Deshalb blieb auch ein großer Teil seiner wissenschaftlichen Arbeit nach seinem Tode fast vierhundert Jahre lang für die Welt verloren. Wäre es anders gewesen, dann wäre den späteren Pionieren mancher Kummer und manche Tragödie erspart geblieben.
Leonardo wußte, daß ein Vogel mit ausgebreiteten Schwingen nicht senkrecht nach unten fallen konnte, sondern nur in einem flachen Winkel tiefer glitt. Er wußte auch, daß Vögel ihre Flügel und ihren Schwanz als Luftbremse benützen und ihren Flug damit steuern können, und daß sie sich die Aufwinde zunutze machen, um Höhe zu gewinnen. Er verstand sogar, wie wichtig genügend Höhe ist, wenn ein Vogel plötzlich das Gleichgewicht verliert und es widergewinnen will.
Aus seinen Beobachtungen schloß Leonardo, daß der Flug eines Vogels durch die Luft in vieler Hinsicht der Bewegung eines Fisches im Wasser entsprach. Wenn dies also der Fall war, dann mußte sich das Prinzip der Schraube des Archimedes gleicherweise auf die Luft anwenden lassen, um eine Vorwärtsbewegung zu erreichen – wenn man die Schraube nur schnell genug drehen konnte. Mit geradezu unheimlicher Vorstellungskraft erkannte er, daß das erwünschte Ergebnis nicht von der Bewegung der Schraube an sich kam, sondern vom Widerstand der Luft gegen die Schraube herrührte: sie würde eher die Schraube in die umgekehrte Richtung drehen, und deshalb würde ein Auftrieb entstehen.
»Wenn eine Kraft eine schnellere Bewegung schafft als die Bewegung der umgebenden Luft, dann wird die Luft zusammengepreßt, wie Federn zusammengepreßt werden, wenn

sich ein Schläfer in ein Bett legt. Und das Ding, das die Luft antrieb und nun Widerstand in ihr findet, wird zurückschnellen wie ein Ball, der gegen ein Wand geworfen wird.« Leonardo's Diskussion über die Möglichkeiten einer »hebenden Schraube« nimmt nur einen kleinen Teil der 35000 Worte ein, die er über das Thema »Fliegen« geschrieben hat. Und so findet man auch eine Skizze seiner Idee unter den Hunderten von anderen Skizzen, die seine Notizbücher füllten. Sein Analogschluß, daß die Schraube eingesetzt werden könnte, um einen Auftrieb zu erzeugen, »falls die Schraube ... aus Leinen hergestellt wird, wobei die Stoffporen durch Stärke verschlossen werden (in anderen Worten: luftundurchlässig gemacht werden), und falls sie sehr schnell gedreht wird«, war die logische Überlegung des praktische Ingenieurs, nicht ein plötzlicher Geistesblitz. Aber er hat die Idee nicht weitergeführt, und das überrascht kaum. Er machte keine Anmerkungen, in welcher Form die Schraube stabilisiert werden könnte, und scheint auch nicht erkannt zu haben, welche Auswirkungen allein das Drehmoment auf eine praktische Ausführung der Idee gehabt haben würde. Trotzdem ist Leonardo's berühmte Skizze aus dem Jahr 1483 – soweit bekannt ist – die erste logische Begründung des Hubschrauberprinzips.

Es wäre jedoch gefährlich, ihn als den tatsächlichen Erfinder des Hubschraubers zu bezeichnen. Er führte lediglich den Gedanken des chinesischen Lufträdchens einen Schritt weiter. Vom Standpunkt des Ingenieurs aus kann man aber sagen, daß er die Entwicklung des Rotorflugzeugs mit bemerkenswerter Klarsicht vorausgesehen hat. Es sollte weitere dreihundert Jahre dauern, bis ein anderer Ingenieur eine Hubschraube entwarf, die ihre Funktionsfähigkeit immerhin im Modellversuch bewies.

Der Mann, von dem die Rede ist, war Michail Lomonossow. Er hat im 18. Jahrhundert gelebt und hat sich im Laufe der Zeit mit nahezu jedem wissenschaftlichen Zweig, einschließlich der Aeronautik, experimentell befaßt. Sein erster Versuch mit einem Drehflügelflugzeug ergab sich mehr als »Nebenprodukt« aus anderen Arbeiten über Meteorologie. Er wollte die

Lufttemperatur und die Luftdichte in verschiedenen Höhen messen und hat sich mit charakteristischer Erfindungsgabe daran gemacht, eine »Flugmaschine« zu bauen, um seine Thermometer und andere Meßinstrumente in die Luft zu bringen. Das Ergebnis war eine Modelluftschraube, die Lomonossow im Juli 1754 vor der russischen Akademie der Wissenschaften demonstrierte. Ein zeitgenössischer Bericht besagt, daß das Ding als Fesselflugmodell flog und daß es »die Luft mit Hilfe von waagrechten Tragflächen, die in entgegengesetzter Richtung drehten, nach unten drückte. Die Tragflächen selbst wurden durch Federn angetrieben, wie man sie in Uhren verwendet«. Das war also eine Art gegenläufiger Rotoren – ein ganz außerordentlicher Beweis für die fast hellseherische Vorstellungskraft Lomonossows. Es gibt jedoch keinen Nachweis, daß der russische Wissenschaftler größere und weiterentwickelte Modelle gebaut hat.

Vierzehn Jahre später – 1798 – hat der französische Mathematiker J. P. Paunctor der französischen Akademie eine Abhandlung vorgelegt, in der er den Entwurf eines Muskelkraft-Flugzeugs beschrieb. Der Apparat, von Paunctor auf den Zungenbrecher »Pterophère« getauft, sollte eine Hubschraube für den Schwebezustand in der Luft erhalten und eine zweite Luftschraube für den Vortrieb. Von unserem heutigen Kenntnisstand aus gesehen, hätte die Maschine kaum funktioniert, aber Paunctons Abhandlung stellt die erste Beschreibung eines Drehflügelflugzeugs dar, das einen Menschen tragen sollte.

Paunctor scheint seine Idee nur niedergeschrieben zu haben. Von einem Modell wird nichts erwähnt. 1784 jedoch haben zwei andere Franzosen – Launoy und Bienvenu, der erstere ein Naturforscher und der zweite ein Ingenieur – ein Modellflugzeug mit Drehflügeln gebaut, ähnlich dem von Lomonossow. Es wurde gleichfalls von zwei Federmotoren angetrieben, die auf eine Achse montiert waren und sich in entgegengesetzten Richtungen drehten: eine Anordnung, die das Drehmoment wirksam neutralisierte. Die Flächen der kleinen Rotoren des Modells waren aus seidebespannten Drahträhmchen gemacht. Bei einer Vorführung vor den versammelten Wissenschaftlern Frankreichs machte das Modell am 28. April 1784 einen kurzen freien Flug im Saal der Akademie und erhob sich dabei über die Köpfe der Anwesenden, bevor die Federn abgelaufen waren und das Modell zu Boden fiel.

Der Erfolg dieses Modellhubschraubers erregte das Interesse der Wissenschaftler in ganz Europa, darunter auch eines der berühmtesten Männer der britischen Wissenschaft und Ingenieurkunst: Sir George Caylay. Die Bemühungen von Launoy und Bienvenu haben Caylay 1796 zu seinen ersten Experimenten auf dem weiten Feld der Flugzeuge »schwerer als Luft« geführt, und zwar mit einem eigenen Hubschraubermodell.

Dieses Modell von Caylay war um vieles einfacher als sein französisches Vorbild – es bestand aus zwei Korken, in denen je vier Hühnerfedern steckten, waagrecht und im rechten Winkel zueinander, aber ein klein wenig verdreht, damit sie einen »Anstellwinkel« aufwiesen. Die zwei Korken waren in Längsrichtung durchlöchert und steckten auf einem kleinen runden Stab. Sie konnten durch Schnurzug in gegenläufige Drehung gebracht werden, wenn man die beiden Schnüre vorher entsprechend auf die Korken aufgewickelt hatte. Das Modell stieg bis zur Decke des Zimmers.

Abgesehen von dem Konzept der gegenläufigen Rotoren war Caylay mit diesem, seinem ersten Flugmodell wieder zu dem alten chinesischen Spielzeug zurückgekehrt. Ein halbes Jahrhundert später verfuhr er bei einem verbesserten Modell wieder nach demselben Prinzip. Inzwischen hatten sich seine Gedanken mehr und mehr dem Problem des Menschenflugs zugewandt – eine Besessenheit, die ihn für den Rest seines langen Lebens weiterverfolgen sollte. Obwohl seine Voreingenommenheit auf dem Entwicklungsgebiet »schwerer als Luft« ihn mehr auf Entwürfe mit festen Tragflächen oder schlagenden Flügeln festlegte, hat er die Möglichkeit eines Hubschraubers für einen Menschen in einem langen Brief vom Januar 1818 an Lord John Campbell, den späteren Herzog von Argyll, dargelegt:

»Das erste Experiment, auf das ich mich tatsächlich schon

festgelegt habe, dient der Vorbereitung und soll mit Hilfe von Drehflügeln sicherstellen, wieviel Kraft notwendig ist, um einen Menschen in der Luft zu halten. Das würde – mit den Materialien, die sich bereits in meinem Besitz befinden – weitere drei bis fünf Pfund Sterling kosten. Wenn dabei die Kraftmenge mit Erfolg gemessen werden kann, dann möchte ich einen Motor bauen, der stark genug ist, um sein eigenes Gewicht und das eines Menschen hochzuheben, was jedoch ohne schnelle Vorwärtsbewegung, gesteuert nach dem Willen des Passagiers, wahrscheinlich recht gefährlich sein könnte«.

Es sollte noch einmal 25 Jahre dauern, bis Caylay zum Senkrechtstart zurückkehrte und sein Interesse durch den Brief eines jungen Amerikaners namens Robert B. Taylor im Jahre 1842 erneut geweckt wurde. Taylors Vater war mit Caylay einst bekannt geworden, bevor er im Jahre 1819 nach Amerika ausgewandert war. Der junge Taylor, der für kurze Zeit in England bleiben wollte, bat Caylay um seine Meinung zu einer recht originellen Idee: dem Entwurf zu einem Typ, den wir heute als V/STOL-Flugzeug oder Verwandlungsflugzeug bezeichnen würden, bei dem zwei gegenläufige Luftschrauben für den Auftrieb und eine dritte Luftschraube für den Vortrieb sorgen sollte. Im Horizontalflug sollten die Hubschrauben dann so zusammengefaltet werden, daß sie einen gewölbten Flügel bildeten.

Die beiden Männer tauschten ein paar Briefe aus. Taylor kehrte wieder nach Amerika zurück und ließ nichts mehr von sich hören. Im darauffolgenden Jahr jedoch schrieb Caylay eine Abhandlung, in der er die Idee des V/STOL-Flugzeugs als seine eigene ausgab, obwohl sein Entwurf – etwas verfeinert zwar – zweifellos auf den Ideen aufgebaut war, die Taylor ihm vorgelegt hatte. Caylay's Verwandlungsflugzeug bestand aus vier Drehflügeln, die leicht angestellt waren und paarweise an seitlichen Auslegern auf beiden Seiten einer fahrbaren offenen Kabine angebracht waren. Für den senkrechten Start faltete sich jeder Flügel zu einem achtblättrigen Rotor auf. Zwei Druckpropeller sollten dann den Vortrieb übernehmen, wenn sich die Rotoren wieder zusammenfalteten. Die

Maschine war auch mit einem primitiven Leitwerk am Heck ausgestattet. Obwohl Caylay eine detaillierte Dreiseitenansicht fertigte, betonte er in einer Beschreibung, daß »diese Konstruktion einer Versuchsmaschine für mechanisches Fliegen nicht als fertigentwickeltes Modell gelten kann, sondern mehr den Zweck hat, die Kombination bestimmter Prinzipien aufzuzeigen, die bei einer solchen Konstruktion beachtet werden müssen, wenn sie Erfolg haben soll«. 1853, während seiner letzten Phase aeronautischer Beschäftigung und fünf Jahre vor seinem Tod kehrte Caylay zum Konzept des reinen Hubschraubers zurück. Obwohl sein erstes Modell, 60 Jahre früher, eine ziemliche Ähnlichkeit mit jenem Spielzeug gehabt hat, das es schon im alten China gab, war diese Ähnlichkeit nur zufällig. Caylay hat etwas derartiges nicht vorher gekannt, und es ist höchst zweifelhaft, ob er von der Existenz jenes Windrädchens in China gewußt hat. Mitte des 19. Jahrhunderts jedoch war es auch in England zu einem allgemeinen Kinderspielzeug geworden, und Caylay hat mindestens eines aus Neugier gekauft.

Er schrieb, diese Spielzeuge seien »plumpe Beispiele für die Anwendung des Prinzips«. Aber er fuhr dann fort: »Wenn es perfektoniert wird, dann wird dieses Spielzeug als wunderbares Beispiel für eine funktionierende Luftschraube dienen können.« Caylay's verbesserte Version hatte, entgegen den früheren Modellen von 1796 mit Zwillingsfedermotoren, einen einfachen Dreiblattrotor aus Metall, der durch Schnurzug angetrieben wurde. Der Wissenschaftler beschrieb es selbst: »In voller Größe wird es sechzig bis achtzig Fuß aufsteigen, und wenn es in einem Winkel von 23 Grad vom Boden losgelassen wird, dann fliegt es eine beträchtliche Strecke weit fast horizontal. Wenn dann die Antriebskraft schwächer wird, dann wirkt sich die Schwerkraft wieder stärker auf den als Achse dienenden Stab aus; dadurch richtet sich das Modell auf und steigt in einer anmutigen Kurve hoch, bis kein Antrieb mehr vorhanden ist. Diese Flieger kann man aus Eisenblech mittlerer Dicke herstellen, wobei die vordere Kante der Flügel zugespitzt oder nach oben abgeschrägt wird und das

Blatt auf der ganzen Länge eine Anstellung von 15° zur Rotationsebene erhält. Der Stiel wird aus Kistenholz gedrechselt und die rotierenden Tragflächen werden oben dran mit einer Schraube befestigt. Das ganze wiegt 192 grains. Eine dünne Seidenschnur, etwa einen Yard lang, wird für die erforderliche Rotationsgeschwindigkeit sorgen.«
Ebenfalls noch im Jahr 1853 skizzierte Caylay einen siebenblättrigen Hubschrauberrotor. Aus seinen Notizen kann man entnehmen, daß er verschiedene Rotorauslegungen auf einem Prüfstand getestet hat, wobei ein Fallgewicht die Rotoren antrieb. Zwei Jahre später erwähnte er ein weiter verbessertes Hubschraubermodell, das immer noch auf dem Kinderspielzeug aus dem alten China basierte und beinahe 30 Meter in die Luft stieg. Das war seine letzte Notiz über das Thema des Fliegens: er starb am 15. Dezember 1857 im Alter von 83 Jahren.
Caylay wie auch alle anderen Zeitgenossen in Europa und Amerika, welche die noch in den Anfängen steckende Wissenschaft der Aeronautik in der ersten Hälfte des 19. Jahrhunderts zu befruchten trachteten, scheiterte immer wieder an einem enormen Hindernis: dem Fehlen eines geeigneten Motors. Dampfkraft war zwar besser als Muskelkraft, aber wenn auch Dampfmaschinen bei einigen Flugmodellen im 19. Jahrhundert zur Anwendung kamen, so waren sie zu schwer und zu schwerfällig, um in einem richtigen Flugzeug des Maßstabs 1:1 zum Erfolg führen zu können.
Trotzdem war es eine Dampfmaschine, die die Luftschraube des ersten Flugmodells der Geschichte antrieb, das im wahren Sinn des Worts mit Motorkraft flog – und dieses Flugzeug war ein Hubschrauber.
Es wurde 1842 von dem englischen Ingenieur W. H. Phillips konstruiert, und das besonders Interessante daran ist, daß es eine Art Strahlantrieb besaß. Dampf aus einem winzigen Kessel wurde durch den hohlen Rotorschaft und die Rotorblätter bis an deren Spitze geführt, wo er unter Druck aus kleinen Löchern nach hinten austreten konnte. Der Rückstoß drehte den Rotor. Das Modell flog, wenn auch nicht sonderlich gut. Es wurde dann 1868 im Londoner Kristallpalast ausgestellt.

Die Idee des Drehflügels kam an. Einige Erfinder verfolgten sie geradezu leidenschaftlich. Einer war der Vicomte Gustave de Ponton d'Amecourt. Er sammelte eine kleine Gruppe von Enthusiasten um sich, die sich der Weiterentwicklung der Drehflügler verschrieben hatten. 1863 baute er mit seinen Freunden ein kleines dampfgetriebenes Modell, das mit Zwillingsrotoren auf einem gemeinsamen Schaft ausgestattet war. Auf der Suche nach einem angemessenen Namen für seine Schöpfung kam er auf die Idee, die beiden griechischen Worte *helicos* (Spirale) und *pteron* (Flügel) miteinander zu koppeln. So wurde sein Modell als *hélicoptère* bekannt – und der Name, der heute für Hubschrauber international gebräuchlich ist, war geboren.

D'Amecourts Modell, das ganze vier Pfund wog, ist noch heute im Luftfahrt-Museum von Chalais-Meudon bei Paris zu bestaunen. Der Vicomte ließ seine Konstruktion in Frankreich und Englang patentieren. Obwohl Zeichnungen im Maßstab 1:1 angefertigt wurden, kam es nie zum Bau eines Prototyps. Beeindruckt vom Erfolg des Modells von d'Amecourt haben in der Zeit vor hundert Jahren verschiedene andere Erfinder Modellhubschrauber entworfen, gebaut und mit Miniaturdampfmaschinen angetrieben. Zumeist endeten diese Versuche als Fehlschlag. 1877 hat jedoch ein italienischer Ingenieur namens Enrico Forlanini ein Modell gebaut und geflogen, dessen Leistungen das Modell von d'Amecourt beträchtlich übertrafen. Am 29. Juni 1877 ist dieses Modell mit seiner sieben Pfund wiegenden Dampfmaschine dreißig Sekunden lang geflogen und hat dabei eine Flughöhe von 10 Metern erreicht.

Andere Erfinder wandten sich neuartigen Methoden zu, um das Auftriebsproblem zu lösen. Zu den genialeren gehörte der junge Russe Nikolai Kibaltschitsch, der zu den großen Namen in der Geschichte der frühen Luftfahrt gehören würde, wenn seine Karriere nicht durch einen frühen Tod beendet worden wäre.

Er kam 1853 in der Nähe von Tschernigow als Sohn eines Popen zur Welt, studierte an der Hochschule für Technik und Medizin in St. Petersburg und hatte eine vielversprechende

Karriere vor sich, als ein trivialer Vorfall – er hatte ein verbotenes Buch an einen Bauern ausgeliehen – zu seiner Verhaftung durch die zaristische Polizei und einer Verurteilung zu zwei Monaten Gefängnis führte. Nach seiner Entlassung trat er der *Narodnaya Wolnya* bei. Es war die revolutionäre Bewegung, die sich die Ermordung des Zaren zum Ziel gesetzt hatte. Und es war eine von Kibaltschitsch hergestellte Bombe, die am 1. März 1881 dem Leben des Zaren Alexander II. ein Ende setzte. Kibaltschitsch und seine Mitwisser wurden verhaftet und zum Tod verurteilt. Während der langen Wochen im Gefängnis hat er viele Seiten mit Notizen und Skizzen über ein Projekt gefüllt, das seine Gedanken eine Zeit lang sehr beschäftigt hat: ein Flugapparat, der aus dem Stand senkrecht starten kann. Kibaltschitsch hat das Konzept des Drehflüglers schon von Anfang an abgelehnt. Er war immerhin nüchtern genug, um einzusehen, daß eine solche Methode erst Aussicht auf Erfolg haben konnte, wenn ein starker und zugleich leichter Motor zur Verfügung stand. Als Alternative erkannte er den Raketenantrieb und konzentrierte sich darauf. Sein Flugzeug bestand aus einer einfachen Plattform mit einem Zylinder in der Mitte, der an seinem unteren Ende offen war. »Pulver-Kerzen«, in anderen Worten: Festtreibstoffe, sollten in den Zylinder eingebracht und dann gezündet werden. Der nach unten gerichtete Strahl der Feuergase sollte das ganze nach dem Rückstoßprinzip nach oben zwingen. Weil das damals gebräuchliche Pulver ziemlich unstabil war und zu schnell abbrannte, wenn alle Ladungen zur gleichen Zeit gezündet wurden, entwarf Kibaltschitsch einen eigenen Raketenmotor, in dem die »Pulverkerzen« nacheinander durch ein Revolvermagazin in den Zylinder eingebracht werden sollten. Diese Ladungen hätten die Aufgabe gehabt, rasch nacheinander gezündet, den Apparat im Flugzustand zu halten. Ladungen mit einem Schub größer als das Gewicht des ganzen Apparats waren für den Start vorgesehen, während kleinere »Pulverkerzen« für den Horizontalflug oder den Schwebeflug vorgesehen waren. Der Abstieg sollte dann so eingeleitet werden, daß immer kleinere Ladungen in den Zylinder eingebracht wurden. Während die Ladungen im sen-

krechten Zylinder so genügend Schub entwickelten, um die Maschine in der Luft zu halten, wollte Kibaltschitsch weitere Ladungen in einem waagrechten Zylinder zum Vortrieb verwenden. Aber er hatte noch eine andere Idee: »Es scheint mir«, stellte er fest, »daß man sich auf einen einzigen Zylinder beschränken kann, der dann nur in einem Kardangelenk entsprechend bewegt werden muß. Damit läßt sich Auftrieb und Vortrieb zugleich erreichen.« Wenn der Schub das Gewicht der ganzen Anordnung um eine bestimmte Größenordnung übertraf, dann konnte ein Teil für den Auftrieb und der Rest für den Vortrieb verwendet werden.
Kibaltschitsch wurde am 3. April 1881 gehängt. Er war 28 Jahre alt. Bevor er starb, händigte er seine Notizen den Behörden aus – in der Überzeugung, daß seine Ideen weiterverfolgt würden. Aber die Blätter lagen viele Jahre unbemerkt herum, bis sie schließlich von Luftfahrthistorikern »ausgegraben« wurden. Heute werden sie in den Archiven der Sowjetischen Akademie der Wissenschaften aufbewahrt.
Im September 1961 ist die Hawker Siddeley P.1127 – als Prototyp des ersten einsatzfähigen Senkrechtstart-Kampfflugzeugs – donnernd von einem britischen Flugplatz senkrecht in die Luft gestiegen. Nach einem kurzen Schwebeflug wurden die Schubdüsen um ein paar Grad geschwenkt. Ein müheloser Übergang vom vertikalen Aufstieg zum Horizontalflug war die Folge.
Der 80 Jahre alte Traum des Nikolai Kibaltschitsch war Wirklichkeit geworden.

Der Hubschrauber lernt fliegen

Während die Erfinder sich noch damit plagten, schwerfällige Dampfmaschinen an ihre primitiven »Flugmaschinen« anzupassen, erschien 1860 mit dem Gasmotor so etwas wie ein Schimmer am Horizont, eine Andeutung für die Lösung des Antriebsproblems.
Der Franzose Etienne Lenoir hatte ein Patent darauf angemeldet. Dieser Vorläufer des Verbrennungsmotors arbeitete nach dem Prinzip, eine Mischung von Leuchtgas und Luft, gesteuert durch einen Schieber, in einen Zylinder einzulassen, in dem sich ein Kolben bewegte, und die Mischung im richtigen Augenblick durch einen elektrischen Funken zu zünden. Weil das Gas-Luft-Gemisch im Zylinder nicht verdichtet wurde, war die Leistung ziemlich bescheiden. Eine Dampfmaschine gleicher Leistung nahm sogar weniger Raum und Gewicht in Anspruch.
Nichtsdestoweniger benötigte der Gasmotor aber keine Kesselanlage und bot eine gute Ausgangsbasis für die Weiterentwicklung. 1885 hat Gottlieb Daimler das Prinzip des Gasmotors übernommen und einen Benzinmotor gebaut. Im Sommer 1888 ist zum erstenmal ein Luftschiff durch einen Daimler-Motor von 2 PS angetrieben worden und hat gelenkt eine Strecke von knapp 5 Kilometern zurückgelegt. Endlich hatte der Mensch die Möglichkeit in der Hand, sich zum Beherrscher des neuen Elements aufzuschwingen.
Aber erst vier Jahre nach dem denkwürdigen Erstflug der Brüder Wright bei Kitty Hawk ist der Benzinmotor mit einem Drehflügel kombiniert worden, um so den ersten Hubschrau-

ber zu bauen, der einen Menschen tragen konnte. Diese Maschine wurde von drei Franzosen, nämlich Louis und Jaques Bréguet und dem Professor Charles Richet, entworfen und gebaut. Motor und Pilotensitz befanden sind in einem rechteckigen Rahmen aus Stahlrohren, von dem an jeder der vier Ecken ein ebenfalls aus Stahlrohren bestehender Ausleger abging. Am Ende jedes Auslegers war eine Rotoranlage angebracht, die wie aus Tragflächen eines Doppeldeckers gebaut aussah. Die vier stoffbezogenen Rotorblätter, die paarweise angeordnet waren, rotierten um eine zentrale Achse. Zusammen ergab dies 32 Auftriebsflächen. Die Rotorpaare liefen gegenläufig.

Dieser von Heath Robinson gebaute Apparat machte am 24. August 1907 mit dem Franzosen Volumard am Steuer einen ersten kurzen Flug und erhob sich dabei 60 Zentimeter vom Boden. Es war kein freier Flug. Vier Assistenten hielten die Ausleger fest, um zu verhindern, daß die Maschine wild ins Schwingen kam. Aber die Maschine ist wirklich ohne fremde Hilfe vom Boden frei gekommen und verdient deshalb ihren Platz in der Geschichte der Luftfahrt als erstes Drehflügelflugzeug, das mit einem Piloten an Bord mit eigener Kraft vom Boden abgehoben hat.

Ein anderer Fesselflug wurde am 29. September unternommen, und dieses Mal erhob sich der *Bréguet-Richet Gyroplane No. 1,* wie die Bezeichnung lautete, bis zu einer Höhe von 150 Zentimetern. Der Apparat erwies sich jedoch als fürchterlich unstabil, und seine Konstrukteure enschlossen sich, diesen Typ aufzugeben und eine völlig neue Maschine zu bauen.

Die Brüder Bréguet und Professor Richet hatten gehofft, mit ihrem *Gyroplane Nr. 2* als erste einen freien Flug zu erzielen, aber diese Hoffnung wurde bereits vernichtet, bevor die Konstruktionszeichnungen fertig waren. Am 13. November 1907 wurden sie von ihrem Landsmann Paul Cornu geschlagen. Cornu's Konstruktion, als »fliegendes Fahrrad« apostrophiert, wurde von einem 24 PS *Antoinette* Motor angetrieben, der in einem offenen V-Rahmen montiert war, in dem auch der Pilotensitz und der Kraftstofftank untergebracht waren. Die Maschine war mit Tandemrotoren ausgerüstet, die paddelförmig ausgelegt und mit Stoff bespannt waren. Sie waren auf große Drahtspeichenräder montiert, die horizontal drehbar gelagert waren und über einen Treibriemen vom Motor angetrieben wurden. Bereits ein Jahr vorher hatte Cornu seine Idee mit einem kleineren, maßstabgerechten Modell und einem 2 PS Motor ausprobiert. Das »fliegende Fahrrad« machte den ersten freien Flug in Coquainvilliers bei Lisieux und hielt den Schwebeflug 30 Sekunden lang in einer »Höhe« von 30 cm über dem Boden aufrecht. Bei anschließenden Versuchen konnte die Höhe dann bis auf fast zwei Meter gesteigert werden. Aber es ergaben sich doch schwerwiegende Unzulänglichkeiten — hauptsächlich beim Riemenantrieb — und Cornu war schließlich gezwungen, die Weiterentwicklung aus Mangel an Geld aufzugeben.

Im Sommer 1908 trat der *Bréguet-Richet Gyroplane No. 2* in Erscheinung. Er hatte keine Ähnlichkeit mehr mit seinem Vorgänger und war ein gutes Stück fortschrittlicher. Der Antrieb erfolgt durch einen 55 PS *Renault* Motor, der zwei nach vorne geneigte zweiblättrige Rotoren antrieb, die 7.85 m Durchmesser hatten. Für zusätzlichen Auftrieb beim Flug sorgten feste Tragflächen. Am 22. Juli 1908 erhob sich das Gerät etwa 5 Meter über den Boden und flog einigermaßen gesteuert etwa 20 Meter weit. Ein paar weitere Flüge folgten, aber am 19. September führte eine harte Landung zu schwerer Beschädigung. Nach ausgiebiger Reparatur wurde der Apparat im Dezember in Paris öffentlich ausgestellt. Ein weiterer Versuchsflug fand im April 1909 statt. Dann aber zerstörte ein schwerer Sturm die Halle von Bréguet und damit auch den *Gyroplane No. 2.* Daraufhin konzentrierte sich Bréguet auf Flugapparate mit festen Tragflächen. Erst zwanzig Jahre später befaßte er sich erneut praktisch mit dem Problem Hubschrauber.

Inzwischen hatten jedoch zwei junge Flugzeugbauer im zaristischen Rußland sich Gedanken um das Konzept eines Hubschraubers gemacht. Der eine hieß Igor Sikorsky; er hatte 1909 einen kleinen Hubschrauber mit gegenläufigen koaxialen Rotoren entworfen und gebaut. Der Motor brachte zwar die Rotoren in Umdrehung, aber der ganze Aparat schüttelte fürchterlich bei den ersten Bodenversuchen und kam dann auch nie vom Boden hoch. 1910 baute er eine zweite Maschine, die 200 kg wog und von einem 25 PS *Anzani* Motor angetrieben wurde. Er kam auf ein oder zwei kurze, gefesselte Hopser ohne Pilot, hatte aber zu wenig Hubkraft, um mehr als sein eigenes Gewicht vom Boden hochzuheben.

Nach diesem zweiten Fehlschlag wandte Sikorsky seine Aufmerksamkeit dem Flugzeug mit festen Tragflächen zu. Nach der russischen Revolution wanderte er in die Vereinigten Staaten von Nordamerika aus. Viele Jahre später setzte er dann seinen Namen mit auf die erste Seite der Geschichte des Hubschraubers. Der zweite Russe war Boris Juriew, ein Schüler von Professor N. J. Schukowsky, dem Vater der modernen sowjetischen Luftfahrt, und später einer der engsten Mitarbeiter des großen Wissenschaftlers. Zwischen 1907 und 1913 beschäftigte sich Juriew mit vielen Studien über die Probleme des senkrechten Starts und des Schwebefluges. Seine Gedanken kreisten um einen einzigen Rotor. Um das Jahr 1911 entwickelte er eine Art Rotorblattsteuerung. 1912 wurde ein unter seiner Aufsicht gebauter Hubschrauber auf der Internationalen Luftfahrt- und Automobil-Ausstellung in Moskau gezeigt. Er hatte einen zweiblättrigen Hauptrotor, einen kleinen Rotor am Heck zum Drehmomentausgleich und wurde wie bei Sikorsky von einem 25 PS *Anzani* Motor angetrieben. Der Rahmen aus Holz war extrem leicht und wog nur 44 Pfund. Aber die Maschine erwies sich als Fehlschlag. Die Hauptantriebswelle des Rotors brach bereits bei den ersten Motorprüfläufen.Daraufhin wurde die Arbeit an diesem Typ eingestellt. Das hieß jedoch nicht, daß damit das Interesse Juriews am Hubschrauber erloschen war. 1925 wurde bei ZAGI (dem zentralen luft- und hydrodynamischen Institut) eine Abteilung für Senkrechtstart eingerichtet. Juriew wurde zu ihrem Leiter bestimmt.

Ein anderer Pionier des Drehflüglers, der Erwähnung verdient, war der Däne Jakob Christian Ellehammer. Er war ein ungewöhnlich vielseitiger und talentierter Ingenieur. Seine berufliche Laufbahn hatte er als Uhrmacherlehrling begonnen und war dann zur Elektromechanik übergewechselt. Er baute seine eigenen Verbrennungsmotoren – einen verwandte er zum Antrieb eines Motorrads, das zu den ersten in Dänemark gehörte. 1903 konstruierte er einen 3-Zylinder-Kolbenmotor: wahrscheinlich war es der erste Sternmotor der Welt.

Seine Begabung für Mechanik inspirierte ihn 1905 dazu, sich der Herausforderung durch die Möglichkeiten der Luftfahrt zu stellen. Fünf Jahre lang blieben seine Gedanken am System des Drachenflugzeugs kleben. Erst 1910 begann er über die Möglichkeiten des Drehflügels als Auftriebsquelle nachzudenken. 1911 baute er einen Modellhubschrauber und führte einige Flüge damit durch. Im Jahr darauf machte er sich an den Bau in voller Größe. Den notwendigen Motor mit einer Leistung von 36 PS baute er ebenfalls selbst. Dieser Motor trieb sowohl einen Hauptrotor wie auch einen Zugpropeller an. Der Rotor bestand aus zwei gegenläufigen Ringen, die auf einer gemeinsamen Achse saßen, wobei der untere Ring stoffbespannt war, um den Auftrieb zu erhöhen. An den Außenseiten dieser Ringe waren sechs ruderähnliche Schwenkflächen, je etwa 1,50 x 0,60 m groß, angebracht, deren Anstellwinkel während des Fluges geändert werden konnte – eine frühe Form der Blattsteuerung.

Nach einer Anzahl von Fesselflügen machte dieser Hubschrauber im Herbst 1912 vor dem Prinzen Axel von Dänemark und geladenen Gästen den ersten Freiflug. Es folgten weitere Flüge, bis im September 1916 das ganze Gerät nach einem Start in starke Schwingungen geriet und auseinanderbrach, nachdem einzelne Rotorblätter den Boden berührt hatten.

Ellehammers Hubschrauber gehört zu den wenigen Drehflügelprojekten, die auch in der Zeit des ersten Weltkriegs weitergeführt wurden. Es finden sich heute kaum mehr Unterlagen, ob irgend ein ähnliches Vorhaben während dieser Zeit weiterlief – mit Ausnahme eines kleinen gefesselten Beobachtungshubschraubers zweier österreichischer Ingenieure. Sie hießen von Karmàn und Petroczy. Der Apparat wurde

1917 durch das österreichische Heer einer Erprobung unterworfen. Den Berichten nach erreichte er gefesselt eine Höhe von etwa 35 Metern und bleib eine Stunde lang in der Luft. Wenn auch die Konstrukteure wie die Herstellerfirmen der kriegführenden Mächte sich nahezu ausschließlich auf die Fortentwicklung der Flugzeuge mit festen Tragflächen konzentrierten, profitierte auch der Hubschrauber am Ende von dem Anstoß, den die vier Jahre Krieg der Wissenschaft von der Aerodynamik vermittelt haben. 1918 hatte die Luftfahrttechnologie einen Stand erreicht, von dem vier Jahre vorher niemand zu träumen gewagt hätte.

Unter den Entwicklungen, die als Ergebnis dieser Kriegsjahre zu werten waren, muß besonders eine hervorgehoben werden: die Wandlung des Flugzeugmotors von einem schweren, unzuverlässigen Stück Maschine zu einem Präzisionsinstrument hoher Leistung, das gegen Ende der Feindseligkeiten Jagdflugzeuge mit Geschwindigkeiten von über 200 km/h am Himmel ihre Bahnen ziehen ließ.

Die Befürworter der Hubschrauber duften hoffen. Eine Dekade vorher hatte das Vorhandensein des Benzinmotors dazu geführt, daß die ersten Hubschrauber ein paar Hopser machen konnten. Jetzt, mit verfeinerten und in der Leistung gesteigerten Motoren, schien endlich die Voraussetzung gegeben, die Idee vom Senkrechtflug Wirklichkeit werden zu lassen.

Hubschrauber-Entwicklung 1919—1939

Die Jahre nach dem Weltkrieg sahen den rapiden Aufstieg — und oft genug auch den rapiden Fall — einer Vielzahl von Flugzeugfirmen in Europa und Amerika. Eine ganze Reihe ehemaliger Jagdflieger haben eigene kleine Firmen gegründet. Sie hatten die hektischen Kurvenkämpfe am Himmel über Frankreich überstanden und hatten oft Schwierigkeiten, sich an ein Leben anzupassen, in dem kein Platz mehr war für das Rauschen der Luft in den Spanndrähten, den Propellerwind und das Dröhnen Öl-verspritzender Motoren. So haben sie das bißchen Geld, das sie hatten oder borgen konnten, in den Kauf von ein paar kriegsmüden Kisten investiert, die zu Tausenden billig als überschüssiges Kriegsmaterial angeboten wurden. Sie stürzten sich mit hochfliegenden Plänen und Hoffnungen auf die verschiedensten Aktivitäten — wenn sie nur mit dem Fliegen zu tun hatten — gleichviel, ob es dabei nur um Jahrmarktsfliegerei oder Postflüge ging.

Auch Motoren — vor dem Krieg oft ein unüberwindliches finanzielles Problem und damit der teuerste Teil eines Flugzeugs — konnte man jetzt billig kaufen. Die besten Flugmotoren auf dem Markt waren die Umlaufmotoren, mit denen z. B. so berühmte Flugzeuge wie die kleine *Sopwith Camel* ausgerüstet waren. Sie waren luftgekühlt und so gebaut, daß der ganze Motor mit etwa 1300 U/min um die Kurbelwelle herum drehte. Sie hatten zwei gewaltige Vorteile vor anderen Motoren jener Zeit: sie waren leicht — und dazuhin einfach zu kühlen, denn ein starker Luftzug strömte über die Zylinder, während diese sich mit beachtlicher Geschwindigkeit drehten.

Zu den ersten, die die Möglichkeiten des Umlaufmotors bei der Konstruktion von Hubschraubern erkannten, gehörte der spanische Marquez Pablo Pateras Pescara. Sein erster Hubschrauber, von 1919 bis 1920 in Barcelona gebaut, war ursprünglich mit einem 45 PS *Hispano Suiza* Motor ausgestattet, der sich jedoch als zu schwach erwies. Kein Wunder: das Leergewicht des Apparats, ohne Pilot und Kraftstoff, lag über 600 kg. Er war mit zwei koaxialen Rotoren ausgestattet, die einen Durchmesser von 7 m hatten und aus je sechs paarweise und umständlich in Form von Doppeldeckern angeordneten Rotorflächen bestanden, so daß also insgesamt 24 Auftriebsflächen vorhanden waren.

Anfang 1921 führte Pescara einige Änderungen an seinem Prototyp durch. Dazu gehörte auch der Austausch des *Hispano Suiza* Motors gegen einen 170 PS *le-Rhône* Umlaufmotor. In dieser Form gelang mit der Maschine noch im Mai 1921 ein kurzer Flug. Aber dabei stellte sich heraus, daß dieser Prototyp völlig unstabil war. Pescara erkannte, daß an der Grundkonstruktion noch viel Arbeit zu tun war, bevor er mit einem Erfolg rechnen konnte. 1922 zog Pescara nach Frankreich um – der *Service Technique de l'Aéronautique* hatte die Mittel dazu aufgebracht – und baute dort seinen zweiten Hubschrauber. Diese Maschine machte eine Reihe von Testflügen in der Hubphase und hob dabei bis zu 1,50 m vom Boden ab. Aber die Leistung ließ immer noch zu wünschen übrig. So begann Pescara 1923 mit dem Bau einer dritten Maschine. Wie die beiden Vorgänger hatte auch der Hubschrauber Nr. 3 ein Koaxial-Rotorsystem mit »Doppeldecker«-Hubflächen. Anstelle des Umlaufmotors baute er einen 180 PS *Hispano Suiza* V-Motor ein.

Zu den interessanten Details der Nr. 3 gehörte, daß der Anstellwinkel sämtlicher 16 Hubflächen der Rotoren im Flug geändert werden konnte und daß auch der gesamte Rotor durch Neigen des Rotorkopfes Auftrieb und Vortrieb zugleich ermöglichte und damit den konventionellen Zug- oder Druckpropeller für den Horizontalflug ersparte. Eine andere Neuerung war die Autorotation der Hauptrotoren. In anderen Worten: sie konnten bei Triebwerksausfall ausgekuppelt werden,

um frei zu drehen. Damit blieb immer genügend »Halt« in der Luft, so daß die Maschine auch ohne Antrieb zu einer sicheren Landung fähig war. Autorotation sollte später zu einer Standard-Eigenschaft im Hubschrauberbau werden.
Inzwischen war dem Spanier Pescara in dem Franzosen Etienne Oemichen, einem bei Peugeot arbeitenden Ingenieur, ein Rivale entstanden. Oemichen hatte 1920 mit ersten Versuchen begonnen. Aus diesen ergaben sich einige interessante Konstruktionen, die durchweg Umlaufmotoren als Triebwerke benutzten. Die erste Maschine hatte Doppelrotoren und wurde noch im Jahr 1920 fertig, aber ihr 25 PS *le-Rhône* Umlaufmotor hatte noch nicht genügend Leistung, um die Maschine vom Boden zu heben. Oemichens Lösung des Problems bestand darin, den zusätzlich notwendigen Auftrieb durch einen länglichen Wasserstoffballon zu erzielen, der fest mit dem Gestell des Hubschraubers verbunden war. Wenn auch die Maschine in dieser Anordnung verschiedene Flüge hinter sich bringen konnte – der erste fand am 15. Januar 1921 statt – konnte sie doch nur durch sehr weite Auslegung des Begriffs als Hubschrauber eingestuft werden.
Die zweite Konstruktion versprach schon mehr. Sie bestand aus einer kreuzförmigen Stahlrohr-Gitterkonstruktion, hatte einen großen Zweiblattrotor am Ende jedes Arms und war mit nicht weniger als acht Propellern versehen: fünf dienten der seitlichen Stabilität, ein sechster – am Bug montiert – diente der Steuerung, die letzten zwei besorgten den Vortrieb im Horizontalflug. Die Maschine hatte einen 120 PS *le-Rhône* Motor, flog zum ersten Mal am 11. November 1922 und bewies einen hohen Grad von Stabilität und Manövrierfähigkeit. Der 120 PS *le-Rhône* Motor wurde später gegen einen 180 PS *Gnôme* Motor ausgetauscht. Mit diesem Triebwerk brachte die Maschine bis Mitte der zwanziger Jahre über 1000 Testflüge hinter sich.
1923 wurden die ersten Hubschrauberrekorde von Pescara mit seinem Hubschrauber Nr. 3 erflogen. Diese Rekordversuche wurden unter der Aufsicht des Aéro Club von Frankreich durchgeführt. Erst im April 1924 hat die Fédération Aéronautique Internationale eine getrennte Hubschrauberklasse ein-

geführt. Pescaras erster offiziell gemessener Flug am 1. Juni 1923 ging über 81,90 m in einer Durchschnittshöhe von 1,80 m. Er brach diesen Streckenrekord am 7. Juni mit einem Flug von 120 m und krönte diese Versuchsreihe am 2. August mit einem Flug von 300 m. Danach ging der Marquez daran, Dauerrekorde zu erzielen. An zwei Tagen im November kam er auf folgende Zeiten:
22. November, erster Versuch 24$^{2/5}$ Sekunden; zweiter Versuch 2 Minuten 39$^{3/5}$ Sekunden; dritter Versuch 39 Sekunden. 29. November, erster Versuch 3 kurze Testflüge von je 17 Sekunden; zweiter Versuch 5 Minuten 44$^{1/5}$ Sekunden; dritter Versuch 4 Minuten 13$^{2/5}$ Sekunden; vierter Versuch 1 Minute 51$^{2/5}$ Sekunden; fünfter Versuch 2 Minuten 16$^{3/5}$ Sekunden; sechster Versuch 1 Minute 49$^{1/5}$ Sekunden.
Am 21. Januar 1924 erflog Pescara einen Streckenrekord von 492 m, exerzierte eine 180°-Kurve und landete nach weiteren 123 m. Er wiederholte diesen Flug am selben Tag und kam nach dem Wendepunkt wiederum 108 m weit. Der erste Flug dauerte 4 Minuten 21$^{1/5}$ Sekunden, der zweite 4 Minuten 31$^{3/5}$ Sekunden. Am 29. Januar führte er drei weitere Strecken- und Dauerflüge durch. Beim dritten und letzten Versuch erreichte er 702,90 m Strecke in 10 Minuten und 10 Sekunden. Diese Rekorde wurden jedoch von der FAI nicht anerkannt – und so fiel die Ehre des ersten Rekords in der Klasse der Hubschrauber an Etienne Oemichen, dessen Hubschrauber Nr. 2 gegen Ende des Jahres 1923 Flüge von mehreren Minuten Dauer erzielt hatte. Am 14. April 1924 setzte Oemichen den ersten offiziellen FAI-Streckenrekord für Hubschrauber auf 354,30 m und erflog dann am 17. April bereits den zweiten Rekord mit 516,60 m.
Pescara ließ sich nicht lumpen. Bereits am Tag darauf holte er mit seinem Hubschrauber den Streckenrekord im Geradeausflug mit 744,60 m. Seine Freude darüber dauerte aber nicht lange; schon am 4. Mai machte Oemichen den ersten Rundflug und legte auf geschlossener Bahn 1665 m in 14 Minuten und einer durchschnittlichen Höhe von 15 m zurück. Für diese Leistung kassierte der Franzose einen großen Geldpreis des französischen Luftfahrtministeriums. Einen

knappen Monat später gewann Pescara einen Teil der Initiative zurück, und zwar mit einem Geschwindigkeitsrekord von 12 km/h. Er legte 800 m in 4 Minuten und 12 Sekunden zurück. Aber am 11. September erzielte Oemichen einen weiteren Erstrekord, als er eine Nutzlast von 100 kg mit dem Hubschrauber 1,50 m über den Boden hob. Pescara führte eine Anzahl Änderungen an seinem Hubschrauber aus, um dessen Leistung zu verbessern. Unter der Bezeichnung *Pescara 3F* erschien der Apparat Anfang 1925 mit einem 250-PS-Motor, brachte jedoch nicht den großen Fortschritt, den Pescara sich erhofft hatte. So kehrte er noch im gleichen Jahr nach Spanien zurück und ging dort zur Autoindustrie. Oemichen hat andererseits an der Entwicklung von Hubschraubern weitergearbeitet – bis 1938. Alle Maschinen, die er nach dem Hubschrauber Nr. 2 entwarf, hatten einen Hauptrotor und zum Ausgleich des Drehmoments zwei kleinere Rotoren.

Während Pescara und Oemichen in Europa experimentierten, wurde auch in den USA eine Grundlage für die Hubschrauberentwicklung geschaffen. Einer der amerikanischen Pioniere war Dr. George de Brothezat, der wie Igor Sikorsky vor der russischen Revolution in die Vereinigten Staaten geflüchtet war. 1921 entwarf und baute Brothezat einen Hubschrauber für Flugversuche des US Army Air Corps. Die Maschine hatte einen kreuzförmigen Rahmen aus Metallrohren. Deshalb erhielt sie auch den Namen »Fliegendes X«. Ein 180 PS *le-Rhône* Umlaufmotor trieb die vier großen, sechsblättrigen fächerartigen Rotoren an, die jeweils an den Enden des »X« montiert waren. Mit Brothezat am Steuer flog der Hubschrauber am 18. Dezember 1922 zum erstenmal, erreichte eine Höhe von 1,80 m und trieb im Wind etwa 150 m ab. Die reine Flugzeit betrug 1 Minute 42 Sekunden. Bei einem anderen Testflug am 21. Februar 1923 konnte die Flugzeit auf 2 Minuten 45 Sekunden und die Flughöhe auf 4,70 m gesteigert werden.

Die Erprobung des »Fliegenden X« ging noch etwa zwei Jahre weiter. Die Maschine erhielt einen 220-PS-Motor. Alles in allem wurden über 100 Flüge durchgeführt, und der Hubschrauber erreichte dabei Höhen bis zu 10 m. Für die damalige Zeit funktionierte die Maschine ganz gut, wurde auch von Testpiloten der Army geflogen – aber am Ende erschien dieser Apparat der Armee doch zu komplex, um ihren Vorstellungen zu entsprechen. Das Projekt wurde aufgegeben, nachdem es 200 000 Dollar verschlungen hatte.

In den USA waren Emil und Henry Berliner die produktivsten Hubschrauber-Pioniere der zwanziger Jahre, ein Vater-und-Sohn-Team, das eine Serie von Drehflüglern hervorbrachte, die deshalb interessant waren, weil sie zusätzlich zu den Hubrotoren über feste Tragflächen und das Leitwerk »normaler« Flugzeuge verfügten. Einige dieser Maschinen waren sogar Doppeldecker bzw. Dreidecker, und die starren Hubrotoren aus Holz waren nebeneinander über diesen Tragflächen montiert. Die Steuerung erfolgt über schwenkbare Steuerruder, die senkrecht unter den Rotoren angebracht waren. Wenn sie waagrecht standen, dann wurden sie von den Rotoren angeblasen – dabei senkte sich dann die Tragfläche, über der sie montiert waren; das hieß also: der Pilot konnte auf diese Weise eine Kurve einleiten, wenn diese in der Praxis auch etwas eckig ausfiel.

Der erste Hubschrauber von Berliner machte seinen Jungfernflug am 16. Juni 1922 mit Henry am Steuer – wenn »Flug« das richtige Wort ist, um einen Hopser zu beschreiben. Spätere Maschinen hatten mehr Erfolg und erreichten Weiten von 90 m und eine Flugdauer bis zu $1^{1}/_{2}$ Minuten. Aber die doch ziemlich umständlichen Steuermethoden der Herren Berliner hatten zu wenig Wirkung. Als sich dann herausstellte, daß ihre Modelle von der Entwicklung in Europa hoffnungslos deklassiert wurden, gaben die beiden Männer ihre Versuche auf diesem Gebiet auf.

Während der zwanziger Jahre war die Hubschrauberentwicklung und -konstruktion durch eine völlig unnötige Komplexität gekennzeichnet. Es war ein Feld der Gegensätze, auf dem ingenieurtechnische Genieblitze wie die periodische und die nicht-periodische Blattsteigungssteuerung* nur deshalb keine maximale Wirkung erreichen konnte, weil die Konstrukteure sich mit unzulänglichen Rotor-Antriebssystemen abgaben.

So hat z. B. der holländische Konstrukteur A. G. von Baumhauer 1924 an einem Hubschrauberprojekt gearbeitet, das einige vielversprechende Details enthielt, einschließlich eines einzigen Hauptrotors und eines kleinen Heckrotors zum Ausgleich des Drehmoments. Aber anstatt nun eine einfache Antriebsachse zum Heckrotor zu führen, baute er zum Antrieb des letzteren einen gesonderten Motor ein, der den Vorteil des Heckrotors durch sein Gewicht nahezu ins Gegenteil verkehrte. Die Maschine machte zwar einige Schwebeversuche, kam aber nie höher als 1,80 m vom Boden ab. Außerdem ist der Übergang vom Vertikal- in den Horizontalflug nie gelungen.

Ein um diese Zeit in England gebauter Hubschrauber war noch umständlicher konzipiert. Es handelte sich um das Geisteskind eines Ingenieurs namens Luis Brennan, das 1924 im *Royal Aircraft Establishment* in Farnborough gebaut wurde und das einen Vierblattrotor von 20 m Durchmesser hatte. Dieser wurde durch Propeller angetrieben, die an den Blattspitzen zweier gegenüberliegender Rotorblätter angebracht waren. Die Antriebswellen für diese Propeller führten über die ganze Länge der Rotorblätter zu einem Getriebeblock, der von einem 230 PS *Bentley BR-2* Umlaufmotor angetrieben wurde. Die Rotorblätter konnten durch kleine aerodynamische Steuerflächen verwunden werden und bekamen dadurch so etwas wie eine Blattsteuerung. Obwohl die Maschine in den Leistungen kaum überzeugen konnte, wurden 75 kurze Testflüge durchgeführt, bis sie 1925 bei einem Absturz völlig zerstört wurde.

Ein ähnlicher Blattspitzenantrieb, wie er Brennan als drehmomentfreie Lösung vorgeschwebt hatte, wurde durch einen italienischen Hubschrauber-Pionier angewandt. Vittorio Isacco verfügte aber nicht über ausreichende finanzielle Mittel. Weil in Italien vom Staat in dieser Hinsicht nichts zu erwarten war, ist er, wie Pescara, nach Frankreich gegangen, wo er von der Regierung ein Darlehen erhielt. Seine ersten beiden Hubschraubermodelle wiesen einen Zweiblatt-Hauptrotor von 13,20 m Durchmesser auf, mit 2 m-Propellern an den Blattspitzen. Anstatt lange Antriebswellen wie Brennan zu benutzen, ließ er diese Propeller durch kleine *Anzani* Motoren anteiben, die direkt an der Blattspitze montiert waren. Leider hat sich keiner dieser beiden Hubschrauber vom Boden gerührt, und die Franzosen haben daraufhin die Mittel für weitere Experimente des Italieners gesperrt.

Enttäuscht aber unerschüttert ging Isacco nach England, wo er dann seinen dritten Hubschrauber baute. Basierend auf den ersten beiden Entwürfen wurden die Blattspitzenpropeller durch zwei *Armstrong-Siddeley Cherub* Motoren angetrieben; ein größerer Motor im Bug sollte den Vortrieb besorgen. Aber auch diese Maschine erwies sich als Fehlschlag. Mangel an Geld zwang Isacco erneut, weiterzuziehen – diesmal nach Rußland, wo er 1932 die Arbeit an seinem vierten Hubschrauber begann. Dieser war größer als die drei Vorgänger und noch komplizierter aufgebaut. Er hatte einen großen Vierblattrotor. An jeder Blattspitze war ein Motor angebaut. Ein fünfter Motor war für den Vortrieb im Horizontalflug vorgesehen. Die Arbeiten an diesem Modell mußten 1935 plötzlich eingestellt werden, und Isacco war erneut gezwungen, seinen Ranzen zu schnüren – diesmal nicht weil es an Geld mangelte, sondern weil die stalinistische Säuberungswelle angelaufen war. Ausländische Ingenieure wurden zu Hunderten aus der Sowjetunion ausgewiesen. Der Konstrukteur ging nach Italien zurück und hat dann – soweit wir wissen – keine weitere Rolle mehr in der Hubschrauberentwicklung gespielt.

Wenn Isaccos Versuche immer wieder in Fehlschlägen endeten, dann hat ein anderer italienischer Konstrukteur – Corradino d'Ascanio – einen der damals erfolgreichsten Hubschrauber gebaut und getestet. Er wurde 1930 fertig und war der erste Hubschrauber, der eine Höhe von 6 m erreichte und für $1^1/_2$ Minuten im Schwebeflug über einem Fixpunkt blieb. Die Maschine war mit zwei koaxialen Rotoren mit einem Durchmesser von 10,70 m ausgerüstet, wurde von einem 95 PS *Fiat* Motor angetrieben und verfügte über Blattsteigungssteuerung und die Möglichkeit der Autorotation. Am 8. Oktober 1930 hat dieser Hubschrauber mit Marinello Nelli am Steuer neue FAI-Weltrekorde für Höhe, Flugdauer und

Strecke erflogen: Höhe 19,80 m, Dauer 8 Minuten 45 Sekunden, Strecke 1061,60 m.
Das Jahr 1930 markierte den Wendepunkt in der Hubschrauberentwicklung, denn von diesem Jahr an bekamen die Konstrukteure die alten Probleme des Drehmomentausgleichs, der Flugstabilität und der Steuerung in den Griff. 1930 baute der österreichische Ingenieur Oskar von Asboth einen Hubschrauber mit der Bezeichnung AH-4, der mit einem 110 PS *Clerget* Umlaufmotor ausgestattet war und eine Höhe von 30 m erreicht sowie eine Strecke von 3,2 km mit einer Geschwindigkeit von 19 km/h zurückgelegt haben soll. Aber diese Leistungen finden sich in keiner Tabelle anerkannter Rekorde, und so darf man wohl einige Zweifel anmelden. Die Maschine war aber ziemlich flugstabil; der einzige Nachteil lag – wie bei den anderen zeitgenössischen Entwicklungen – in der geringen Vorwärtsgeschwindigkeit.
Um diese Zeit kam in der Sowjetunion ein gut koordiniertes Hubschrauber-Forschungsprogramm in Gang. Die Senkrechtflug-Abteilung bei ZAGI wurde 1928 ausgebaut und erhielt den Namen »Abteilung für Sonderkonstruktionen«. Unter der Leitung von Boris Juriew begann man das Hubschrauberprojekt *ZAGI 1-EA*. Dieses Projekt war schon ziemlich weit gediehen, als die Abteilung umorganisiert wurde und G. H. Sabinin an die Stelle von Juriew trat.
Die *1-EA* hatte einen offenen Gitterrumpf, einen Vierblatt-Hubrotor, der durch zwei 120 PS *M-2* Umlaufmotoren angetrieben wurde, verfügte über zwei dreiblättrige Steuer-Rotoren an Bug und Heck. Die Maschine wurde Anfang 1930 fertig. Erste Fesselflugversuche begannen im August 1930 mit dem Testpiloten Alexei M. Tscheremuchin am Steuer. Die Maschine litt unter extremen Schwingungen und hohen Steuerdrücken, brachte aber eine größere Zahl von Fesselflugversuchen und auch von freien Flügen hinter sich.
Am 14. August 1932 erreichte die Maschine eine Rekordhöhe von 596 m und am 15. Juni 1933 konnte eine Flugdauer von 14 Minuten erzielt werden. Bedauerlicherweise kamen die Versuche zu einem abrupten Ende, als Tscheremuchin bei einer Landung abstürzte. Der Pilot hat nur leichtere Verletzungen

dabei erlitten, aber der Hubschrauber war ein totaler Bruch. Dieser Absturz bedeutete einen Rückschlag für das russische Team. Man hatte mit der *1-EA* eine Menge Erfahrungen gesammelt, und zur Zeit des Unfalls machte ein zweiter Hubschrauber — auf derselben Grundkonstruktion aufgebaut — gerade die ersten Fesselflugversuche. Ursprünglich *ZAGI 3-EA* benannt, wurde diese Maschine mit einem neuen Rotorsystem ausgerüstet, nachdem sich bei einer Untersuchung ergeben hatte, daß es hauptsächlich die mangelhafte Steuerfähigkeit des Hauptrotors gewesen war, die den Unfall des Vorgängermusters verursacht hatte. Der neue Rotor bestand aus drei fest eingebauten Rotorblättern und hatte einen Durchmesser von 14 m. Zwischen den Blättern des Hauptrotors waren drei kürzere Blätter montiert, die einen Durchmesser von 9,40 m ergaben und mit abgefederten Gelenken am Rotorkopf befestigt waren. Der Steigungswinkel dieser Rotorblätter konnte verändert werden. Damit war eine Steuerbarkeit nach allen Richtungen gegeben. Die Steuerrotoren an Bug und Heck wurden zusätzlich beibehalten.

Mit diesen neuen Rotoren erhielt der Hubschrauber die Bezeichnung *ZAGI 5-EA*. Noch im Herbst 1933 brachte er die ersten Fesselflüge hinter sich. Die Versuche liefen drei Jahre lang weiter. Wenn auch die Rotoren einen gewissen technischen Fortschritt darstellten, so war doch nicht zu übersehen, daß die *5-EA* nicht an die Leistung der *1-EA* herankam. Im Horizontalflug war nur eine Höchstgeschwindigkeit von 22 km/h zu erreichen und die längste Strecke, die im Geradeausflug erzielt wurde, belief sich auf 850 m. Diese Leistungen wurden am 28. August 1934 erflogen. Am 20. September machte die *5-EA* einen 13-Minuten-Flug, kam aber über eine Flughöhe von 48 m nicht hinaus.

1934 wurde das Rotorsystem der *5-EA* in den neuen Hubschrauber *ZAGI 11-EA* eingebaut; dabei wurde der Rotordurchmesser auf 19 m bzw. 11 m vergrößert. Die neue Maschine, die mit einer Besatzung von 2 Mann flog (Sitzanordnung hintereinander), wurde von einem wassergekühlten 630 PS *Curtiss Conqueror* Motor angetrieben, der im vorderen Rumpfteil eingebaut war. Kleine Rotoren waren zum

Drehmomentausgleich an den Enden von Stummeltragflächen angebracht. Daneben verfügte die Maschine über ein konventionelles Flugzeugheck mit Höhen- und Seitenleitwerk.

Die *11-EA* wurde im Mai 1936 fertiggestellt. Nach ersten Bodenversuchen entschloß man sich, die stoffbezogene Holzkonstruktion der Rotorblätter durch Ganzmetallblätter zu ersetzen. Noch während diese Arbeit im Gange war, wurde die Sowjetunion von einer der stalinistischen Säuberungswellen erschüttert. Viele Ingenieure und Techniker, die an dem Hubschrauber arbeiteten, wurden unter den verschiedensten Anwürfen verhaftet, und die Abteilung für Sonderkonstruktionen wurde aufgelöst. Damit kam die Hubschrauberentwicklung für fast drei Jahre völlig zum Erliegen, denn ein anderes Arbeitsteam unter Leitung von Iwan P. Bratuchin (der für Autogiro-Probleme zuständig war) arbeitete nur sporadisch an der *11-EA*.

1938 wurden dann größere Änderungen an diesem Hubschrauber durchgeführt. Die starren Tragflächen wurden durch Gitterstahl-Ausleger ersetzt, an deren Enden Tandemrotoren für den Drehmomentausgleich sorgten. Diese Rotoren trugen auch teilweise zum Vortrieb bei, und in dieser Version erhielt die Maschine die Bezeichnung 11-EA VP – die letzten beiden Buchstaben standen für *Propulsivnji Variant* (variabler Vortrieb).

Nach längeren Bodenversuchen machte die Maschine im Oktober 1940 ihren Jungfernflug mit D. I. Saweljow am Steuer. Es wurde ein Geschwindigkeit von 14 km/h und eine Flughöhe von 61 m erreicht. Bei anderer Gelegenheit blieb die 11-EA PV eine ganze Stunde in der Luft. Die Flugversuche gingen weiter bis zum Frühjahr 1941, als ein Mangel an Ersatzteilen für den *Conqueror* Motor das Programm zu einem vorzeitigen Ende brachte.

In der relativ kurzen Geschichte des Menschenflugs hatte Frankreich außergewöhnliche Beiträge zur Fortentwicklung beigesteuert – manche fanden zwar kaum Beachtung in der Öffentlichkeit, andere wurden überschattet durch spätere

Ereignisse. So hatte Louis Bréguet 1931 mit dem Entwurf eines Flugapparats einen Durchbruch erzielt; diese Maschine könnte man mit Recht als den ersten wirklich erfolgreichen Hubschrauber der Welt bezeichnen.
1929 – zwanzig Jahre nach der Zerstörung des Bréguet-Richet No. 2 – hat Louis Bréguet neue Systeme zur Flugstabisierung von Hubschraubern zum Patent angemeldet. Zwei Jahre später hat er das *Syndicat d'Etudes du Gyroplane* zum Zweck des Entwurfs und Baus eines Versuchshubschraubers gebildet, um viele seiner Ideen einer Verwirklichung zuzuführen. Sein technischer Direktor war René Dorand, ein begabter Konstrukteur, der 1924 in die Firma Bréguet eingetreten war. Als »Hubschrauber-Laboratorium« bekanntgeworden, verfügte die Maschine über einen einfachen Stahlrohrgitterrumpf, der den Motor, den Benzintank und den Piloten aufnahm. Ein konventionelles Flugzeugheck mit sperrholzbeplanktem Leitwerk schloß den Rumpf ab. An Stahlrohrauslegern war das breitspurige Fahrwerk angebracht. Dazuhin sollte ein Bugrad und ein Heckrad die Landung erleichtern. Als Triebwerk fand dein 350 PS *Hispano 9Q* Sternmotor Verwendung, der zwei zweiblättrige, gegenläufige Metallrotoren antrieb, die einen Durchmesser von etwa 19 m hatten. Der eine Rotorschaft drehte sich im hohlen Schaft des zweiten Rotors. Auf diese Weise wurde das Drehmoment ausgeglichen. Zwischen den Rotoren war genügend Spielraum, damit sich die Rotorblätter nicht gegenseitig ins Gehege kommen konnten. Die Blätter selbst waren an einem vom Rotorkopf her betätigten Gelenk befestigt, das Auf- und Abbewegungen des Blatts als Kompensation für Lastwechsel beim Antrieb erlaubte. Eine periodische Blattsteigungssteuerung zur Änderung des Blattanstellwinkels wie auch einer Schlagbewegung des Blatts und eine nicht-periodische Blattsteigungssteuerung waren eingebaut, so daß die Maschine durch gleichzeitige Änderung des Anstellwinkels aller Blätter senkrecht steigen oder sinken konnte. Außerdem konnte die nicht-periodische Blattsteigungssteuerung bei einem der beiden Rotoren allein verstärkt werden, wodurch der eine Rotor mehr Luftwiderstand als der andere erzeugte, was

zwangsläufig eine Drehbewegung auslöste und somit einen Kurvenflug ermöglichte.

Der *Bréguet-Dorand-Gyroplane* wurde im November 1933 fertig und machte seinen Erstflug am 26. Juni 1935. Natürlich gab es ein paar Kinderkrankheiten – die Maschine konnte z. B. im Schwebeflug nicht stabil gehalten werden – aber diese Schwierigkeiten wurden ausgebügelt, und Ende Juli zeigte sich dieser Hubschrauber voll steuerfähig, ging vom Schwebeflug in den Horizontalflug über und konnte Kurven fliegen.

Zu dieser Zeit wurde der Höhen-, Dauer- und Streckenrekord noch von d'Ascanios Maschine gehalten. Seit dessen Rekordflügen im Oktober 1930 war kein ernsthafter Konkurrent mehr auf dem Plan erschienen. 18 Monate nach dem Erstflug hatte der neue Hubschrauber von Bréguet-Dorand alle Rekorde von d'Ascanio gebrochen. Am 26. September 1936 erreichte er einen Aufstieg bis zu einer Höhe von 188 m über dem Startplatz und am 24. November 1936 stellte er einen Dauerflugrekord von 1 Stunde 2 Minuten 5 Sekunden auf, dazu einen Streckenrekord (geschlossene Strecke) von 43,75 km und einen Geschwindigkeitsrekord (über eine gerade Strecke) von 44,40 km/h – und am 22. Dezember schlug er diesen eigenen Rekord mit einer Geschwindigkeit von 107,2 km/h. Alle diese Rekorde wurden von Testpilot Maurice Claisse erflogen.

Die Flugversuche mit dem *Bréguet-Dorand Gyroplane* wurden bis September 1939 weitergeführt. Die durch den Krieg ausgelösten Anforderungen an die Rüstungsindustrie setzten der weiteren Entwicklung eine vorläufige Grenze. Nach der Niederlage Frankreichs wurde die Maschine sicher von den Deutschen untersucht. Aber es ist nicht bekannt, ob sie von deutschen Testpiloten nachgeflogen wurde. Der Hubschrauber verstaubte langsam auf dem Flugplatz Villacoublay, bis 1945 der Hangar, in dem er abgestellt war, von amerikanischen Bomben zerstört wurde und der Gyroplane mit ihm.

Am 26. Juni 1935 – genau ein Jahr nach dem Erstflug des *Bréguet-Dorand Gyroplane* – hob ein anderer neuer Hubschrauber in Deutschland vom Boden ab. Die Maschine trug die Bezeichnung *Focke-Wulf Fw 61*, und ihre mit entsprechendem Propagandaaufwand verkündeten Leistungen ließen den bemerkenswerten Entwicklungsstand der französischen Vorgängerin in den Augen der Welt verblassen. Der Hubschrauber war eine Konstruktion von Prof. Hinrich Focke. Dessen Interesse an Drehflüglern ging auf die Zeit zurück, als die Firma Focke-Wulf Autogiros vom Typ *Cierva C.19* bzw. *Cierva C.30* unter Lizenz baute. Das war noch, bevor Hitler an die Macht kam.

Die Vorstudien für die *Fw 61* begannen bereits 1932. Focke wandte damals sein Hauptinteresse den wissenschaftlichen Problemen der Drehflügeltheorie zu und übergab nach 1933 die Leitung der Firma an Dipl.-Ing. Kurt Tank. 1934 wurde ein maßstabgerechtes Modell gebaut und erfolgreich erprobt. Es erreichte eine Flughöhe von etwa 20 m.

Für den Rumpf der *Fw 61* entschloß sich Focke, die Zelle der *Fw 44 Stieglitz* zu verwenden, die damals das bekannteste deutsche Schulflugzeug für Anfängerschulung war. Nur das Höhenleitwerk wurde dabei über das Seitenleitwerk gesetzt. Der Motor, ein *Sh 14B* Sternmotor, kam vom gleichen Modell, wurde wie bei dem konventionellen Muster im Bug montiert, hatte aber einen Abtrieb nach hinten. Auf der Propellernabe vorn war ein verkürzter Propeller aufgesetzt, dessen Durchmesser dem des Motors entsprach. Er diente nur zu Kühlung des Motors im Steig- oder Schwebeflug. Auf den Vortrieb hatte er keinen Einfluß, wenn auch Gegner von Focke behaupteten, daß es sich um einen echten Zugpropeller handeln müsse. Der Motor trieb zwei Dreiblattrotoren, die auf seitlichen Metallrohr-Auslegern montiert waren. Durch die Möglichkeit, die unperiodische Blattsteigungssteuerung bei dem einen oder anderen Rotor zu variieren und ein Hubdifferential aufzustellen, hatte der Pilot eine ausgezeichnete Möglichkeit, die seitliche Stabilität zu korrigieren.

Der erste Freiflug der *Fw 61 V1* dauerte nur 28 Sekunden, aber bereits nach kurzer Zeit zeigte dieser Hubschrauber seine wirklichen Fähigkeiten. Nach ausgedehnten Flugversuchen – einschließlich mehrerer Landungen mit Autorotation – stellte

der Testpilot Ewald Rohlfs mit dieser Maschine folgende Rekorde auf, die von der FAI anerkannt wurden:
am 25./26. Juni 1937:
2400,58 m Höhe,
1 Stunde 20 Minuten 49 Sekunden Dauerflug mit Rückkehr zum Ausgangspunkt,
80,136 km (gerade Strecke),
80,604 km (geschlossene Strecke),
16,304 km/h Geschwindigkeit.
Am 25. Oktober 1937 stellte Hanna Reitsch einen Streckenrekord mit 108,361 km auf gerader Strecke auf.
Am 20. Juni erflog Karl Bode mit 230,248 km von Bremen nach Rangsdorf und am 29. Januar 1939 mit 3373,03 m Höhe neue Rekorde. Die erfolgreiche Hubschrauberentwicklung hatte zur Gründung der Firma Focke-Achgelis GmbH geführt, die die beiden Prototypen baute. Hanna Reitsch war es dann, die die Aufmerksamkeit der Öffentlichkeit auf die *Fw 61* lenkte, als sie die außergewöhnliche Manövrierfähigkeit dieser Maschine bei einer Vorführung in der Deutschlandhalle in Berlin vor großem Publikum unter Beweis stellte. Die beiden Prototypen (D-EBVU und D-EKRA) führten durch ihre überzeugenden Flugeigenschaften zum Entwicklungsauftrag einer großen Version für 6 Passagiere, der *Fa 266*. Wie später ausgeführt, wurde dieser Auftrag durch den Ausbruch des Zweiten Weltkriegs auf die lange Bank geschoben: Focke war gezwungen, seine Aufmerksamkeit auf die Konstruktion schwerer Transporthubschrauber für die deutsche Wehrmacht zu lenken.
Die *Fw 61* hatte in britischen Luftfahrtkreisen beträchtliches Interesse erweckt. Das Ministerium für Flugzeugproduktion machte mehrere Versuche, ein Exemplar käuflich zu erwerben. Deutscherseits war man jedoch nicht geneigt, den Briten ein »Geschenk« zu machen, von dem man annahm, daß es eine große militärische Bedeutung erlangen würde. Man wimmelte das englische Ministerium dadurch ab, daß man einen irrsinnigen Preis verlangte und sich nicht auf einen Liefertermin festlegen lassen wollte.

Die *Cierva Autogiro Company* (siehe Kapitel IV) war in den dreißiger Jahren zwar in England zu einer florierenden Firma geworden, aber die Entwicklung des reinen Hubschraubers hatte seit dem Absturz der Maschine von Louis Brennan im Jahre 1925 in England stagniert. Erst 1937 wandte sich der Chefkonstrukteur von Cierva, C. G. Pullin, an die Glasgower Firma G. & J. Weir Ltd. – den britischen Lizenznehmer von Cierva – und fragte an, ob sie den Bau des Hubschraubers übernehmen würde, an dessen Konstruktion er arbeitete.
Die Firma stimmte zu. Mit dem Bau eines Forschungs-Prototyps wurde im Oktober 1937 begonnen. Die Maschine erhielt die Bezeichnung *Weir W.5* und war mit zwei gegenläufigen Rotoren auf Auslegern ausgestattet – ähnlich wie bei der *Fw 61*. Die Rotorblätter waren aus hölzernen Holmen, Rippen und Versteifungen aufgebaut und mit Sperrholz beplankt, das mit Kunstharz verleimt und vorgeformt war. Als Motor diente ein 50 PS Vierzylinder Weir Motor, der von C. G. Pullin 1935 ursprünglich für die Verwendung in Autogiros (Tragschrauber) konstruiert worden war. Er war im Bug montiert und trieb die beiden Rotoren mit 435 U/min über lange Transmissionswellen an, die in holzverschalten Auslegern liefen.
Der Rumpf war ein offener Gitterrumpf aus verschweißten Stahlrohren. Der ganze Hubschrauber hatte ein Startgewicht von nur 400 kg.
Die *W.5* machte am 6. Juni 1938 ihren ersten Freiflug – neun Monate, nachdem der Bau begonnen hatte. Vor dem Jungfernflug hatten mehrere Fesselflüge in einem Hangar auf dem Flugplatz Dalrymple bei Glasgow stattgefunden. Bei diesen hatten sich Stabilitätsschwierigkeiten und zu große Empfindlichkeiten gegenüber Steuerausschlägen ergeben. Um diesen Schwächen abzuhelfen, wurden Änderungen durchgeführt: Der Rumpf wurde um 1,50 m verlängert, der Winkel der Auslegerarme wurde vergrößert und das Steuerrad wurde durch einen konventionellen Knüppel und Pedale ersetzt. Die *W.5* wurde von R. A. Pullin, dem Sohn des Konstrukteurs, eingeflogen. Bis zum Juli 1939 hatte der Hubschrauber über 100 Flüge hinter sich gebracht, insgesamt 78 Flugstunden er-

reicht und bewiesen, daß er vorwärts, rückwärts und seitwärts fliegen und sich im Schwebeflug um 360° drehen konnte – mit der Senkrechtachse als Mittelpunkt. Die Testflüge verliefen nicht ohne Zwischenfälle; einmal flog ein Rotorblatt weg, und ein anderes Mal geriet die Maschine aus einem Turn in 50 m Höhe in den Sturzflug und hat erst dicht über dem Boden abgefangen – ganz von alleine. Die Leistungen der Maschine waren jedoch für die damalige Zeit recht eindrucksvoll: eine Vorwärtsgeschwindigkeit von 48 km/h und eine Steiggeschwindigkeit von 120 m pro Minute. Während die Flugerprobung weiterging, wurde ein größerer und fortschrittlicher Hubschrauber – W.6 – entwickelt, eine Ganzmetallkonstruktion. Der Motor war ein 200 PS *de Havilland Gipsy 6 Series II,* der Dreiblattrotoren mit 275 U/min antrieb. Nur diese waren aus Holz. Der Hubschrauber hatte ein Rüstgewicht von 980 kg. Am 27. Oktober 1939 flog er zum ersten Mal. Unter den vielen Passagieren, die während der Erprobung einmal mitflogen, war auch Air Chief Marshal Tedder. Nach insgesamt acht Stunden Flug gab es einen Absturz, als ein Rotorblatt in einer Höhe von 15 m wegbrach. Pilot und Passagiere kamen unverletzt davon. Nach gründlichen Untersuchungen wurde die Flugerprobung wieder aufgenommen. Die meisten Flüge wurden über einem Stück Ödland neben der Gießerei Argus in Thornliebank bei Glasgow durchgeführt. Während dieser Versuche erflog der Hubschrauber Vorwärtsgeschwindigkeiten bis zu 130 km/h und Steiggeschwindigkeiten von 650 m/min. Wegen vordringlicher anderer Prioritäten wurden auch diese Versuche im Juli 1940 eingestellt. Bis zu diesem Zeitpunkt hatte es die *W.6* auf insgesamt 70 Flugstunden gebracht. Der Hubschrauber flog gut, selbst bei Turbulenz, und er konnte auf viele technische Neuheiten verweisen, wie eine automatische Kupplung, die den Rotor in Autorotation versetzte, wenn das Gas weggenommen wurde oder wenn die Umdrehungszahl zu rasch abfiel.

* Anm. d. Übersetzers: Bei der periodischen Steigungssteuerung wird der Blattanstellwinkel sinusförmig mit dem Azimutwinkel des Rotorblatts verändert; bei der nicht-periodischen Steigungssteuerung wird dem Blattwinkel aller Rotorblätter, unabhängig von ihrem Azimutwinkel, die gleiche Änderung erteilt.

Die Zeit des Autogiro

An einem Tag im Jahre 1919 machte der Prototyp eines dreimotorigen Bombers gerade einen Landeanflug auf dem Flugplatz Getafe bei Madrid. Plötzlich verlor die Maschine Geschwindigkeit, sackte an der Grenze des Flugplatzes ab, schlug auf und ging zu Bruch. Der Pilot, Hauptmann Rios, kroch aus den Trümmern. Außer ein paar Kratzern und blauen Flecken hatte er keinen Schaden genommen.
Der Absturz beunruhigte den Konstrukteur des Flugzeugs, den damals 24 Jahre alten Juan de la Cierva y Cordonia. Der Unfall des neuen Bombers lag nicht in einem Konstruktionsfehler begründet – er war auf einen Irrtum des Testpiloten zurückzuführen, der sich in diesem kritischen Stadium des Flugs in der Geschwindigkeit verschätzt hatte. Das Flugzeug war »abgeschmiert«. Dieser Unfalltyp, der dem Hauptmann Rios beinahe das Leben gekostet hätte, hat sich seither unzählige Male in der Geschichte der Luftfahrt wiederholt. Wenn ein Flugzeug in größerer Höhe abschmiert oder ins Trudeln kommt, dann ist das immer ein Zeichen von miserabler Fliegerei – falls es nicht absichtlich wie z. B. bei Kunstflugvorführungen oder im Verlauf der fliegerischen Ausbildung herbeigeführt wird. Und dann ist es gar nicht so schwierig, aus dieser Situation wieder herauszukommen, wenn man das Richtige tut. In Bodennähe hilft aber kein Trick mehr. Flughöhe und Geschwindigkeit halten die Waage über Leben und Tod.
Das Abschmieren bzw. das Trudeln hatte Juan de la Cierva schon seit einiger Zeit beschäftigt. Nachdem sein eigenes

Flugzeug jetzt diesem Problem zum Opfer gefallen war, beschäftigte er sich fortan geradezu mit Besessenheit mit dieser Frage und konzentrierte alle seine Anstrengungen von jetzt an auf ein einziges Ziel: die Konstruktion eines Flugzeugs, das langsam fliegen konnte, ohne daß es »verhungerte« und dann abschmierte. Er glaubte tatsächlich, die Luftfahrt habe keine Zukunft, wenn es nicht möglich wurde, diesen Gefahrenherd zu bannen.

Die mechanische Seite des Problems, mit dem er zu tun hatte, war einfach genug. Zu jener Zeit hing die Theorie des »Flugapparates schwerer als Luft« davon ab, daß die auftriebserzeugenden Tragflächen schnell genug durch die Luft vorwärtsbewegt werden konnten. Dies konnte nur geschehen, indem man dem Flugzeug einen Antrieb vermittelte oder – wie im Fall des Segelflugzeugs – die Schwerkraft wirken ließ und eine Vorwärtsgeschwindigkeit durch eine nach vorne geneigte Flughaltung erreichte. Für Cierva und seine Denkweise litt der Hubschrauber (gemessen am damaligen Entwicklungsstand) an denselben Schwächen wie das Tragflächenflugzeug: wenn er in der Luft bleiben wollte, dann mußten die Rotoren durch einen Motor angetrieben werden.

Das Problem stellte eine schwierige, nahezu unlösbare Aufgabe dar. Die Konstrukteure der Flugzeuge mit festen Tragflächen hatten ihr Vorbild im Vogelflug, aber für Cierva gab es keinen Modellvorgang in der Natur. Aber er ließ sich nicht entmutigen; er suchte nach Möglichkeiten, einem Tragflügel auf irgendeine Weise die Mittel zu einer Eigenbewegung zu verleihen, wenn der motorische Antrieb plötzlich ausfiel – eine Art mechanischen Fallschirms, mit dem das Flugzeug langsam und sicher zur Erde absank. Eine solche Vorrichtung mußte einfach sein – nicht so mechanisch aufwendig und kompliziert, wie es bei einem Hubschrauberrotor der Fall war.

Bei Modellversuchen stellte Cierva fest, daß ein frei drehender Rotor Auftrieb erzeugt, wenn man ihn waagrecht durch die Luft zieht – genügend Auftrieb, um vom Boden abzuheben und den Flugzustand auch im Horizontalflug aufrecht zu erhalten, falls ein angetriebener Propeller in der herkömmlichen Weise für den Vortrieb sorgte. Wenn der Motor, der den Propeller antrieb, ausfiel, um das Flugzeug in derselben Fluglage zum Boden gleiten zu lassen, ohne daß der Pilot gezwungen war anzudrücken, um Fahrt aufzunehmen. Es war sogar eine Senkrecht- bzw. nahezu eine Senkrechtlandung möglich. Cierva wußte, daß er seiner Vorstellung von einem »mechanischen Fallschirm« mit dieser Lösung so nahe wie möglich gekommen war.

Um seine Theorie im Flug zu testen, baute de la Cierva in den Jahren 1921 und 1922 drei *Autogiros*. Dieser Name wurde von Cierva selbst geprägt und sollte ausschließlich als Bezeichnung für seine eigenen Erzeugnisse dienen. Aber schließlich wurde der Name allgemein übernommen und auf alle Maschinen angewandt die auf demselben Prinzip aufgebaut sind. (Anm. d. Übers.: In Deutschland wurde später für diese Gattung der Name *Tragschrauber* und für die (ohne Eigenantrieb) geschleppten und nach demselben Prinzip arbeitenden Konstruktionen der Name *Schlepp-Tragschrauber* festgelegt.)

Seine ersten drei Maschinen, die alle mit starren Rotoren ausgestattet waren, erwiesen sich als komplette Fehlschläge. Der Rotor erzeugte zwar Auftrieb, aber sobald das Flugzeug Fahrt aufnahm und vom Boden abheben wollte, zeigte es eine unkontrollierbare Neigung, um die Längsachse zu kippen. Schließlich erkannte de la Cierva, daß dies auf den asymmetrischen Auftrieb des Rotors bei Anströmung von vorne zurückzuführen war: die Rotorblätter erzeugten bei der Drehung auf dem Weg nach vorn (gegen die Luft) einen höheren Auftrieb als auf dem Weg nach hinten (mit der Luft).

Auf der Suche nach einer praktischen Lösung für dieses erste von vielen Problemen, die noch auftauchen sollten, kehrte de la Cierva wieder zurück zu den kleinen Modellen, die er im Frühstadium seiner Arbeit benutzt hatte. Er konnte sich daran erinnern, daß eines dieser Modelle besser geflogen war als alle anderen – und es dauerte jetzt nicht lange, bis er dahinter kam warum. Der Grund lag im Aufbau der Rotorblätter, die lang und biegsam waren. Infolge dieser Elastizität bog sich das Rotorblatt bei der Vorwärtsdrehung (infolge des hier stärkeren Auftriebs) nach oben, bis es den vorderen Scheitelpunkt erreicht hatte. Dabei änderte sich auch der Anstellwinkel des Blattes etwas, wodurch ein Teil dieses Auftriebs wieder eingebüßt wurde. Beim Weiterdrehen, vom Scheitelpunkt aus nach hinten, führte das Blatt in Auswirkung der Elastizität einen »Schlag« nach unten aus und gewann so etwas Auftrieb dabei – die Asymmetrie des Auftriebs wurde durch die elastischen Blätter etwa kompensiert.

De la Cierva verlor keine Zeit, um dieses Prinzip bei seinem nächsten *Autogiro C.4.* zu berücksichtigen. Dieser erhielt biegsame Rotorblätter, die mit einem unter Federdruck stehenden Gelenk am Rotorkopf befestigt waren und auf diese Weise während den Drehungen auch Schlagbewegungen ausführen konnten. Schon der Erstflug in Getafe am 9. Januar 1923 war ein Erfolg, und noch vor Ende des Monats gelang es ihm, eine geschlossene Strecke von 4 km in 30 m Höhe in nur vier Minuten zurückzulegen. Dieser Autogiro war ein Einsitzer und wurde von einem 110 PS *le Rhône* Umlaufmotor angetrieben.

De la Cierva's nächste Maschine, die *C.5, flog im Juli 1923 und war mit einem Dreiblattrotor ausgestattet. Die C.6A,* die im Mai 1924 erschien, benutzte den Rumpf einer Standard-*Avro 504 N* und hatte einen Vierblattrotor aus Holz, der mit verstärktem Leinen bespannt war. Im Oktober 1925 verschiffte de la Cierva diese Maschine nach England und führte sie vor Beamten des Luftfahrtministeriums in Farnborough vor. Die Herren waren von den Leistungen der kleinen Maschine gebührend beeindruckt, und die Flugzeugfirma A. V. Roe & Co (Avro) erhielt den Auftrag, zwei gleiche Maschinen zu Flugversuchen und Auswertung zu bauen. Diese erhielten 1926 die Bezeichnung *C.6C* (Einsitzer) und *C.6D* (Zweisitzer). Der Zweisitzer erhielt später einen größeren Rotor und wurde in C.8R umbenannt. Zwei weitere C.8 Varianten wurden von Avro gebaut: die *C.8V* mit einem *Viper* Reihenmotor und die *C.8L,* von der zwei Maschinen mit *Lynx* Sternmotoren und eine dritte mit einem 225 PS *Wrigth Whirlwind* ausgestattet waren. Am 18. September 1928 war die *C.8L Mk.II* dann der erste Drehflügler überhaupt, der den Ärmelkanal überquerte.

De la Cierva saß selbst am Steuer; als Passagier flog Hélène Boucher mit, und der Trip von London nach St. Inglebert wurde in einer durchschnittlichen Höhe von 1100 m in einer Stunde und sechs Minuten zurückgelegt.

Noch am gleichen Tag flog de la Cierva nach Le Bourget weiter und begab sich von dort auf eine vierwöchige Vorführungstour durch Europa. Am 13. Oktober flog er den Autogiro nach London zurück und hatte inzwischen eine Gesamtdistanz von fast 2900 km zurückgelegt.

Es war nicht der erste Besuch eines Autogiro auf dem europäischen Kontinent gewesen. De la Cierva's *C.6A* hatte im Juli 1926 bereits eine Vorstellung vor höheren französischen Offizieren in Villacoublay gegeben, und im September war die Maschine auf dem Flugfeld Berlin-Tempelhof einer großen Zuschauermenge vorgeführt worden. In der Zwischenzeit hatte de la Cierva, durch den Industriemagnaten James Weir ermutigt, seine eigene Firma in England gegründet. Lizenzen für den Nachbau seiner Autogiros wurden in den folgenden Jahren an Firmen in Frankreich, Deutschland, Japan und die USA vergeben. In den folgenden zehn Jahren wurden mehr als 500 Autogiros auf der ganzen Welt gebaut. Wenn auch alle diese Maschinen das Rotorsystem von Cierva aufwiesen, so unterschieden sie sich äußerlich doch zum Teil sehr stark voneinander. Die Hersteller verwendeten jeden zur Verfügung stehenden, geeigneten Flugzeugrumpf. Bei allen frühen Cierva-Autogiros mußte der Rotor vor dem Start durch ein um den Rotorschaft gewundenes Seil in Drehung versetzt werden; de la Cierva war dann auf die Idee gekommen das Leitwerk so nach oben zu klappen, daß der Propellerstrahl etwas abgelenkt wurde und nun auf den hinteren Teil des Rotors wirkte, der sich dann zu drehen begann. Dieses Verfahren führte im Lauf der Zeit zu einem mechanischen Startersystem, bei dem der Motor eingesetzt werden konnte, um dem Rotor über ein Spezialgetriebe die für den Start notwendigen 100 U/min zu verleihen. Einer der in England gebauten Autogiros – der zweisitzige *C.24,* der im September 1931 zum ersten Mal flog – war der erste Drehflügler mit einer geschlossenen Passagierkabine. Die Maschine wurde in den Monaten

Mai und Juni 1932 in verschiedenen europäischen Ländern vorgeführt. Eine andere Variante mit geschlossener Kabine war der von Westland gebaute Fünfsitzer *C.29*. Leider kam diese Maschine nie zum Fliegen: sie wurde während Motorprüfläufen durch Bodenresonanz-Schwingungen zerstört.

Wie bereits erwähnt war die *C.19* der erste Autogiro, bei dem der Motor über ein Getriebe mit dem Rotor verbunden werden konnte, um starten zu können. Eine weitere Verfeinerung wurde ebenfalls an der *C.19* erprobt: ein Rotorkopf, der geneigt werden konnte, sodaß der Pilot die Maschine durch Neigen der Rotorebene in die gewünschte Richtung bringen konnte. Dies wurde durch eine Steuersäule erreicht, die vom Rotorträger nach unten führte.

Nachdem dieses System in einem *C.19 Mk.V* (einer Variante mit 100 PS *Genet Major* Motor und dem Kennzeichen G-ABXP) erprobt worden war, entschloß sich de la Cierva, es in seiner neuesten Konstruktion, dem *C.30A* anzuwenden. Der Prototyp dieser Maschine (G-ACFI) machte seinen Erstflug im April 1933. Bei der Flugerprobung ergaben sich deutliche Leistungsverbesserungen im Vergleich zu den früheren Versionen. Die Startstrecke betrug etwa 30 m und die Landestrecke nur 3 m. Diese extrem kurzen Start- und Landestrecken wurden später von de la Cierva auf dramatische Weise selbst demonstriert, als er von einer Plattform auf einem spanischen Frachter startete und anschließend dort wieder landete. De la Cierva's Chefpilot, Wing Commander Reginald Brie, zeigte eine noch verblüffendere Leistung, indem er auf dem Deck des italienischen Kreuzers *Fiume* landete und dort auch wieder startete, während das Kriegsschiff mit 24 Knoten lief.

In Hanworth wurde eine Schule für Autogiro-Piloten durch die *National Flying Services* eingerichtet, und eine große Zahl von Leuten wurden dort gründlich ausgebildet. Es waren Leute, die zu konventionellen Flugzeugen nicht allzu viel Zutrauen hatten und dann mit einem Autogiro ganz gut zurechtkamen. Unter den neu ausgebildeten Piloten war sogar ein Mann, der über 70 Jahre alt war.

Kurze Zeit, nachdem der Prototyp der *C.30A* seinen ersten Flug hinter sich gebracht hatte, plazierte die RAF eine Order

Igor Sikorsky neben seinem zweiten erfolglosen Hubschrauber, 1910

Der Hubschrauber von Pescara, der einige der ersten FAI Hubschrauberrekorde im Jahr 1924 erflog

Ein Cierva C.19 Autogiro, in Deutschland von Focke-Wulf unter Lizenz gebaut

Autogiros in Paradeaufstellung 1930. Der Westland Autogiro mit geschlossener Kabine ist als letzter zu erkennen.

Hafner AR.III
Gyroplane

Igor Sikorskys erster wirklich erfolgreicher Hubschrauber, **VS-300,** hier mit Schwimmern bei Versuchen zur U-Bootbekämpfung im Jahre 1943

Sikorsky R-4 Hoverfly I der RAF-Staffel 529 (1945)

Der erste Versuchshubschrauber von Bell – Modell 30 – bei der Flugerprobung (1943)

für einige Exemplare dieses Typs. Die Produktion übernahm Avro, und zehn Maschinen – bei der RAF mit *Rota* bezeichnet – wurden ab Dezember 1934 an die Schule für Zusammenarbeit mit der Army in Old Sarum ausgeliefert. Im Januar erhielt die RAF auch eine See-Rota – eine Standard-*C.30A* mit Schwimmern anstelle des Fahrgestells. Alles in allem wurden bei Avro rund siebzig *C.30* gebaut. 37 Maschinen wurden an englische Kunden geliefert; der Rest ging mit Ausnahme der militärischen Varianten für die RAF nach Indien, China, Südafrika und Australien sowie an verschiedene Länder in Europa.

Die Autogiros demonstrierten ihre große Vielseitigkeit bei vielen Gelegenheiten. *C.19* und *C.30* wurden z. B. viel bei der Polizei eingesetzt, wenn es sich um besondere Aufgaben bei Verkehrsstörungen und Großveranstaltungen wie das Fußball-Endspiel in Wembley handelte. Sie wurden auch versuchsweise zum Transport der Post eingesetzt, die direkt vom Londoner Postamt Mount Pleasant aufgenommen und zu verschiedenen Bestimmungsorten außerhalb von London gebracht wurde.

1933 benutzte de la Cierva den Prototyp der *C.30,* um eine neue Methode einer Starthilfe auszuprobieren, den sogenannten »Sprungstart«. Er führte ein System ein, mit Hilfe dessen der Pilot den Anstellwinkel des Rotorblatts auf Null stellen konnte, während der Motor den Rotor über eine Kupplung anlaufen ließ. So konnte dieser auf die erforderliche Umdrehungszahl gebracht werden, ohne daß ein Auftrieb geschaffen wurde. Wenn die gewünschte Umdrehungsgeschwindigkeit erreicht war, dann kuppelte der Pilot den Rotor aus und betätigte die Blatteinstellung des Rotors, so daß die Blätter plötzlich den richtigen »Biß« entwickelten. Das Ergebnis des plötzlichen Auftriebs war, daß der Autogiro buchstäblich in die Luft sprang.

Eine durchentwickelte Form dieses Systems wurde in die *C.30A* mit der Zulassung G-ACWF eingebaut, und die ersten Demonstrationen eines Senkrechtstarts durch einen Autogiro erfolgten mit dieser Maschine in Hounslow Heath im Juli 1936 durch Wing Commander Brie und H. A. Marsh. In Wirk-

lichkeit handelte es sich um den Prototyp einer neuen Autogirovariante: der *C.40,* die zwei Sitze nebeneinander hatte und durch einen 175 PS Salmson Motor angetrieben wurde. Fünf *C.40* wurden für die RAF unter der Bezeichnung *Rota Mk.II* gebaut. Einige weitere gingen an zivile Kunden.
Der Autogiro hatte inzwischen auch in den USA Eindruck gemacht. Die Army und die Navy hatten beträchtliches Interesse an den Möglichkeiten dieses Flugzeugtyps gezeigt. 1931 hatte die US Navy einen Vertrag mit Pitcairn abgeschlossen – der Autogiro-Firma in den USA – die de la Cierva's Erfindung unter Lizenz nutzen durfte. Eine Anzahl Autogiros sollten unter Einsatzbedingungen erprobt werden. Die erste dieser Maschinen, mit der Bezeichnung *XOP-1,* führte zuerst Flugversuche auf dem Militärflugplatz Anacosta bei Washington aus und anschließend auf See an Bord des Flugzeugträgers *Langley.* Die zweite Maschine wurde mit Schwimmern ausgerüstet, die dritte ging nach Nicaragua, wo die amerikanische Marineinfanterie zur Bekämpfung der Aufständischen eingesetzt war. Es wäre eine goldene Gelegenheit gewesen, den Autogiro unter wirlichen Einsatzbedingungen zu erproben. Statt dessen begnügten sich die »Ledernacken« damit, die *XOP-1* neben ihrem Allzweckflugzeug, der *Vougth O2U-1* im Vergleich zu fliegen. Das Ergebnis dieses unfairen Vergleichs mußte ungünstig ausfallen. Die Piloten der »Marines«, die die *XOP-1* flogen, betonten dabei, daß der Autogiro dem konventionellen Flugzeugtyp hinsichtlich Nutzlast, Steigfähigkeit, Geschwindigkeit und Reichweite unterlegen sei. Diese Punkte überwogen in ihren Augen den offensichtlichen Vorteil des Autogiro, auf sehr kleinem Raum landen zu können – fast ohne Auslauf. Hätte man die *XOP-1* im richtigen Einsatz z. B. zur Bergung von Verwundeten herangezogen, dann wäre das Urteil wahrscheinlich anders ausgefallen. Die andere amerikanische Firma, die eine Lizenz für den Nachbau hatte, war die Kellet Autogiro Corporation, die 1929 gegründet worden war. Der erste Autogiro von Kellet war die zweisitzige *K-2* des Jahres 1931. Aber erst die folgende Konstruktion – die *KD-1,* ebenfalls von 1931 – hat den Ruf der Firma auf diesem Gebiet begründet. Es handelte sich ebenfalls um ei-

nen Zweisitzer mit offenem Cockpit und Sitzen in Tandemanordnung. Der Rotorschaft befand sich direkt vor dem vorderen Sitz; die drei Rotorblätter konnten nach hinten über den Rumpf gefaltet werden, wodurch eine leichtere Unterbringung und ein einfacherer Transport möglich wurde. Die *KD-1* wurde durch einen 225 PS *Jacobs Lf-14MA* Sternmotor angetrieben und erreichte eine Höchstgeschwindigkeit von 200 km/h in Meereshöhe. Die Dienstgipfelhöhe war 4700 m und die Reichweite betrug rund 320 km.

Eine *KD-1A* wurde an die US Army zur Truppenerprobung geliefert und trug dabei die Bezeichnung *YG-1.* Die Army erhielt dann insgesamt 16 Autogiros. Sieben waren *YG-1B* mit geschlossenem Cockpit, zwei waren offene *YG-1,* und die restlichen waren *X0-60,* eine weiterentwickelte Version mit 300 PS Jacobs Motoren, einer unförmigen, verglasten Kabine und Beobachtungsfenstern am Boden. Militärische Versuche mit der *XO-60* (später in *YO-60* umbenannt) gingen sporadisch weiter bis in das Jahr 1943, als die US Army ihre Einstellung änderte und sich dem Hubschrauber zuwandte.

Viele *KD-1* – sowohl die offene Version A wie auch die Kabinenversion B – wurden in den dreißiger Jahren für zivile Luftfahrtgesellschaften gebaut. Im Juli 1939 hat eine *KD-1B* der *Eastern Air Lines* den ersten planmäßigen Postdienst durch ein Drehflügelflugzeug zwischen dem Hauptpostamt von Philadelphia und dem Flugplatz Camden durchgeführt.

Auch in der Sowjetunion wurde in den dreißiger Jahren durch eine Sektion innerhalb der aerodynamischen Versuchsabteilung von ZAGI beträchtliche Entwicklungsarbeit am Tragschrauber geleistet. Die Gyroplan-Sektion und die Sektion für Spezialkonstruktionen arbeiteten ursprünglich nebeneinander, aber als die letztgenannte 1933 von der Versuchsabteilung abgetrennt wurde, funktionierte die Gyroplan-Sektion unabhängig.

Das erste Drehflügelflugzeug der Sowjetunion, die *KaSkr-I* war eine genaue Kopie des *Cierva C.8* Autogiro unter Benutzung eines Rumpfs eines *U-1* Flugzeugs (des russischen Nachbaus der *Avro 504*). Konstruiert von N. I. Kamow und N. K. Skrischinsky und von einem 120 PS *le Rhône* Umlaufmotor angetrieben, flog die Maschine im Jahr 1921 zum ersten Mal. Im folgenden Jahr wurde der Motor gegen einen 230 PS *Gnôme et Rhône Titan* ausgetauscht und die Bezeichnung in *KaSkr-II* umbenannt. 1931 machte die Maschine insgesamt 90 Flüge. Dabei erreichte sie eine Maximalhöhe von 482 m und eine Geschwindigkeit von 39 km/h. Die *KaSkr-II* war ein Erfolg und vermittelte ZAGI wertvolle Erfahrung. Aber den Ingenieuren von ZAGI war klar, daß ein noch größeres Stück Arbeit vor ihnen lag, bevor sie eine Maschine bauen konnten, die so leistungsfähig war wie die Cierva-Modelle, die um die gleiche Zeit in Westeuropa produziert wurden. 1930 wurde eine Cierva *C.19 Mk.III* unter Lizenz von einem Team unter Leitung von I. P. Bratuchin und W. A. Kusnezow gebaut und getestet. Aus dieser Maschine entstand dann die ZAGI 2-EA, ein Tragschrauber mit doppeltem Seitensteuer, kurzen konventionellen Tragflächen mit nach oben gebogenen Enden und einem Hauptrotor von 12,80 m Durchmesser. Wie die *KaSkr-II* war er mit einem 230 PS *Gnôme et Rhône Titan* ausgerüstet. Die Maschine flog 1931 zum ersten Mal. mit A. Korsintschikow am Steuer und erreichte während der Flugerprobung Flughöhen von 455 m und eine Geschwindigkeit von 160 km/h in Meereshöhe. Die Erprobung lief weiter bis 1933 und mußte dann aus Mangel an Ersatzteilen für den Motor schließlich aufgegeben werden.

Inzwischen waren die Vorbereitungen für die Fertigung des ersten rein sowjetischen Drehflügelflugzeugs 1932 abgeschlossen worden. Es handelte sich um den Typ *ZAGI 4-EA*. Die Maschine hatte einen Dreiblattrotor von 13,70 m Durchmesser, wurde von einem 300 PS *M-26* Sternmotor angetrieben und verfügte über einen Mechanismus zum »Sprungstart«-Verfahren. Eine kleinere Zahl wurde 1933 unter der Bezeichnung *A-4* gebaut – nur 18 Monate nach Beginn der Fertigungsvorbereitungen.

Der nächste ZAGI-Entwurf war die *A-6,* eine kleinere Maschine als die *A-4;* sie war mit einem 100 PS *M-11* Sternmotor ausgerüstet. Der Erstflug fand im Sommer 1933 statt. In erster Linie diente diese Maschine der Untersuchung von Stabilitäts- und Schwingungsproblemen, die bei der *A-4* aufgetreten waren. Wie die Vorgänger erhielt auch dieser Typ kleine feste Tragflächen. Diese konnten wie der Dreiblattrotor zur besseren Unterbringung zurückgeklappt werden.

Verschiedene Konfigurationen wurden erprobt, einschließlich eines Schmetterlingsleitwerks, das die Stabilität bei Neigungsänderungen verbessern sollte. Neun weitere Versuchstragschrauber gingen in den dreißiger Jahren aus dem ZAGI hervor. Es waren die Typen *A-7* bis *A-15,* alles weiterentwickelte Versionen des Grundmodells *A-4.* Am erfolgreichsten war die *A-7,* die von Nikolai A. Kamow entwickelt wurde und 1934 zum ersten Mal flog. Sie war mit einem 480 PS *M-22* Motor ausgestattet. Die Rote Armee hat den Typ eingehenden Truppenversuchen unterworfen. Probeweise wurde ein nach vorne schießendes, synchronisiertes 7,62 mm MG eingebaut. Die gleiche Maschine kam während des Zweiten Weltkriegs sogar kurz zum Einsatz (siehe Kapitel »Drehflügler im Krieg«).

Nach Kriegsausbruch ging die Tragschrauberentwicklung in der Sowjetunion etwas planlos weiter und geriet schließlich – wie in jedem anderen Land – in den Hintergrund, als die Hubschrauberentwicklung Boden gewann.

In den letzten Jahren ist jedoch das Interesse am Tragschrauber wiedererstanden, und zwar von seiten der Privatflieger, die gerne ohne die rasant steigenden Kosten der Sportfliegerei zu ihrem Spaß kommen möchten. Der leichte einsitzige »Gyro« ist bis jetzt die billigste Methode des Motorflugs, und einige Firmen in Europa und den USA bieten diese kleinen Geräte entweder flugfertig oder in Baukästen an. Ein paar der heutigen Tragschrauberprojekte haben Aussichten auf geschäftlichen Erfolg. In den USA wurde z. B. eine Version des *Bensen Gyro-Copter* unter der Bezeichnung Modell *B-8MA Agricopter* zwecks Einsatz bei der Schädlingsbekämpfung gerade erprobt, als diese Zeilen geschrieben wurden.

Juan de la Cierva's bemerkenswerte Erfindung, die sich vor dem Zweiten Weltkrieg großer Popularität erfreute, scheint auch in der Luftfahrt von morgen eine Chance zu haben. Aber de la Cierva hat das alles nicht mehr miterleben dürfen. Am 9. Dezember 1936 befand er sich als Passagier in einem Verkehrsflugzeug, das aus einem überzogenen Zustand abstürzte. Alle Insassen kamen dabei ums Leben. Es ist eine tragische Ironie, daß de la Cierva schließlich jener Gefahr zum Opfer gefallen ist, für deren Überwindung er so lange und so hart gekämpft hat.

Drehflügler im Krieg

DEUTSCHLAND

20. April 1945. Seit Tagen verstopfen endlose Flüchtlingsströme die Straßen, die von Wien nach Westen führen. Eine Schlange von Menschen, in deren dumpfen Mienen zu lesen ist, daß sie ihr Schicksal noch nicht fassen können. Menschen, weitergetrieben durch den Donner russischer Kanonen, der von Osten herüberdröhnt.
Vor Zell am See hält eine der Flüchtlingskolonnen an, als Panzer vor ihr auftauchen. Panik verbreitet sich wie ein Lauffeuer. Letzten Gerüchten zufolge sollten die Russen bereits über Wien hinausgestoßen sein und sich auf Linz zu bewegen. Aber bis hierher konnten sie doch wohl noch nicht gekommen sein.
Der Stern auf den Panzern war weiß, nicht rot. Und diese Fahrzeuge gehörten zu einer Panzervorausabteilung der 7. US-Armee. Die letzten Wochen hindurch waren sie über Süddeutschland vorgestoßen, hatten die Donau überquert und waren über München und Salzburg nun auf dem Weg, um sich mit der 5. Armee in Österreich zu vereinen. Den Anblick von Flüchtlingen waren die Soldaten inzwischen gewohnt, und die Panzerbesatzungen blickten unbeteiligt auf die Leute, während die Panzerkolonne weiterrollte und den »Gegenverkehr« auf die andere Straßenseite drückte.
Plötzlich hielt der Führungspanzer an. Der junge Kommandant sprang ab und bahnte sich einen Weg durch die dicht gedrängten Menschen zu einem Lastwagen, der in der Menge eingeklemmt war. Auf einem Anhänger befand sich etwas unförmig Großes, mit einer Plane abgedeckt. Die Männer im

Fahrerhaus des Lkw machten keinen Versuch, den Amerikaner aufzuhalten, als er die Plane anhob. Erstaunt blickte der Kommandant auf den Apparat, der auf dem Anhänger festgezurrt war. Es handelte sich offensichtlich um so etwas wie ein Flugzeug, sah aber ganz anders aus, als was er bisher gesehen hatte. Vielleicht gehörte das Ding zu den technischen Entwicklungen, auf die man sie aufmerksam gemacht hatte und nach denen die alliierten Streitkräfte auf ihrem Weg durch Deutschland Ausschau halten sollten – eine der Geheimwaffen, von denen sie so viel gehört hatten?
Die seltsame Maschine auf dem Lkw-Anhänger war bisher geheim – das stimmte – und stellte in ihrer Art einen technologischen Fortschritt dar, der fast so wichtig war wie die tödliche V-2. Der amerikanische Panzerkommandant konnte nicht wissen, daß er vor dem ersten Hubschrauber der Welt mit Strahlantrieb stand.
Dessen Geschichte hatte auf der staubigen Straße in den österreichischen Bergen im April 1945 ihr Ende gefunden. Angefangen hatte sie kurz nach Ausbruch des Kriegs. Die Idee entsprang dem Kopf eines einzigen Mannes, des Ing. Friedrich Doblhoff, der im Konstruktionsbüro der Wiener-Neustädter Flugzeugwerke angestellt war, die damals kleine Sportflugzeuge bauten. Einige Zeit hatte sich Doblhoff intensiv mit dem Hubschrauberprinzip beschäftigt und hatte auch rohe Skizzen zu Papier gebracht. Wie Vittorio Isacco schon vor ihm glaubte auch er, daß die Leistung eines Hubschraubers beträchtlich dadurch gesteigert werden kann, wenn es gelingt, den Antrieb an die Rotorspitzen zu verlegen. Aber seine Erfahrung als Ingenieur sagte ihm, daß die von Isacco verwendeten Benzinmotoren an den Blattspitzen nicht die richtige Lösung waren. Seine Gedanken gingen in die Richtung auf die Möglichkeit von Staustrahltriebwerken – kleinen rohrförmigen, vorn und hinten offenen Brennkammern, in denen die vorn eingeströmte Luft mit Treibstoff vermischt und gezündet wurde, wobei die Feuergase dann mit hoher Geschwindigkeit hinten austraten. Wesentliche Vorarbeiten auf diesem Gebiet hatte der französische Ingenieur René Leduc geleistet. Ein sorgfältiges Studium der technischen Un-

terlagen des Franzosen überzeugte ihn, daß der Blattspitzenantrieb durch Staustrahltriebwerke die richtige Antwort auf das Problem war.

Die Direktoren der Wiener-Neustädter Flugzeugwerke waren genügend an Doblhoffs Idee interessiert, um ihm einen kleinen Betrag zur Weiterführung seiner Studien zuzubilligen. Er war kaum der Rede wert, aber Doblhoff begann sofort mit einem Forschungsprogramm. Zuerst ging es darum, das Interesse des Reichsluftfahrtministeriums zu gewinnen — er hoffte, von dort weitere Mittel zu bekommen — und um dies zu erreichen, mußte er beweisen können, daß seine Idee wirklich funktionierte.

Anfang 1942 baute er ein Versuchsgestell und lud einige Beamte des Ministeriums zur Vorführung des Wirkungsprinzips des geplanten Rotorantriebs ein.

Die Anlage bestand aus einem Dreiblattrotor, der auf einem Leichtmetallgestell montiert war. Die Rotorblätter selbst waren hohl. Ein Rohr führte vom Rotorkopf zur Blattspitze; am Rotorkopf wurde Preßluft eingebracht und den kleinen Strahldüsen an den Blattspitzen zugeführt. Die ganze Anlage war durch einen Schmiedeamboß beschwert, um einen festen Stand auf dem Boden zu haben.

Doblhoff gab den Besuchern eine kurze Einweisung in seine Vorstellungen; erklärte, daß der Apparat an sich nichts Geheimnisvolles sei, sondern nach dem Prinzip eines Rasensprengers funktioniere. Dann schaltete er ein. Die Strahldüsen fauchten und der Rotor begann sich immer schneller zu drehen. Plötzlich hob sich das ganze Modell einschließlich Schmiedeamboß in die Luft, schwebte dort für ein paar Augenblicke frei hin und her, bis es kippte und auf dem Boden aufschlug.

Das Gestell war bei diesem Versuch völlig zu Bruch gegangen, aber das machte nichts aus. Die Herren vom Ministerium waren sichtlich beeindruckt von dem, was sie gesehen hatten. Kurz darauf erhielt Doblhoff eine halbe Million Reichsmark zugewiesen, zusammen mit den notwendigen Bezugsscheinen für Material und Treibstoff. Jetzt konnte er endlich ernsthaft mit der Arbeit beginnen. Von Anfang an war der

Entwurf des Prototyps einer Ausschreibung der Kriegsmarine für einen kleinen Beobachtungshubschrauber angeglichen, der von U-Booten und Überwasserfahrzeugen mitgeführt werden konnte. Der Prototyp mit der Bezeichnung *WNF-342 V1* war eine einsitzige Maschine mit einem 60 PS *Walter Minor* Motor. Die Zelle bestand aus geschweißten Stahlrohren mit Stoffbespannung und wog 360 kg, hatte ein Dreiradfahrgestell und doppeltes Seitenleitwerk.

Die ersten Flugversuche fanden im Frühjahr 1943 statt. Die Leistungen der *WNF-342 V1* waren zufriedenstellend. Um diese Zeit erschienen die alliierten Bomber allmählich immer häufiger über Wien, und Doblhoffs Kollege Laufer machte sich ernsthafte Sorgen, die Arbeit von Jahren könnte durch einen einzigen Schlag vernichtet werden. Wenn die Luftschutzsirenen zu heulen begannen, weigerte er sich, einen Schutzraum aufzusuchen und wanderte im Gegenteil draußen auf dem Flugplatz herum, beobachtete die massierten B-17-Formationen, die ihre Kondensstreifen hinter sich herzogen, und warf dann besorgte Blicke auf den Hangar, in dem der Hubschrauberprototyp stand.

Am 23. August 1943 heulten die Sirenen wieder, und diesmal war Wien selbst Angriffsziel. Wie gewöhnlich ignorierte Laufer die Aufforderung, den Schutzraum aufzusuchen, und stand auf dem Flugplatz, als dort einige Bomben fielen. Der Explosionsdruck brachte Laufer zu Fall, und es dauerte ein paar Augenblicke, bis er die erste Betäubung überwunden hatte. Er rappelte sich hoch und lief auf den Hangar zu. Ein Teil des Dachs war eingestürzt, und eine Menge Trümmerstücke lagen um den kostbaren Hubschrauber herum. Laufer atmete erleichtert auf, als er feststellen konnte, daß an dem Gerät selbst nur geringerer Schaden entstanden war.

Um schlimmere Schäden in Zukunft zu vermeiden, wurde der Hubschrauber nach Obergrafendorf, 30 km westlich von Wien, gebracht, wo einige Wochen später ein zweiter Prototyp gebaut wurde.

Der neue Hubschrauber — *WNF-342 V2* — hatte ein 90 PS Triebwerk. Der Hauptunterschied bestand darin, daß der Rumpf nicht mehr bespannt war und eine Rückenflosse wie ein Segel und ein verlängertes Seitenruder besaß, wobei das Ganze noch um eine horizontale Querachse gedreht werden konnte.

Der zweite Prototyp zeigte verbesserte Schwebeleistungen und bessere Steuerbarkeit. Das dritte Versuchsmuster hatte einen verkleideten Bug und einen doppelten Leitwerksträger. Als Triebwerk fand ein 140 PS *Sh 14A* Sternmotor Verwendung, der einen kleinen Druckpropeller für den Vorwärtsflug antrieb. Allerdings traten dabei stärkere Blattschwingungen auf.

Bei dem vierten Versuchsmuster, das zweisitzig ausgelegt war, wurden Antriebs- und Steuerungssystem verbessert. Der Preßluft wurde Treibstoff beigemischt, der in den Schubdüsen gezündet wurde und dabei einen vermehrten Antrieb lieferte. Der Verbrauch ging dadurch natürlich beträchtlich in die Höhe. Deshalb konnte man den Blattspitzenantrieb im Fluge ausschalten. Dafür wurde der Druckpropeller eingekuppelt, und der ganze Apparat funktionierte dann nach dem Prinzip des Tragschraubers. In der »strahlgetriebenen« Phase fanden Gebläseflügel zur Beaufschlagung der Leitwerksruder Anwendung.

Dieses Versuchsmuster hatte etwa 25 Flugstunden hinter sich, als am 7. April 1945 die Russen den Außenbezirk von Wien erreichten. Doblhoff, Laufer und der Testpilot Stephan wollten nicht, daß das Gerät den Russen in die Hand fiel. So entschlossen sie sich kurzerhand, es nach Westen zu transportieren – in der Hoffnung, dort auf amerikanische Sreitkräfte zu stoßen. Zwölf Tage später, nach mühselig langsamem Vorwärtskommen unter Flüchtlingen stießen sie dann bei Zell am See auf die Amerikaner.

Nach einer an Ort und Stelle durch alliierte Fachleute vorgenommenen Untersuchung wurde der Hubschrauber in die USA überführt, wo er vom *Aviation Research Center* nachgeflogen wurde. Doblhoff ging mit und kam später zur *McDonnel Aircraft Company,* wo er in leitender Position seine Erfahrung bei der Entwicklung des *XV-1 Convertiplane* einsetzen konnte. Die beiden Kollegen von Doblhoff halfen gleichfalls bei der Nachkriegsentwicklung des Hubschraubers mit.

Theodor Laufer fand einen Posten bei der *SNCA du Sud-Ouest* in Frankreich, wo sein System des Anschlusses von Rotorblättern mittels Federblättern bei dem leichten Hubschrauber »Djinn« Anwendung fand – und Stephan ging zu *Fairey Aviation* nach England.

Der Auftrag der Reichskriegsmarine für einen Bordhubschrauber, den Doblhoff angestrebt hatte, wurde einem anderen Konstrukteur mit wesentlich mehr Erfahrung auf dem Hubschraubersektor anvertraut: Anton Flettner. Bereits 1937 hatte Flettner einen Hubschrauber entworfen, der durch eine revolutionäre neue Idee gekennzeichnet war: gegenläufige synchronisierte, ineinanderkämmende Zweiblattrotoren, deren Rotationsebenen geringfügig schräg zueinander standen. Viele Kollegen von Flettner vertraten die Meinung, daß dieses System mehr Turbulenz erzeugen würde und deshalb zu einem Leistungsabfall gegenüber Hubschraubern mit einem einzigen Rotor führen müßte. Aber Flettner ließ sich nicht beirren und machte sich an den Bau eines Versuchsmusters. Der Prototyp erhielt die Bezeichnung *Fl 265 V1*. Die Marine, die von dem Entwurf beeindruckt war, bestellte 1938 insgesamt sechs Versuchsmuster zur eingehenden Erprobung.

Die *Fl 265 V1* absolvierte im Mai 1939 ihren Erstflug. Als Triebwerk diente ein 150 PS *Bramo Sh 14A* 7-Zylinder-Sternmotor, mit dem eine Höchstgeschwindigkeit von 158 km/h erreicht wurde. Das Leergewicht betrug 800 kg, das Fluggewicht 1000 kg. Die ineinanderkämmenden Rotoren waren nicht das einzig Neue an diesem Hubschrauber – er verfügte auch über eine Blattdämpfung, die die Steuerschwingungen verringerte.

Das erste Versuchsmuster wurde zerstört, als es bei einem Testflug zu Berührungen der Rotorblätter gekommen war. Der Fehler war schnell gefunden und ausgebügelt. Das zweite Versuchsmuster wurde zur Erprobung an die Kriegsmarine ausgeliefert. Die vier anderen Muster folgten kurz darauf nach. Sie wurden in der Ostsee und im Mittelmeer eingehenden Versuchen unterworfen, operierten von kleinsten Plattformen aus, die auf den Schiffen zu diesem Zweck installiert waren, und konnten fast bei jedem Wetter eingesetzt werden. Einige Versuchsstarts und -landungen auf U-Booten wurden mit Erfolg durchgeführt.

Die *Fl 265* erwies sich als besonders geeignet bei der Suche nach feindlichen U-Booten. Während eines derartigen Übungseinsatzes ging eine *Fl 265* verloren, weil ihr der Treibstoff ausgegangen war. Es war ein Versehen des Piloten – er hatte vergessen, beim Start nachzusehen, ob der Tank voll war. Andere Tests wurden bei den Heerespionieren durchgeführt, wo die *Fl 265* bei einem Flußübergang als fliegender Kran eingesetzt war, Sturmboote über den Fluß zog und den Motor einer *Bf 109* barg, die in unzugänglichem Gebiet abgestürzt war. Eine zweite *Fl 265*, die im Truppenversuch bei den Gebirgsjägern eingesetzt war, flog Nahaufklärung im Vergleich mit einem *Fieseler Storch* und schlug dabei dieses bewährte Flugzeug mit Leichtigkeit.

Inzwischen hatte die Kriegsmarine – als Antwort an Leute, die davon überzeugt waren, daß ein Hubschrauber leichte Beute für Jagdflugzeuge sei – eine interessante Übung mit zwei der erfahrensten Jagdflieger, einer mit einer *Bf 109* und einem mit einer *Fw 190*, anberaumt. Zwanzig Minuten lang haben die beiden Jagdflieger jedes nur denkbare Manöver versucht, um den Hubschrauber mit Hilfe der Schießkameras »abzuschießen«. Selbst, wenn beide aus verschiedenen Richtungen gleichzeitig angriffen, gelang ihnen nicht ein einziger Treffer.

Die ersten Truppenversuche, in der ersten Hälfte des Jahres 1940 abgeschlossen, führten dazu, daß Flettner den Auftrag zur Einleitung der Serienproduktion erhielt. Um diese Zeit waren jedoch die Vorarbeiten an einem neuen Typ, der zweisitzigen *Fl 282*, schon weit fortgeschritten. Da dieser Typ bessere Leistungen versprach, wurde die *Fl 265* nach den sechs Prototypen nicht weitergebaut.

Wie die *Fl 265* hatte die *Fl 282 Kolibri* denselben Antrieb mit zwei Zweiblattrotoren und dem gleichen Motor, der jedoch jetzt direkt unter dem Rotorgetriebe eingebaut war. Am Blattanschluß wurden Reibungsdämpfer angebracht, um den Ausschlag der Blätter zu begrenzen, so daß sie sich nicht

mehr zufällig berühren konnten. Das Cockpit war offen. Der Rumpf war hinter dem Cockpit metallbeplankt.
Im Sommer 1940 wurden im Flettner-Flugzeugbau in Berlin-Johannistal 45 *Fl 282* aufgelegt – 30 Prototypen und 15 Vorserienmaschinen. Die Flugerprobung begann 1941. 1942 führte der fünfte Prototyp *Fl 282 V5* eine Reihe von Versuchsflügen in der Ostsee von einer Plattform aus durch, die auf einem Geschützturm des Kreuzers *Köln* aufgebaut war. Von den 15 Vorserienmaschinen wurden einige fertig und kamen auf deutschen Kriegsschiffen im Mittelmeer und der Ägäis zum Einsatz. Die Hubschrauber flogen bei jedem Wetter – sogar in einem Schneesturm – und zeigten eine ausgezeichnete Einsatzfähigkeit: eine Vorserienmaschine brachte es auf 95 Flugstunden ohne Inspektion. Die Flugversuche und die Truppenerprobung des *Kolibri* verliefen so zufriedenstellend, daß das Reichsluftfahrtministerium zu Beginn des Jahres 1944 den Auftrag zum Bau von 1000 *Fl 282* an BMW in München und Eisenach erteilte. Alles stand zur Aufnahme der Großserienfertigung bereit, als die Werke durch Bombenangriffe so getroffen wurden, daß die Triebwerkproduktion nicht mehr gesichert war. Ein Teil von Flettners eigenen Produktionsstätten in Berlin wurde ebenfalls zerstört. Und so kam es, daß bis Ende des Kriegs nur 24 *Fl 282* – alle aus dem Auftrag zum Bau der Prototypen und Vorserienmaschinen – ausgeliefert werden konnten.
Trotz aller Schwierigkeiten war Flettner zur Zeit des deutschen Zusammenbruchs mit dem Entwurf mehrerer Hubschrauber beschäftigt. Dazu gehörte die *Fl 285* mit einer Flugdauer von 2 Stunden und einer Höchstgeschwindigkeit von 130 km/h. Die Maschine sollte zwei Bomben mitführen und mit einem *Argus As 10 C* Motor ausgerüstet werden. Zu den anderen Flettner-Projekten gehörte die *Fl 339*, ein großer Transporthubschrauber für 20–24 Soldaten. Als Triebwerk war ein *BMW 132 A* 9-Zylinder-Sternmotor mit 660 PS vorgesehen. Außerdem stand ein Kleinsthubschrauber mit einem 45 PS *Zündapp* Motor in Entwicklung, der für eine Verwendung auf U-Booten gedacht war.
Nach der deutschen Kapitulation fanden die Alliierten drei

Fl 282 in flugfähigem Zustand vor. Einer wurde von den Russen erbeutet, die beiden anderen gingen in die Vereinigten Staaten von Amerika, wo sie eingehenden Flugversuchen unterworfen wurden. Flettner war bei der Naziführung noch vor Ende des Kriegs in Ungnade gefallen. Er wurde gewarnt, daß seine Verhaftung bevorstehe. So fand er Zuflucht in den bayerischen Bergen. Später wandte er sich an die Amerikaner und ging dann in die USA, wo er nach einer Tätigkeit als Chefkonstrukteur bei *Kaman* in New York ein eigenes Unternehmen, die *Flettner Aircraft Corporation* gründete.
Alliierte Bomber haben auch die Pläne eines anderen deutschen Hubschrauberkonstrukteurs zerstört – die des Professors Hinrich Focke, der 1936 für den Bau der *Fw 61* verantwortlich gezeichnet hatte. Die deutsche Kriegsmarine hat 1938 zur gleichen Zeit, als sie Interesse an Flettners Konstruktion zeigte, eine Ausschreibung für einen Hubschrauber vorgenommen, der sich nicht nur zum Geleitschutz sondern auch zum Minenlegen und Torpedoeinsatz eignen sollte. Außerdem sollte er in der Lage sein, 700 kg Nutzlast zu tragen. Focke, der sich um den Auftrag bewarb, überlegte, wie sich sein jüngster Hubschrauberentwurf – der *Focke Achgelis Fa 266,* als Passagierhubschrauber für die Lufthansa entwickelt – der militärischen Ausschreibung anpassen ließe. Die Bezeichnung wurde in *Fa 223* umgeändert, und nach 100 Stunden Boden- und Fesselflugversuchen machte der erste Prototyp *Fa 223 V1 Drache* am 3. August 1940 seinen Erstflug. Wie beim Vorgängermuster (der um vieles kleineren *Fw 61*) fanden zwei Dreiblattrotoren an seitlichen Auslegern aus Stahlrohr Verwendung. Die Gelenkanschlüsse am Rotorkopf hatten Reibungsdämpfer.
Auch der Rumpf war eine geschweißte Stahlrohrkonstruktion, die mit Stoff bespannt war. Eine Besatzung von zwei Mann war in einem geschlossenen, nach vorne völlig verglastenCockpit untergebracht. Hinter dem Frachtraum, der sich an das Cockpit anschloß, hatten noch vier Passagiere Platz. Der Motor war hinter dem Frachtabteil eingebaut. Es handelte sich dabei um einen luftgekühlten 1000 PS *BMW Bramo 323 Q-3* Sternmotor, der die beiden Rotoren über Fernwellen

antrieb, die durch eine Reibungskupplung mit dem Motor verbunden waren.

Die *Fa 223* hatte eine Höchstgeschwindigkeit von 182 km/h in Meereshöhe und einen Einsatzradius von 320 km. Die Höhenleistungen waren besonders beeindruckend. Am 28. Oktober 1940 startete die *Fa 223 V1* in Rechlin mit einem Ballast, der der vollen Zuladung entsprach. Karl Bode saß am Steuer und erreichte eine Rekordhöhe von 7782 m und stieg in dieser Höhe immer noch mit 67 m/min.

Die offizielle Abnahme erfolgte zu Anfang 1942, und das RLM erteilte den Focke-Achgelis-Werken in Delmenhorst und Ochsenhausen einen Auftrag auf 100 *Fa 223*. Im Juli 1942 kam ein zweiter Prototyp hinzu. Trotz ihrem militärischen Verwendungszweck trugen beide Hubschrauber zivile Zulassungen (D-OCEB und D-OCEW). Die zweite Maschine wies bereits einige Verbesserungen auf, die auf Erfahrungen mit dem ersten Prototyp basierten. Die Leistung wurde erheblich verbessert und – da man bei der zweiten *Fa 223* mit einer Höchstgeschwindigkeit von 219 km/h rechnete – plante man einen Rekordversuch. Bevor jedoch die Flugerprobung beendet werden konnte, wurde der Hubschrauber bei einem Luftangriff zerstört.

Alliierte Bomben haben dann in der Produktion der *Fa 223 E*, wie die Heeresversion benannt wurde, immer wieder schwere Unterbrechungen verursacht. Und so wurden schließlich nur insgesamt 19 Maschinen fertig. Es mag als Zeichen dafür gelten, welche Auswirkungen die anglo-amerikanische Bombenoffensive erreichte, wenn man erfährt, daß ein neues Werk, das 400 *Fa 223* pro Monat herstellen sollte, nur etwa 20 Maschinen vor Ende des Krieges ausliefern konnte.

Die *Fa 223 E* zeigte gute Leistungen bei der Erprobung. Eine Seilwinde unter dem Rumpf erlaubte die Aufnahme von Stückgut im Schwebeflug. Unter den Versuchslasten befand sich ein *Volkswagen* und ein *Fieseler Storch*. 1944 erhielt der Motor der *Fa 223 E* einen zweistufigen Lader; außerdem wurden Versuche mit Wasser-Methanol-Einspritzung gemacht, wobei sich die Leistung kurzzeitig auf 1200 PS steigern ließ. So konnte der Hubschrauber nun größere Lasten tragen.

Einmals transportierte eine *Fa 223 E* eine Zuladung von einer Tonne auf die Dresdener Hütte bei Mittenwald. Der Erfolg dieser Versuche führte zu dem Plan, Mussolini mit Hilfe einer *Fa 223 E* aus seinem Gefängnis auf dem Gran Sasso Massiv zu entführen und nach Deutschland zu bringen. Aber dieser Plan wurde wieder aufgegeben. Man sagt, der Hubschrauber sei im richtigen Augenblick nicht flugklar gewesen.

In seiner Einsatzversion *Fa 223 E* erreichte dieser Hubschrauber eine Höchstgeschwindigkeit von 200 km/h. Die Dienstgipfelhöhe war 5330 m. Die Flugdauer betrug 2 Stunden 20 Minuten. Bei einer Marschgeschwindigkeit von etwa 135 km/h betrug die Reichweite 320 km. Der Rotordurchmesser belief sich auf 12 m, die Länge auf 13,20 m und das Fluggewicht auf 4300 kg.

Zur Zeit des deutschen Zusammenbruchs waren die meisten *Fa 223* bei Luftangriffen zerstört worden. Die Alliierten fanden nurmehr drei Maschinen in flugklarem Zustand vor. Eine davon hat im September 1945 als erster Hubschrauber den Ärmelkanal überflogen. Er wurde dem Versuchsinstitut der Luftlandetruppen in Südengland zugeteilt, wo er von britischen Testpiloten nachgeflogen wurde. Die Maschine stürzte jedoch beim dritten Testflug aus einer Höhe von 20 Metern ab und wurde dabei völlig zerstört.

Eine zweite *Fa 223* wurde aus Ersatzteilen nach dem Krieg unter Mithilfe von Prof. Focke in Frankreich von der *SNCA du Sud-Est* gebaut und erhielt die Bezeichnung SE 3000. Die Maschine wurde am 23. Oktober 1948 zum ersten Mal von einer Zweimann-Besatzung geflogen (Stakenburg und Boulet) und wurde in den folgenden Monaten gründlich erprobt. Zwei weitere *Fa 223* wurden nach dem Krieg in der CSR ebenfalls aus Ersatzteilen und ausgeschlachteten Teilen zusammengebaut und unter der Bezeichnung *VR-1* geflogen.

Wie jeder andere deutsche Flugzeugkonstrukteur hatte auch Professor Focke eine ganze Anzahl weiterer Projekte in Arbeit, als der Krieg zu Ende ging. Aber obwohl der Bau einiger Prototypen angefangen war, sind nur zwei – außer der *Fa 223* – fertig geworden. Der eine war der Schlepp-Tragschrauber *Fa 225,* der aus dem Rumpf eines Standard-Lastenseglers

DFS 230 und einem Rotorkopf der *F 223* bestand. Er sollte als Sturmgleiter Verwendung finden, wo es auf Landungen auf engstem Platz ankam. Als Schleppflugzeug fand eine Ju 52 Verwendung mit Schleppgeschwindigkeiten von 115 – 155 km/h. Eine Nutzlast von 1000 kg konnte mitgeführt werden. Und für die Landung genügte eine Strecke von 20 m. Bei der Erprobung ergaben sich jedoch Schwierigkeiten, und bei einem Vergleichsfliegen mit einem Starrflügel-Lastensegler *DFS 230* schnitt die *Fa 225* nicht so gut ab, daß sich die Produktion gelohnt hätte. Das Projekt wurde aufgegeben.

Die *Fa 330* war ein anderer Schlepp-Tragschrauber, aber wesentlich kleiner als die *Fa 225*. Er war kaum mehr als ein Rotor, der einen Mann bis in eine Höhe von 300 m tragen konnte, um so z. B. einem Besatzungsmitglied eines U-Boots die Möglichkeit zu geben, aus größerer Höhe zu »warschauen«. Eine kleine Anzahl dieser Tragschrauber kamen noch während des Kriegs auf U-Booten zum Einsatz. Es wurden aber kaum 100 Stück gebaut. Zu den »Unvollendeten« gehörte die *Fa 224 »Libelle«*, ein mit zwei nebeneinander liegenden Sitzen ausgestatteter Sport- und Schulhubschrauber, der auf der *Fw 61* aufgebaut war und einen 270 PS *Argus As 10 C* Motor haben sollte. Der kleine Hubschrauber war auf eine Höchstgeschwindigkeit von 158 km/h und eine Steigleistung von 100 m/min ausgelegt. Dann war da noch die *Fa 283*, ein Mehrzweckhubschrauber-Projekt mit voll einziehbarem Fahrwerk. Es sollte einen *BMW 801* Doppelsternmotor erhalten und einige Neuerungen aufweisen – u. a. ein »Blasheck« zum Ausgleich des Drehmoments des Hauptrotors.

Das größte Projekt allerdings war die *Fa 284*, ein »fliegender Kran« mit zwei 2000 PS *BMW 801* Doppelsternmotoren, die zwei Rotoren von 18 m Durchmessern antreiben sollten. Die Mitführung der Lasten war außenbords unter dem Rumpf vorgesehen. Die Arbeiten am Prototyp hatten begonnen, aber dann traten Schwierigkeiten mit den Wälzlagern für Rotorkopf und Rotorgetriebe auf. Als Alternative schlug Focke vor, zwei *Fa 223* hintereinander zusammenzubauen, um auf diese Weise einen großen, Vierrotor-Hubschrauber zu bekommen – aber dieses Projekt kam nicht über die Reißbretter hinaus.

Wie die anderen Geisteskinder von Prof. Focke war auch dieser Entwurf seiner Zeit um mindestens zehn Jahre voraus. Und wie so manches andere Produkt deutscher Flugzeugkonstrukteure im Zweiten Weltkrieg verlieh er einen Blick in eine Welt der Luftfahrt, die erst der Zukunft vorbehalten war.

GROSSBRITANNIEN

Verglichen mit den deutschen Entwicklungen hatte England bei Kriegsausbruch am 3. September 1939 einen Bestand von 10 *Avro Rota (Cierva C.30* und *Cierva C.40)* Tragschraubern. Sie wurden in der Hauptsache zur Koordination von Bodentruppen eingesetzt; vier wurden der RAF für Liaisonaufgaben zur Verfügung gestellt. Anfang 1940 wurden ein Dutzend zivile *C.30 A* eingezogen und der neugebildeten *No 1448 Fligth* zugewiesen. Die Aufgabe dieser *Rota* bestand in der Justierung von Radargeräten, wobei vonseiten der Piloten ein höchst genaues Fliegen verlangt wurde. Die *Rota* mußten dabei mit wechselndem Kurs und in verschiedenen Höhen mit verschiedenen Geschwindigkeiten über der Küste hin und her fliegen, während die Radaroperateure diese Flüge verfolgten und dabei ihre Geräte justierten.
Obwohl die *No 1448 Fligth* in Duxford stationiert war und später in Halton, wurden die Tragschrauber einzeln den verschiedenen Radarstationen entlang der englischen Küste zugewiesen und operierten dann von dem jeweils nächstgelegenen Flugplatz aus. Die Arbeit bedeutete alles andere als Routine und Langeweile: die Küste des von den Deutschen besetzten Frankreich lag nur ein paar Meilen entfernt. Die Rota-Piloten hielten ein wachsames Auge auf deutsche Jäger, die nach der Luftschlacht um England in Schwärmen zu Vier Vorstöße auf die britischen Inseln unternahmen. Die Piloten hatten kein Interesse daran, mit ihren kleinen Autogiros und einer Höchstgeschwindigkeit von 150 km/h für die Kanonen und Maschinengewehre der *Bf 109* und *Fw 190* Zielscheibe zu fliegen.

Aber einmal passierte es doch. Am 14. Juli 1943 befand sich der Fligth Lieutenant Normann Hill auf dem Rückweg nach Hawkinge, nachdem er den ganzen Nachmittag hindurch für die Radarstation bei Rye hin und her gekrebst war. Über Ivychurch in Sussex wurde er plötzlich von zwei *Fw 190* angegriffen. Davonfliegen konnte er denen ja nicht. Mit ihrer Höchstgeschwindigkeit von 650 km/h hätten sie ihn leicht einholen können, und dann wäre er geliefert gewesen. Seine einzige Chance lag darin, daß er die Jagdflugzeuge auszumanövrieren versuchte, indem er die hohe Geschwindigkeit seiner Angreifer zum eigenen Vorteil umwandelte und hoffte, daß denen der Sprit bald knapp wurde. Er hielt seine *Rota* also ziemlich ruhig in der Luft, bis die erste *Fw 190* fast auf Schußentfernung heran war. Dann zog er den kleinen Tragschrauber hoch, bis er überzogen war, kippte dann ab und flatterte dem Boden entgegen. Überrascht, schoß der Deutsche vorbei und mußte zu einem zweiten Versuch einkurven. Da griff die zweite *Fw 190* an — mit ausgefahrenen Klappen und verminderter Geschwindigkeit. Hill flog außerhalb des Schußwinkels auf sie zu. Als ein Zusammenstoß unvermeidlich schien, kippte der Deutsche ab und rauschte unter der *Rota* durch. Die andere Maschine kreiste derweil oben, aber jetzt kam der Flugplatz Hawkinge in Sicht, und Hill entschloß sich, alles auf eine Karte zu setzen. Mit Vollgas drückte er an, überquerte die Platzgrenze und setzte die kleine Maschine neben einem Hangar auf den Boden. Als er aus dem Cockpit sprang und sich nach den beiden deutschen Jägern umsah, waren diese in der Abenddämmerung verschwunden.

1944 wurde die *No 1448 Fligth* zu einer vollen Staffel mit der Nummer 529 aufgestockt. Mit ihren 16 Tragschraubern war diese Staffel verantwortlich für fast alle Radarjustierungen auf den britischen Inseln, bis sie im Oktober 1945 aufgelöst wurde. Bis zu diesem Zeitpunkt hatten es die kleinen *Rota* auf mehr als 9000 Flugstunden gebracht.

Der Typ *Rota* war der einzige Drehflügler, der in England während des Zweiten Weltkriegs zum Einsatz kam. Von 1940 an wurden jedoch einige militärische Drehflügler-Projekte durch ein Konstruktionsteam im Versuchsinstitut der Luftlandetruppen in Ringway bei Manchester in Angriff genommen. Dieses Team stand unter der Leitung des jungen Ingenieurs Raoul Hafner, der in Österreich geboren war und sich seit 1929 mit der Konstruktion von Hubschraubern befaßte. Sein erster Drehflügler, der *R I,* war 1930 noch auf dem Wiener Flughafen Aspern erprobt worden. Der zweite Hubschrauber *R II* folgte 1932. Kurz darauf hat sich Hafner in England niedergelassen, wo er einen Sprungstart-Tragschrauber (Bezeichnung AR *III)* konstruierte. Er reichte auch eine Reihe von Hubschrauberprojekten entsprechend den ersten Ausschreibungen des Luftfahrtministeriums ein.

Die erste Aufgabe, die das Team unter Hafner bei den AFEE in Angriff nahm, war die Entwicklung einer genauen Methode, Truppen mit Hilfe von Rotorflugzeugen anstatt mit Fallschirmen zu landen. Hafners Antwort auf dieses Problem bestand in einem kleinen einsitzigen Gleit-Tragschrauber, der unter dem Namen *Rotachute* bekannt wurde. Versuchsmodelle wurden im Oktober und November 1940 aus Flugzeugen abgesetzt. Damit konnte die Durchführbarkeit dieser Idee bewiesen werden. Es ergab sich sogar ein stabiler Gleitflug, falls der Rotor richtig belastet war.

Während die Modellversuche noch weitergingen, machte sich Hafner an den Bau eines originalgroßen *Rotachute.* Die rsprüngliche Idee ging davon aus, daß die kleinen Geräte an Bord von Transportflugzeugen mitgeführt wurden, die man für diesen Zweck eingerichtet hatte. Sie sollten an einer Schiene an der Rumpfdecke aufgehängt werden, die bis zum Heck führte. Von dort aus sollten sie im Abstand von 15 Sekunden abgesetzt werden. Die »Piloten« konnten dann den Gleitwinkel selbst bestimmen, so daß die *Rotachutes* in Formation an der vorgesehenen Stelle landen konnten.

Der *Rotachute No 1* bestand aus nichts weiter als aus einem Stahlrohrrahmen, um den Piloten aufzunehmen, einem frei drehenden Zweiblattrotor und einer Landekufe mit Gummistoßdämpfern. Der Rotorkopf war ebenfalls gummigelagert, um die auftretenden Schwingungen zu dämpfen. Der Pilot saß völlig »im Freien«, hinter seinem Rücken war eine Stabilisierungsfläche angebracht, die wie ein Segel aussah. Sie bestand aus gummiertem Gewebe und war zwecks leichterer Aufbewahrung aufblasbar. Der Steuerung des Gleitwinkels und der Einleitung von Kurven diente ein Steuerknüppel, der am Rotorkopf befestigt war und vor dem Gesicht des Piloten herunterhing. Damit konnte der Rotor in der gewünschten Weise geneigt werden. Das Leergewicht des Geräts betrug ungefähr 22 kg. Es hatte eine Tragkraft von 115 kg (für Pilot, ein Bren-Mg und 300 Schuß Munition). Der Rotor hatte einen Durchmesser von 4,57 m. Die Aufträge für den Bau von Prototypen gingen an die Firma *AirWork General Trading Cy.* in Hounslow und *F. Hills & Sons* in Manchester. Aber bevor ein Prototyp getestet wurde, machte man Versuche mit dem Rotor allein, der auf einem Lkw montiert war, welcher dann mit verschiedenen Geschwindigkeiten auf der Rollbahn hin und her fuhr. Der komplette Prototyp wurde dann ebenfalls für erste Versuche auf dem Lkw montiert. Ein Kugelgelenk erlaubte etwa 15 cm senkrechte bzw. seitliche Bewegung, so daß der Pilot innerhalb geringer Grenzen Steuerwirkung hatte.

Als vorsichtiger nächster Schritt wurde der *Rotachute* frei von einem Humber Lkw geschleppt. Da dieses »Flugzeug« kein Fahrgestell hatte, erfolgte der Start von einem zweiten Lkw aus, der dem Humber mit gleicher Geschwindigkeit folgte. Wenn die erforderliche Fluggeschwindigkeit erreicht war, dann betätigte der *Rotachute*-Pilot einen Hebel, der die Verbindung mit der Pritsche des Lkw löste, worauf der kleine Tragschrauber, vom Schleppseil gezogen, zu fliegen beginnen konnte.

Die ersten Flugversuche fanden am 2. und 16. Februar 1942 statt. Jedes Mal kam es zu einer ziemlich rauhen Landung, bei der das Gerät umkippte und die Rotorblätter brachen. Ein dritter Versuch am 24. Februar auf der etwa 2 km langen Startbahn von Snaith verlief kaum besser, und Hafner erkannte, daß das Gerät mit einem Fahrgestell versehen werden mußte, wenn sich die Landeeigenschaften bessern sollten. Mehr Stabilität um die Gier- und Kippachse war ebenfalls notwendig, und dies bedeutete ein größeres Stabilisierungs-»Segel«.

Die Änderungen wurden durchgeführt. Das Ergebnis hieß

Rotachute Mk.II, hatte zwei kleine Haupträder an einer Achse unter der Landekufe und eine aus Holz bestehende, stoffbespannte Stabilisierungsfläche anstelle der Aufblasbaren. Am 29. Mai 1942 machte der *Rotachute Mk.II* einen erfolgreichen Flug von 15 Sekunden und landete weich. Darauf folgten fünf weitere Versuche am 31. Mai und 1. Juni, jeder mit zwei bis fünf Minuten Dauer.

Der *Rotachute Mk.II* wurde zum *Mk.III* weiterentwickelt, nachdem eine Reihe von kleinen Änderungen vorgenommen waren. Diese Variante machte dann den ersten Freiflug. Schleppversuche hatten am 2. Juni 1942 in Ringway begonnen, wobei das Gerät zwei Flüge von je vier Minuten und anschließend eine voll gesteuerte Landung – aber auch diese noch am Schleppseil – machte. Am 9. Juni wurde das Schleppseil zum ersten Mal abgeworfen. Die freie Landung ließ nichts zu wünschen übrig. In den ersten beiden Juniwochen wurden insgesamt 17 Flüge durchgeführt. Dabei erreichte das Gerät Flughöhen bis zu 30 m. Der Start erfolgte regelmäßig bei einer Geschwindigkeit von etwa 45 km/h nach einer Anlaufstrecke von 100 m. Die Landestrecke betrug je nach Wind 0 – 15 m. Am 15. Juni wurde das Schleppseil an einer *Tiger Moth* befestigt und zuerst einmal ein Rollversuch unternommen. Am 17. Juni wurde dies verschiedene Male wiederholt, und dabei hob der *Rotachute* – nicht aber das Schleppflugzeug – vom Boden ab, wobei der Pilot des kleinen Tragschraubers dann das Schleppseil abwarf, um anschließend eine freie Landung zu machen. Während des folgenden Monats wurden weitere 14 Flüge durchgeführt, wobei die *Tiger Moth* den Tragschrauber bis auf Flughöhen von 1200 m schleppte, bevor das Schleppseil ausgeklinkt wurde. Er erreichte eine Höchstgeschwindigkeit von 150 km/h bei einem Flug von 40 Minuten. Insgesamt betrug die Zeit der freien Flüge während dieser Versuche 3 Stunden und 10 Minuten. Um diese Zeit hatte aber das Interesse, den *Rotachute* anstatt des Fallschirms zu benutzen, schon wesentlich nachgelassen. Aber das Luftfahrtministerium ordnete weitere Versuche an, um festzustellen, ob sich mit Tragschraubern nicht vielleicht auch schwere Lasten wie Fahrzeuge und Panzer absetzen ließen. Versuche mit verschiedenen Rotoren wurden mit dem *Mk.III* durchgeführt. Gegen Ende 1942 wurde der Tragschrauber benutzt, um die Leistung solcher Drehflügelkonstruktionen unter verschiedenen Lastzuständen festzustellen. Um die Stabilität weiter zu verbessern, wurde das Heck mit Flossen ausgestattet, und in dieser Konfiguration erhielt die Maschine die Bezeichnung *Mk.IV*. Diese Version machte ihren Jungfernflug hinter einer *Tiger Moth* am 29. April 1943. Am 18. Oktober machte der *Rotachute* dann seinen letzten Flug.

Obwohl dieses Gerät also nie zum Einsatz gekommen ist, war die Zeit, die auf seine Entwicklung verwendet wurde, nicht vergeudet. 1943 ging ein Exemplar in die USA und diente als Basis für die Entwicklung des *Bensen Gyroglider* – des Vorläufers einer langen Reihe von höchst erfolgreichen leichten Drehflüglern der fünfziger Jahre.

Als Ergebnis der Flugversuche mit dem *Rotachute* legte Hafner Vorschläge für zwei weitere Projekte vor, die auf demselben Prinzip aufgebaut waren: *Rotabuggy* und *Rotatank*. Beim ersten handelte es sich um einen normalen Jeep und beim zweiten um einen leichten *Valentine* Panzer, beide mit abnehmbarem Rotor und Leitwerk. Ein Vertrag zur Produktion des *Rotabuggy* ging im Oktober 1942 an die Firma *M. L. Aviation* in White Waltham. Die Fähigkeit eines Jeeps, harte Landungen zu überstehen, wurde einfach dadurch erprobt, daß man einen mit Beton anfüllte und dann aus einer Höhe von 2,35 m fallen ließ. Damit war bewiesen, daß dieses Fahrzeug einen Stoß von 11 g ohne Schaden aushalten konnte. Die Arbeit an der Umwandlung konnte damit aufgenommen werden. Der Jeep wurde mit einem Zweiblattrotor von 15,55 m Durchmesser, einem Doppelleitwerk, Plexiglasfenstern in den Türen (um die Sicht zu verbessern), einem Steuerknüppel ähnlich wie beim *Rotachute,* einem Umdrehungszähler für den Rotor und einfachen Fluginstrumenten wie in Lastenseglern ausgestattet.

Die ersten Schleppversuche wurden mit einem 4,5 l *Bentley* mit Kompressor durchgeführt. Der *Rotabuggy* hob dabei am 16. November 1943 zum ersten Mal ab und erreichte eine

Fluggeschwindigkeit von 105 km/h. 1944 zog das AFEE nach Sherburn-in-Elmet in der Nähe von York um; dort wurden noch einige Schleppflüge hinter einem *Whitley* Bomber gemacht.

Der *Rotabuggy,* der dann nie mehr zu einem freien Flug kam, hätte eine Geschwindigkeit von maximal 240 km/h erreichen sollen. Die Sinkgeschwindigkeit lag zwischen 320 und 860 m pro Minute. Das Fahrzeug hatte in dieser Version ein Leergewicht von knapp 1,5 Tonnen. Obwohl Manövrierbarkeit und Flugeigenschaften offiziell als befriedigend bezeichnet wurden, war dies anscheinend nicht immer der Fall. Hohe Steuerkräfte konnten den Umgang mit diesem Gerät recht anstrengend gestalten. Es gibt da eine Geschichte von einem Piloten, der sich nach einem Schleppflug neben der Landebahn ins Gras legte, weil er völlig fertig war und einige Minuten brauchte, bis er wieder auf seinen Beinen stehen konnte. Es sollte jedoch nicht dazu kommen, daß Piloten den *Rotabuggy* im Einsatz fliegen mußten. Bis es zum Erstflug kam, hatten die inzwischen verfügbaren Lastensegler *Horsa* und *Hamilcar* die weitere Entwicklung dieses Tragschrauber-Typs unnötig gemacht.

JAPAN

Es ist wenig bekannt, daß Japan die einzige kriegführende Macht im Zweiten Weltkrieg war, die Drehflügelflugzeuge in nennenswertem Ausmaß eingesetzt hat – und zwar auch auf dem Gebiet der U-Bootbekämpfung.
1939 hatte die japanische Regierung einen einzelnen amerikanischen Tragschrauber vom Typ *Kellet KD-1A* erworben und einem rigorosen Testprogramm unterworfen. Anschließend wurde die Maschine an die Firma *Kayaba* übergeben, die dann eine eigene Version mit der Bezeichnung *Ka-1* baute. Die hauptsächliche Konstruktionsänderung bestand darin, daß die japanische Variante mit einem 240 PS *Kobe* Reihenmotor (der japanischen Lizenzfertigung des deutschen

Argus AS-10C) anstelle des *Jacobs L-4-MA* Sternmotors ausgestattet wurde.
240 *Ka-1* wurden gebaut. Die Mehrzahl der Maschinen ging an die kaiserlich-japanische Armee als Verbindungs- bzw. Artilleriebeobachtungsflugzeug. Gegen Ende des Kriegs erhielt die japanische Marine eine kleine Anzahl von *Ka-1,* die je zwei 70 kg Bomben oder Wasserbomben tragen konnten. Sie wurden Küstenstaionen auf den japanischen Hauptinseln zugewiesen und zur U-Bootjagd in den Küstengewässern eingesetzt. Es gibt jedoch keinen Hinweis darauf, daß ein U-Boot von einer solchen Maschine einmal angegriffen wurde.

USA

Am 14. September 1939 hielten ein paar Ingenieure und Mechaniker auf einem Fabrikhof des Vought-Sikorsky Werks in Stratford, Connecticut, den Atem an, als ein kleiner Hubschrauber vom Boden abhob und ein paar Augenblicke lang im Schwebeflug verharrte, bevor er wieder auf dem Boden aufsetzte. Es war ein geschichtlicher Augenblick, und der Prototyp, der hier seinen ersten zaghaften Versuch gemacht hatte, wurde als erster verwertbarer Hubschrauber der westlichen Hemisphäre begrüßt.
Man kann immer noch darüber streiten, ob diese Feststellung zutreffend ist, denn als diese Maschine mit der Bezeichnung *Sikorsky VS-300* noch ihre ersten Fesselflüge absolvierte, da hatten andere Hubschrauber wie in Deutschland der *Flettner Fl 265* bereits erfolgreiche freie Flüge hinter sich gebracht. Was man jedoch mit Sicherheit sagen kann, ist, daß der kleine *VS-300* mit seinem Hauptrotor und dem kleinen Ausgleichspropeller am Heck die Grundlage für die Auslegung vieler Hubschrauber gelegt hat, die seither von der massiven amerikanischen Luftfahrtindustrie gebaut wurden, und daß er in dieser Hinsicht als »Vater« der Hubschrauber angesehen werden kann, die heute in aller Welt fliegen.
Der Typ *VS-300* war Sikorsky's erster Hubschrauberentwurf

nach dreißig Jahren. Seine ersten beiden Konstruktionen, die er noch als Student in den Jahren 1909 und 1910 im zaristischen Rußland gebaut hatte, waren ja Fehlschläge gewesen. Danach hatte er sich dem konventionellen Flugzeugbau zugewandt, hatte er doch die ersten viermotorigen Flugzeuge der Welt – noch vor dem Ausbruch des Ersten Weltkriegs – in Rußland gebaut. Aus den Wirren der russischen Revolution suchte er Zuflucht in den Vereinigten Staaten von Nordamerika, wo er als Flüchtling ohne Geld seine Karriere als Flugzeugbauer noch einmal ganz von vorn begann. Er sammelte ein Team von anderen russischen Emigranten um sich – viele waren erfahrene Flugzeugbauer und seine Kollegen von einst – und gründete seine eigene Flugzeugfirma, die in den Jahren nach dem Ersten Weltkrieg eine Serie höchst erfolgreicher mehrmotoriger Landflugzeuge, Amphibienflugzeuge und Flugboote herstellte. 1929 wurde die *Sikorsky Aviation Corporation* eine Tochterfirma von *United Aircraft* und entwickelte und baute hervorragende Langstrecken-Passagierflugzeuge in einem neuen Werk in Stratford, dicht am Rand des örtlichen Flugplatzes.
Die Idee des Hubschraubers war jedoch Sikorsky immer wieder durch den Kopf gegangen, und schon 1928 begann er mit einer neuen Forschungsphase im Hinblick auf die Möglichkeiten, senkrecht starten zu können. Daraus ergaben sich Serien von Vorstudien, die er sich patentieren ließ. 1938 erhielt er endlich vom Management von *United Aircraft* grünes Licht für den Bau eines Hubschrauberprototyps.
Das Ergebnis war die *VS-300,* im Frühjahr 1939 entworfen und im September – zuerst im Fesselflug, mit Sikorsky selbst am Steuer – geflogen. Der Hubschrauber wurde durch einen luftgekühlten Vierzylindermotor von 75 PS angetrieben und hatte einen Dreiblattrotor von 9,14 m Durchmesser. Die Kraftübertragung geschah über Keilriemen und Kegelzahnräder. Der Rumpf war eine verschweißte Stahlrohrgitterkonstruktion mit einem offenen Cockpit vorne. Das Ganze ruhte auf einem Dreiradfahrgestell.
Im November 1939 machte die *VS-300* Fesselflüge bis zu 2 Minuten Dauer. Der Hubschrauber wurde dadurch dicht am

Boden gehalten, daß Männer sich an die Seile hängten, die am Fahrgestell befestigt waren. Die Fesselflüge dauerten eine Weile an, bis Sikorsky genügend Vertrauen in die Flugeigenschaften der Maschine hatte. Ernst dann gab er die Erlaubnis zum ersten freien Flug. Aber am 13. Mai 1940 war es endlich soweit, daß die Seile wegfielen und die *VS-300* zum ersten Mal frei flog.

Die Freiflugversuche zeigten, daß einige Steuerelemente der *VS-300* – hauptsächlich die periodische Blattsteigungssteuerung und der Heckpropeller zum Drehmomentausgleich – noch weit von einer vertretbaren Lösung entfernt waren. Achtzehn verschiedene Anordnungen wurden in den folgenden Monaten getestet. Einmal wurden drei Heckpropeller auf Auslegern montiert – einer senkrecht, die beiden anderen horizontal rotierend. Aber diese Anordnung wurde später wieder aufgegeben zugunsten eines kurzen senkrechten Arms, der einen einzigen kleinen Heckrotor trug. Der ursprüngliche 75 PS *Lycoming* Motor wurde durch einen 90 PS *Franklin* ersetzt. In der Endausführung hatte die VS-300 einen 150 PS *Franklin*.

Trotz der aufgetretenen technischen Schwierigkeiten – der Ärger mit der periodischen Blattverstellung konnte z. .B. erst im Dezember 1941 abgestellt werden – war es möglich, die Flugdauer laufend zu steigern, bis am 6. Mai 1941 der bisher von der *Fw 61* gehaltene Dauerflugweltrekord für Hubschrauber mit 1 Stunde 32 Minuten 26,1 Sekunden gebrochen war.

Beeindruckt von den Aussichten, die dieser Typ eröffnete, vergab das *US Army Air Corps* einen Auftrag an Sikorsky zum Bau eines Versuchshubschraubers mit der Bezeichnung *XR-4*. Mit einem 165 PS *Warner R-500-3* Motor machte der Prototyp *XR-4* (auch unter der Bezeichnung seines Konstrukteurs als *VS-316 A* bekannt) am 13. Januar 1942 seinen Erstflug. Nach abgeschlossener Flugerprobung wurde er an die *USAAF* (das alte *US Army Air Corps* war inzwischen umbenannt worden) zum Truppenversuch übergeben. Mit der militärischen Seriennummer 41-18874 kam der Hubschrauber am 18. Mai 1942 auf dem *Wrigth Field* in Ohio an, nachdem er die Entfernung von 1218 km in 16 Stunden und 10 Minuten hinter sich gebracht hatte. Es war zwar kein Non-Stop-Flug gewesen, aber die Teilstrecken waren doch beachtlich lang. Wie die *VS-300* hatte auch die *XR-4* einen Gitterrumpf aus verschweißten Stahlrohren, der mit Ausnahme des Heckteils mit Stoff bespannt war. Aber damit war die Ähnlichkeit schon zu Ende. Anstelle des offenen einsitzigen Cockpits hatte die *XR-4* zwei nebeneinanderliegende Sitze mit Doppelsteuer in einer geschlossenen Kabine. Die Maschine war auch beträchtlich größer. Das Startgewicht betrug knapp 1300 kg gegenüber den 525 kg der *VS-300*. Die Höchstgeschwindigkeit, auf Meereshöhe bezogen, betrug 121 km/h; damit war sie um 41 km/h schneller als die *VS-300*. Die Reichweite betrug 350 km und die Dienstgipfelhöhe 2666 m.

Nach der Truppenerprobung der *XR-4* bestellte die USAAF im Herbst 1942 drei *YR-4A* (das Y bedeutet Vorserienversion). Diese waren je mit einem 180 PS *Warner Super Scarab Rf-fl-550-1* Motor ausgestattet, und der Rotordurchmesser war auf 12,68 m gewachsen. Da es nun so aussah, als wäre ein größerer Hubschrauberauftrag von höchster Priorität zu erwarten, wurde die Flugzeug- und Hubschrauberproduktion bei *Vougth-Sikorsky-Aircraft* zu diesem Zeitpunkt geteilt. Am 1. Januar 1943 wurde die *Sikorsky-Aircraft* wieder eine selbständige Division und zog von ihrem ursprünglichen Standort am Flugplatz von Stratford in neue Werksanlagen in der South Avenue von Bridgeport um. Dort wurde die erste Taktstraße für den Bau von Hubschraubern eingerichtet. Die Serienproduktion wurde aufgenommen mit 27 *YR-4*, die zur Erprobung an die USAAF, die US Navy, die US Coast Guard und die RAF (nach England) gingen.

Die ersten drei *YR-4* der US Coast Guard wurden auf dem *Floyd Bennet Field*, Brooklyn, stationiert. Es dauerte nicht lange, und sie konnten ihre Befähigung unter Beweis stellen. Am 13. Januar 1944 erhielt die Küstenwache einen dringenden Hilferuf von der US Navy: an Bord eines Zerstörers vor der Küste von New Jersey hatte es eine schwere Explosion gegeben, wobei viele Bessatzungsmitglieder getötet und über 100 verletzt wurden. Die meisten Verletzten hatten schwere Verbrennungen erlitten, und nun brauchte man dringend Blutplasma. Die siebzig schwersten Fälle waren an Land gebracht und in ein Krankenhaus in Sandy Hook eingeliefert worden. Blutplasma gab es in Manhattan – etwa 25 km auf der anderen Seite der Bucht – aber Schneeregen und eine steife Brise hatten eingesetzt. Ein Boot hätte über eine Stunde gebraucht, um durchzukommen.

Wenn man noch Leben retten wollte, dann war der Hubschrauber die einzig verbliebene Hoffnung. Commander Frank Erickson, dem die *YR-4* unterstanden, meldete sich freiwillig für diesen Hilfseinsatz – obwohl ihm bekannt war, daß der Motor des Hubschraubers (unter normalen Umständen schon ein »nervöses« Stück) unter den herrschenden Wetterbedingungen bis zur Grenze beansprucht wurde. Bei dieser Gelegenheit stand aber das Glück auf der Seite von Erickson. Der Flug über die Bucht bis zur Spitze von Manhattan verlief ohne Zwischenfall. Zwei Kartons mit kostbarem Blutsplasma wurden in den Hubschrauber gepackt, und die YR-4 startete erneut – direkt in den wütenden Schneesturm hinein. Erickson brauchte sein ganzes fliegerisches Können, um die böigen Windstöße aufzufangen. Aber nach einem nervenkostenden Flug von 15 Minuten landete der Hubschrauber sicher in Sandy Hook, und das Plasma wurde eiligst zu den Verletzten gebracht.

Obwohl immer wieder gesagt wird, daß dies der erste Rettungseinsatz eines Hubschraubers gewesen sei, kann dies nicht bestätigt werden, weil es keine Aufzeichnungen über etwaige Hilfs- oder Rettungseinsätze deutscher Hubschrauber gibt, die damals bereits in bescheidenen Zahlen im Einsatz waren. Es war aber damit bewiesen, daß die *YR-4* – obwohl untermotorisiert und mit manchen Kinderkrankheiten behaftet – solche Aufgaben routinemäßig übernehmen konnte. Dies half mit, daß die Pläne zur Ausstattung der Serienmaschinen mit stärkeren Motoren beschleunigt werden konnten.

Inzwischen waren vier *YR-4* der *First Air Commando Group* der USAAF zugeteilt worden, die von vorgeschobenen Stützpunkten in Indien mit etwa 100 Leichtflugzeugen verschiedenster Typen Nachschub für die Chindits von Orde Wingate flogen und dabei auf improvisierten Pisten tief im Rücken der Japaner landen und auf dem Rückweg Verwundete ausfliegen mußten. Der erste Hubschraubereinsatz auf dem Kriegsschauplatz China–Burma–Indien wurde im April 1944 geflogen, als ein *L-1* Verbindungsflugzeug durch Motorausfall hinter den feindlichen Linien zur Landung gezwungen wurde. Neben dem Piloten hatten sich drei britische Soldaten – einer mit Malaria, die anderen beiden mit Schußwunden in Arm und Schulter – in dem Flugzeug befunden. Alle vier hatten die Notlandung überlebt, aber sie befanden sich in einem Gebiet, das nur so von Japanern wimmelte, und wo es keine Lichtung gab, auf der ein Flugzeug hätte landen können.

Der Pilot eines zweiten Flugzeugs warf eine Meldung an die gestrandeten Männer ab, auf der ihnen die Position der nächsten japanischen Einheiten mitgeteilt und gleichzeitig der Rat gegeben wurde, sich in Richtung auf einen nahegelegenenen Bergrücken zu bewegen. Nach einigen Stunden qualvollen Vorwärtskommens erreichten die vier Männer dieses Ziel, wo sie vier Tage und vier Nächte zubrachten. Nahrungsmittel und Wasser wurden von der *Air Commando Group* für sie abgeworfen, aber der Zustand der Verwundeten wurde immer ernster.

Inzwischen war die Hubschrauberabteilung in Lalaghat von der Situation benachrichtigt worden, und am 21. April startete eine *YR-4B* unter First Lieutenant Carter Harman zu dem langen Flug an die Burmafront. Die Maschine machte Zwischenlandungen in Hailakandi, Khumbirgram, Dimapur und Jorhat, überquerte einen Gebirgszug mit Höhen bis zu 2000 m und erreichte Jorhat kurz vor Einbruch der Nacht. Am nächsten Tag flog Harman weiter nach Ledo und Haro, wo ein Zusatztank für die letzte und längste Teilstrecke eingebaut wurde – den Flug zu einer Piste mit Namen »Aberdeen«, den die Chindits aus dem Dschungel hinter den japanischen Linien herausgehauen und in eine befestigte Stellung verwandelt hatten.

Der Flug nach Aberdeen bedeutete die Überquerung eines weiteren Gebirgszugs. Aber die *YR-4B* traf am Nachmittag des 23. April sicher auf diesem vorgeschobenen Landeplatz ein. Nach dem Auftanken startete Harman sofort wieder und flog zu einer weiteren Landestelle, die etwa 30 km südlich von Aberdeen lag. Die vier gestrandeten Männer hatten sich in einem Reisfeld verborgen, das etwa 8 km entfernt lag. Sie hatten sich von der Höhe herabbegeben, nachdem sie erfahren hatten, daß Hilfe unterwegs war. Ein Leichtflugzeug kreiste über ihnen, um sicherzustellen, daß die Gegend feindfrei war, und gab Harman das Zeichen zur Aufnahme der vier Männer. Der Hubschrauber flog zweimal zum Reisfeld und brachte jedesmal einen Verwundeten mit. Auf dem kleinen Landeplatz wurden sie in das Leichtflugzeug umgeladen, das sie dann nach Aberdeen flog. An diesem Tag wurde keine weitere Bergung mehr versucht. Der Hubschrauber war flugunklar wegen eines überhitzten Motors und mußte auf dem vorgeschobenen Landeplatz bleiben. In der Kühle des folgenden Morgens konnte Harman noch zwei Flüge machen und die beiden anderen Männer bergen. Später am Tag flog der Hubschrauber zurück nach Aberdeen. Während der folgenden zehn Tage flog Harman noch einmal vier Rettungseinsätze. In einem Fall handelte es sich um die Rettung von zwei verwundeten Soldaten aus einer Lichtung, die in 1000 m Höhe an einem Berghang lag. Japanische Truppen befanden sich auf einer Straße nicht weit unterhalb dieser Stelle, und es war völlig unmöglich, zweimal anzufliegen. Harman war nicht sicher, ob er mit dem Gesamtgewicht von drei Männern wieder starten konnte – hauptsächlich bei der brütenden Hitze, die in dieser Höhe herrschte. Aber er entschied sich für das Risiko. Es zahlte sich aus: beide Männer wurden sicher ausgeflogen – der eine auf eine Tragbahre geschnallt, die am Hubschrauber angebracht war, und der zweite, indem er sich verzweifelt an einer Strebe festhielt.

Im Sommer 1944 erhielten die USAAF und US Navy die ersten serienmäßigen *R-4B*. Von den 35 Maschinen, die den USAAF zugewiesen wurden, gingen die meisten auf den Kriegsschauplatz China–Burma–Indien. Die Navy erhielt 20 Maschinen für den Einsatz als Rettungs- oder Aufklärungshubschrauber unter der Bezeichnung *HNS-1*. Der größte Teil

Focke-Achgelis Fa 223 Drache. Die abgebildete Maschine wurde nach dem Zweiten Weltkrieg von Sud-Est Aviation unter der Typenbezeichnung SE 3000 gebaut

Eines der ersten französischen Versuchsprojekte nach dem Krieg war die SO 1100

Einmann-Versuchshubschrauber, eine Konstruktion des Franzosen George Sablier aus dem Jahr 1954

Der Typ Bell HSL-1 war der erste Hubschrauber, der von Anfang an für die Bekämpfung von U-Booten ausgelegt war

Ein Westland Sea King ASW Hubschrauber der Royal Navy beim Absenken seiner Sonar-Ausrüstung

Westland Wasp, ein typischer kleiner Hubschrauber für Mehrzweckeinsatz einschließlich U-Bootbekämpfung

Der schwere Hubschrauber Sud-Aviation SA 321 Super Frelon, der von der französischen Kriegsmarine auch zur U-Bootbekämpfung eingesetzt wird

ging jedoch nach England. 45 Hubschrauber gingen unter dem Pacht- und Leihvertrag nach dort. Davon wiederum ging der Löwenanteil an die Royal Navy, aber ein paar fanden sich auch bei der RAF in Andover ein, und mindestens eine dieser Maschinen diente neben den Tragschraubern der 529. Staffel zur Radarjustierung. Die britische Admiralität bestellte dann 240 *R-4B*. Aber als der Krieg zu Ende ging, wurde Auftrag storniert. Einige der bereits gelieferten Maschinen wurden jedoch in den letzten Kriegsmonaten bei Atlantik-Konvois im U-Boot-Such- und -Warndienst eingesetzt. Sie operierten von Plattformen aus, die man auf Tankern aufgebaut hatte. In britischen Diensten war die *R-4B* als *Hoverfly* bekannt.
Die Ankuft der Serienmaschinen im Fernen Osten bedeutete jedoch nicht, daß die Handvoll Vorserienmaschinen zurückgezogen wurden. Die *YR-4B,* die Hitze und Unfälle überstanden hatten, blieben bis zum Ende des Kriegs mit Japan im Einsatz. Bis zu diesem Zeitpunkt hatten die paar Maschinen mindestens 18 Soldaten das Leben gerettet. Am 4. April 1945 führte eine der alten *YR-4* eine dramatische Rettung in den Naga-Bergen im Norden von Burma durch, wo der Pilot einer einmotorigen *PT-19* zwei Wochen vorher abgestürzt war. Es war Captain James Green, der auf der Suche nach dem Wrack eines vermißten Transportflugzeugs war. Green wurde dabei schwer verletzt und sein Passagier, der Häuptling eines Stammes aus dieser Gegend, war sofort tot. Der Absturz war verhältnismäßig nahe bei dem Flugplatz Shingbwiyang an der Straße nach Ledo im Landeanflug passiert. Trotzdem dauerte es einen vollen Tag, bis ärztliche Hilfe zu ihm durchkam – die Männer mußten sich den Weg durch das dichte Unterholz mit Hackmessern freihauen. Der Arzt, der die Sanitätsgruppe führte, stellte fest, daß Green so schlecht dran war, daß an einen Rücktransport zu Fuß nicht zu denken war. Glücklicherweise war gerade ein *YR-4* Hubschrauber in Shingbwiyang. Der Haken war nur, daß eine Lichtung in das Unterholz geschlagen werden mußte, bevor Green aufgenommen werden konnte. Da es dort auch 30 m hohe Bäume gab, war das Ganze keine gerade leichte Aufgabe. Tatsächlich mußten Heerespioniere und Freiwillige der RAF zwei Wo-

chen arbeiten – Bäume fällen, Felsstücke sprengen – um einen ebenen Landeplatz zu schaffen, während Nachschub und Geräte an Fallschirmen abgeworfen wurde. Schließlich war es soweit, und am Morgen des 4. April 1944 landete die YR-4 auf der Lichtung, und Green wurde an Bord genommen. Ein paar Minuten später landete die Maschine direkt vor dem Krankenhaus in Shingbwiyang, und die zwei Wochen Qual für Green waren zu Ende.

Während die *R-4* in Burma Pionierdienste leisteten (auf dem Gebiet, für das die Hubschrauber einmal berühmt werden sollten), hatte Sikorsky – auf eine Forderung der USAAF nach einem stärkeren und größeren Modell als der *R-4* – bereits mit der Arbeit an zwei weiteren Hubschraubern begonnen. Es waren die *R-5* und die *R-6*. Die *R-5* hatte zwar eine ähnliche Rotorauslegung wie die *R-4*, aber der Rumpf war völlig anders, und die Kabine konnte eine Besatzung von zwei Mann und zwei Passagieren aufnehmen. Fünf *XR-5* Prototypen wurden gebaut. Der erste flog am 18. August 1943, angetrieben von einem 450 PS *Wasp Junior* Sternmotor. 26 *YR-5A* Vorserienmaschinen und 34 Serienmaschinen *R-5A* wurden von den USAAF bestellt, aber ein größerer Militärauftrag wollte sich nicht einstellen. Erst nach dem Krieg wurde dieser Typ in größeren Zahlen von der USAAF bestellt, nachdem eine zivile Variante entwickelt worden war, die einmal Weltruhm ernten sollte – die *Sikorsky S-51*.

Die *R-6*, die ihren Erstflug am 15. Oktober 1953 absolvierte, war eigentlich nur eine verfeinerte und strömungsgünstigere Version der R-4. Als Motor diente ein 220 PS Lycoming. Der Rumpf war metallbeplankt. Die Besatzung saß unter einer aus einem Stück geblasenen Plexiglaskuppel. Am 2. März 1944 machte die *XR-6* einen Non-Stop-Flug von 619 km von Washington D. C. nach Dayton in Ohio und benötigte dazu 4 Stunden 55 Minuten. Die Alleghany Berge wurden in einer Höhe von 1800 m überflogen. Dabei wurde ein neuer Strecken-, Dauer- und Höhenrekord für Hubschrauber aufgestellt. Fünf *XR-6A* wurden zur Erprobung für die USAAF gebaut und für die US Navy. Darauf folgten 26 Vorserienmaschinen *YR-6A*, die mit 240 PS *Franklin* Motoren ausgestattet waren. Von

1945 an wurden 193 Serienmaschinen *R-6A* von der *Nash-Kelvinator Corporation* gebaut. Sechsunddreißig davon gingen an die US Navy als *HOS-1,* vierzig als *Hoverfly II* nach England (15 erhielten die Marineflieger, der Rest kam zum AFEE und zur No 657 (Luftaufklärungs-Staffel der RAF.
Die britischen *R-6* wurden erst 1946 ausgeliefert und kamen deshalb nicht mehr zum Einsatz – im Gegensatz zu den Maschinen der amerikanischen Streitkräfte. Zusätzlich zum Schauplatz China–Burma–Indien standen *R-6* im Pazifik im Einsatz. Ein Schwarm war auf Saipan für Bergungs- und Rettungsdienst stationiert. Zwei Hubschrauber gehörten zu jedem »schwimmenden Reparaturstützpunkt«, der Ersatzteile hinter den B-29 Staffeln nachführte, während diese von Insel zu Insel auf das japanische Herzland zu »sprangen«.
Alles in allem sind 400 *Sikorsky R-4, R-5* und *R-6* während des Zweiten Weltkriegs gebaut worden. Es gab keinen Zweifel mehr: der Hubschrauber hatte sich einen festen Platz erkämpft. Die amerikanische Hubschrauberindustrie, die es fünf Jahre vorher noch gar nicht gegeben hatte, expandierte in großen Sprüngen. Es war eine bemerkenswerte Entwicklung, an der Sikorsky's kleine *VS-300* nicht den kleinsten Anteil hatte – heute steht sie im *Henry Ford Museum* in Dearborn, Michigan.
Lee S. Johnson, Präsident von *Sikorsky Aircraft* bis 1968, hat es in einem Satz zusammengefaßt: »Bevor Igor Sikorsky die *VS-300* flog, gab es noch keine Hubschrauberindustrie; nachdem er sie geflogen hatte, war sie da.«

DIE UdSSR

Im Januar 1940 wurde ein Versuchskonstruktionsbüro gebildet, das den Namen *OKB-3* trug und dem Moskauer Luftfahrt-Institut angegliedert war. Das Personal kam größtenteils aus der Abteilung für Spezialkonstruktionen, das 1937 nach der Verhaftung der führenden Männer im Rahmen der stalinistischen Säuberungswelle aufgelöst worden war. Professor Boris N. Juriew wurde zum Direktor des neuen Büros ernannt, aber im April wurde er bereits wieder entlassen. Seinen Posten übernahm dann Iwan P. Bratuchin. Bis zu dieser Zeit war Bratuchin mit Entwicklungsaufgaben am *ZAGI 11-EA PV* Hubschrauber beschäftigt gewesen, der seinen Erstflug noch vor sich hatte. Nun verlegte er sich aber auf den Entwurf völlig neuer Drehflügelflugzeuge. Der russische Ingenieur, der die Hubschrauberentwicklung in Deutschland genau studiert hatte und der von Hinrich Fokke's *Fw 61* sehr beeindruckt war, glaubte, daß diese Entwurfsrichtung – mit zwei Rotoren auf zwei Auslegern – die bisher praktischste war, und deshalb entwarf er seine eigene Maschine nach diesen Gesichtspunkten.

Bratuchins Hubschrauber, mit der Bezeichnung *ZMG Omega* wurde durch zwei luftgekühlte *MV-6* Motoren angetrieben, die auch die Rotoren mit einem Durchmesser von 7,68 m trugen. Der Rumpf bestand aus geschweißten Stahlrohren und war bespannt. Das geschlossene Cockpit war für zwei Personen auf Sitzen hintereinander eingerichtet. Der Bau des Prototyps wurde im August 1941 vollendet, und es wurden einige Fesselflüge durchgeführt. Aber die weitere Erprobung bekam durch die Evakuierung des OKB-3 Werks eine Verzögerung. Die Verlegung war durch die sich häufenden deutschen Luftangriffe notwendig geworden.

Dies zusammen mit der Tatsache, daß einige strukturelle Änderungen vorgenommen werden mußten, um die auftretenden Schwingungen zu verringern, führte zu einer Verzögerung von 18 Monaten. Erst zu Beginn des Jahres 1943 machte die *Omega* ihren ersten Flug mit K. I. Ponomarew am Steuer. Schwierigkeiten mit den MV-6 Motoren führten zu weiteren Verzögerungen. Aber bis September hatte die *Omega* dann doch einige Senkrechtstarts und -landungen gemacht, sich in der Luft um 360° gedreht und auch einige Horizontalflüge bei geringer Geschwindigkeit absolviert. Ponomarew und die anderen Testpiloten, die den Typ flogen, berichteten, daß er in allen Fluglagen stabil und dazuhin auch leicht zu fliegen war, und daß er mit stärkeren Motoren zu militärischen Aufgaben herangezogen werden könne.

1943 begann die Arbeit an einer verbesserten Version, der *Omega II*. Dieser Hubschrauber wurde durch zwei 350 PS *MG-31 F* Sternmotoren angetrieben. Um sie montieren zu können, waren verschiedene Änderungen an der ursprünglichen Zelle notwendig geworden. Die Arbeit am Prototyp war schon ziemlich weit fortgeschritten, als das *OKB-3* zu Beginn des Jahres 1944 an seine alte Stelle nach Moskau zurückkehrte. Dort machte die *Omega II* im September die ersten Fesselflüge. Die Freiflugversuche waren im Januar 1945 beendet, und die *Omega II* wurde nun hauptsächlich zur Ausbildung der zukünftigen Hubschrauberpiloten eingesetzt.
Inzwischen hatte Bratuchin noch im Jahre 1944 eine dritte Version der *Omega*, die *G-3,* in Angriff genommen. Sie entsprach einer Ausschreibung der Roten Armee für eine Artillerie-Beobachtungsmaschine. Die *G-3* wurde durch zwei 450 PS *Pratt & Whitney* Sternmotoren angetrieben, die unter dem Pacht- und Leihvertrag an die Sowjetunion geliefert wurden. Zwei Prototypen wurden im Frühjahr 1945 fertig. Es folgte ein Auftrag auf 10 Vorserienmaschinen. Aber nur fünf wurden gebaut, weil nicht mehr genügend *Pratt & Whitney* Motoren zur Verfügung standen. Keiner der Hubschrauber von Bratuchin kam noch während des Kriegs zum Einsatz. Die Nachkriegstätigkeit des Konstrukteurs wird im nächsten Kapitel beleuchtet.
Der einzige sowjetische Drehflügler, der während des Zweiten Weltkriegs praktische Verwendung fand, war der kleine Tragschrauber mit der Bezeichnung *A-7.* Ursprünglich in den dreißiger Jahren von der Abteilung für Sonderkonstruktionen entworfen, wurde er von einem Team unter Leitung von Nikolai I. Kamow weiterentwickelt und erprobt, der später einer der führenden Hubschrauberkonstrukteure der Sowjetunion werden sollte. Ein paar *A-7* waren 1942 einem Luftwaffenstützpunkt in der Nähe von Smolensk zugewiesen worden, wo sie als Verbindungsflugzeuge zur Unterstützung der Partisanen eingesetzt waren und hinter den deutschen Linien operierten. Aber die von den Deutschen ausgeübte völlige Luftherrschaft machte diese Einsätze ziemlich riskant, und so wurden sie nach kurzer Zeit wieder aufgegeben.

Mädchen für alles

Am 18. August 1946 verstopften Tausende von Menschen die Straßen, die zum Flugplatz Tuschino bei Moskau führten. Sie waren auf dem Weg zu einer Veranstaltung, die ein gewaltiges Schauspiel zu werden versprach: ein Vorbeiflug der neuesten sowjetischen Militär- und Zivilflugzeuge – aus Anlaß des ersten Tages der Luftfahrt, der nach dem Krieg veranstaltet wurde.

Die Menge wurde nicht enttäuscht. Formationen über Formationen donnerten über sie hinweg, angeführt von massierten Jagdbomber-Staffeln der Roten Luftwaffe. Unter den neuen Flugzeugen, die zum ersten Mal in der Öffentlichkeit vorgeführt wurden, befanden sich auch drei Hubschrauber: Bratuchins *Omega II* und zwei Vorserien-*G-3,* die über die staunenden Menschen hinwegklapperten und großes Interesse fanden. In den folgenden Jahren sollten die Hubschrauber dann bei den jährlichen Flugtagen von Tuschino eine immer größere Rolle spielen.

Wegen des Mangels an *Pratt & Whitney* Motoren in der Sowjetunion hatte sich Bratuchin entschlossen, den Grundentwurf *G-3* für die Aufnahme rein sowjetischer Triebwerke abzuändern. Es kamen dann *Iwtschenkow AI-26 GR* Motoren zum Einbau, die 500 PS entwickelten. Mit diesen Motoren ausgerüstet erhielt der Typ die Bezeichnung *G-4* und machte die ersten Probeflüge im Oktober 1947. Im November 1947 kam ein zweiter Prototyp dazu, der bis Ende Dezember bereits 7 Stunden 52 Minuten Flugzeit vorweisen konnte – bei insgesamt 44 Flügen. Der erste *G-4* stürzte am 28. Januar

1948 aufgrund eines Fehlers des Piloten ab. Obwohl die zweite Maschine gute Leistungen zeigte, wurde der Auftrag zum Bau von zehn Vorserienmaschinen im Herbst 1948 wieder zurückgezogen, nachdem vier fertig geworden waren. Wenn auch die frühen *Omega*-Typen wertvolle Erfahrungen in der Hubschraubertechnologie vermittelt hatten, waren die Maschinen selbst – mit ihren bespannten Rümpfen und den Stahlrohrauslegern – vom aerodynamischen Standpunkt aus keineswegs ideal, und so hatte das OKB-3 Team bereits 1945 mit dem Entwurf eines mehr stromlinienförmigen Hubschraubers begonnen, der sechs Passagiere und eine Besatzung von zwei Mann aufnehmen sollte. Das Ergebnis war die *B-5,* die mit »heißeren« Versionen des *AI-26 GR* von 550 PS ausgerüstet war. Der Rotordurchmesser war auf 10,90 m gestiegen. Die B-5 folgte dem Grundkonzept der *Omega,* aber die Motoren und Rotoren ware hier auf Stummelflügeln statt auf den bisherigen Auslegern montiert. Die Maschine machte 1947 eine Anzahl von Fesselflügen. Aber es kam nie zu einem freien Flug, und dieser Typ wurde dann im folgenden Jahr wieder aufgegeben. Ein weiterer Entwurf, ebenfalls 1947 fertig geworden, war die *B-9.* Dieser sollte als fliegende Ambulanz vier Tragbahren aufnehmen. Aber wie im Fall *B-5* gerieten die Konstrukteure in einen Wald voll technischer Schwierigkeiten, und so ist auch dieser Hubschrauber nie geflogen. Ein dritter Bratuchin-Hubschrauber aus dem Jahr 1947, die B-10 (ein Armee-Nahaufklärer) versprach mehr. Aber bevor er flugklar war, erhielt das OKB-3 Team die Weisung, die Arbeit an diesem Typ einzustellen und stattdessen, sich auf die Entwicklung eines völlig neuen Hubschraubers zu konzentrieren, der als Zubringer gedacht war.
Zwei Prototypen der neuen Maschine *B-11* wurden 1948 gebaut und einer gründlichen Erprobung unterworfen. Aber die ganze Zelle fing bei höheren Geschwindigkeiten übel zu schwingen an, so daß die weitere Erprobung im August 1948 gestoppt werden mußte, bis dieses Problem gelöst war. Im November wurden die Testflüge wieder aufgenommen. Aber am 13. Dezember ist dann auch der zweite Prototyp abgestürzt, weil sich ein Blatt des Steuerbordrotors gelöst hatte.

Die beiden Piloten kamen dabei ums Leben. Es stellte sich später heraus, daß ein Produktionsfehler der Grund für den Unfall war. Das Testprogramm wurde dann mit dem anderen *B-11* bis Mai 1950 weitergeführt. Die Bedingungen der Ausschreibung für einen dreisitzigen allwettergeeigneten Verbindungs-Hubschrauber waren um diese Zeit bereits aber von einem Konkurrenzmodell – dem *Mil Mi-1* – erfüllt, und die Weiterarbeit an der *B-11* fand damit ihre Ende. Bratuchin war sich wohl darüber klar gewesen, daß die *B-11* seine letzte Chance auf dem Hubschraubergebiet war. Trotzdem hat sich das OKB-3 Team 1950 noch an den Entwurf eines großen Mehrzweckhubschraubers und eines zehnsitzigen Verwandlungsflugzeugs bzw. Flugschraubers gemacht. Der letztere sollte mit Turboproptriebwerken ausgerüstet werden. Aber beide Projekte verschwanden in der Versenkung, als das OKB-3 aufgelöst wurde.

Ein anderer sowjetischer Konstrukteur, der der Ausschreibung entsprechen wollte, für die Bratuchin die vom Pech verfolgte *B-11* gebaut hatte, war Alexander S. Jakowlew, der durch seine ausgezeichneten Jagdflugzeuge bereits Berühmtheit erlangt hatte. Jakowlew hatte sich zuerst 1944 mit dem Gedanken an Hubschrauber beschäftigt. Damals hat sein Konstruktionsbüro mit der Arbeit an einem zweisitzigen Hubschrauber begonnen. Die Maschine war mit einem 140 PS *M-11 FR-1* Sternmotor ausgestattet, der zwei gegenläufige, koaxiale Rotoren antrieb. Die Maschine wurde 1947 fertig und hat 115 Flüge durchgeführt – 75 davon waren Freiflüge. Der Testpilot W. W. Tesawrowsky brachte es dabei auf insgesamt 20 Stunden in der Luft. Obwohl man sich im Geschwindigkeitsbereich zwischen 50 und 65 km/h ziemlich anstrengen mußte, um den Steuerknüppel zu bewegen, zeigte die Maschine gute aerodynamische Eigenschaften. Die bei der Erprobung gewonnene Erfahrung erwies sich als äußerst wertvoll, als sich Jakowlew an den Bau eines zweiten Hubschraubers machte, um den Bedingungen der Ausschreibung zu genügen.

Der neue Entwurf mit der Bezeichnung *Jak-100* war eine völlige Abkehr von bisherigen sowjetischen Hubschrauber-Ideen: er zeigte einen Dreiblatt-Hauptrotor und einen kleinen Heckrotor am äußersten hinteren Rumpfende. Die Maschine hatte ein verblüffende Ähnlichkeit mit der amerikanischen *Sikorsky S-51,* und es mag sein, daß Jakowlew von der amerikanischen Maschine beeinflußt worden ist. Zwei Versionen der *Jak-100* wurden als Prototypen gebaut. Die eine war ein dreisitziger Verbindungshubschrauber, die andere ein zweisitziger Trainer. Beide Maschinen erfuhren im Jahr 1949 eine gründliche Erprobung und standen noch im Herbst heran für die staatliche Abnahmekommission. Aber es war trotzdem zu spät: um diese Zeit war die Entscheidung bereits für die *Mil Mi-1* gefallen, und die Vorbereitungen für die Serienfertigung waren schon im Gange.

Michail L. Mil war 1947 Chef des wissenschaftlichen Forschungslaboratoriums für Hubschrauberentwicklung beim ZAGI. Als die Ausschreibung für einen dreisitzigen Hubschrauber erfolgt war, bildete er ein eigenes Konstruktionsbüro, um selbst eine Maschine zu bauen, die dieser Ausschreibung entsprach. Das Ergebnis war die *GM-1.* Wie die *Jak-100* hatte sie einen Dreiblattrotor, und einen Heckrotor zum Drehmomentausgleich, besaß aber einen stärkeren Motor: einen 575 PS *AI-26 V.* Der Prototyp der *GM-1* wurde zum ersten Mal 1948 geflogen, und das Pech erwischte ihn schon bei einem der ersten Versuche: in einer Höhe von 530 m war er plötzlich nicht mehr steuerbar und trudelte, sich ständig überschlagend, zu Boden. Der Testpilot M. K. Baikalow konnte noch mit dem Fallschirm abspringen, aber der Hubschrauber wurde völlig zerstört. Die Flugversuche wurden mit dem zweiten und dritten Prototyp fortgesetzt; beide erwiesen sich als sehr erfolgreich. Die staatlichen Abnahmeflüge wurden im Sommer 1949 durchgeführt, und die Abnahmepiloten der Regierung empfahlen diesen Typ für die Serienfertigung. Die Typenbezeichnung wurde von *GM-1* in *Mi-1* abgeändert, und unter dieser Bezeichnung wurden die ersten Vorserienmaschinen auch der Öffentlichkeit 1951 bei der Luftfahrtschau in Tuschino vorgestellt. Um diese Zeit wurde der Hubschrauber bereits in größeren Zahlen für die sowjetischen Streitkräfte gebaut.

Während die Produktion der Mi-1 gerade in Gang kam, lief die ihres »Gegenstücks« in den USA – der Sikorsky S-51 – bereits aus. Die ersten vier *S-51* waren im August 1946 an einen zivilen Kunden gegangen – nur sechs Monate nach dem Erstflug. Von der militärischen Variante wurden 11 Stück 1947 an die USAF ausgeliefert. 1948/49 erhielt die USAF 38 Maschinen einer neuen Variante *H-5G,* die mit einer Seilwinde für Bergungs- und Rettungseinsätze ausgerüstet war. Fünfzehn *H-5H,* als Amphibien mit Rad- und Pontonfahrwerk, wurden daneben ausgeliefert. Der größte Kunde in den USA war jedoch die US-Navy, die 90 *S-51* unter der Typenbezeichnung *H03S-1* und *H03S-2* erhielt, wovon die meisten an Bord von Flugzeugträgern als Nahaufklärer und Überwacher eingesetzt wurden.

1947 erhielt die *Westland Aircraft Ltd.* eine Lizenz, die *S-51* in England nachzubauen. Einige Exemplare wurden für Vorführungen aus den USA importiert. Die erste von Westland gebaute Maschine flog 1948 unter der Zivilzulassung G-AKTW. Bis 1953 produzierte Westland 133 *S-51,* die alle mit 520 PS *Alvis Leonides* Motoren ausgestattet waren. Die meisten gingen an die britischen Streitkräfte, wo sie den Namen *Dragonfly* (Libelle) bekamen. Die erste Hubschrauber-Staffel der Royal Navy - No 705 – wurde 1950 mit 12 *Dragonfly HR Mk.I* aufgestellt. Die Hubschrauber wurden zur Flugzeugüberwachung, zum Verbindungsdienst, zur Seenotrettung und Luftbildaufklärung eingesetzt. Die *Dragonflies* der RAF gingen dagegen nach Malaya, um dort bei der Bergung Verwundeter eingesetzt zu werden.

Ein paar Maschinen, die zu Anfang direkt aus den USA gekommen waren, waren inzwischen an die *British European Airways* gegangen. Am 1. Juni 1950 wurde ein regulärer Passagierdienst zwischen Liverpool und Cardiff mit diesen Maschinen eingerichtet – der erste seiner Art auf der ganzen Welt. In den USA wurde die *S-51* von Anfang an in den verschiedensten Bereichen einer kommerziellen Nutzung zugeführt. Die ersten drei Hubschrauber wurden von der *Helicopter Air Transport, Inc.* im August 1946 für Charteraufträge eingesetzt. Bis Ende 1947 flogen die *Los Angeles Airways* mit fünf *S-51* im ersten offiziellen Hubschrauberpostdienst. Während die militärischen Versionen der *S-51* eine wichtige Lücke zu füllen halfen, meldeten die US Streitkräfte dringenden Bedarf an einem Hubschrauber mit größerer Reichweite und höherer Nutzlast an. Sikorsky's Reaktion darauf war die *S-55*, die am 10. November 1949 ihren Erstflug machte. Die ersten ausgelieferten Exemplare *YH-19* wurden von der US-Army in den Jahren 1949 und 1950 einer ausgedehnten Truppenerprobung unterworfen. Diese Hubschrauber mit einer Marschgeschwindigkeit von 137 km/h konnten zusätzlich zu der Besatzung von zwei Mann zehn Soldaten mit Ausrüstung aufnehmen und waren anfänglich mit 600 PS *Pratt & Whitney R-1340-57* Sternmotoren ausgerüstet. Diese Version ging 1950/51 für die US Streitkräfte in die Serienfertigung. Die USAF erhielt 55 *H-19A*, die US Army 72 *H-19C* und die US Navy eine Anzahl *H04S-1* und *H04S-2*. Eine Weiterentwicklung der *S-55* mit einem 7000 PS *Wrigth R-1300-3* wurde in größeren Zahlen produziert; die USAF erhielt 217 *H-19B*, die US Army 336 *H-19D* und die US Navy ebenfalls eine beträchtliche Anzahl *H04S-3*. Zusammen wurden 167 *H04S* Varianten für die Navy gebaut und auf die Küstenwache, das Marine Corps und Flotte selbst verteilt.

Im März 1952 wurde die *S-55* von der FAA als der erste Hubschrauber der Welt für den Frachtdienst und im folgenden Jahr für den planmäßigen Passagier-Flugdienst zugelassen. Die *NewYork Airways* nahmen den regelmäßigen Postdienst am 15. Oktober 1952 auf;, im Juli 1953 führte diese Gesellschaft dann den Hubschrauberpassagierdienst ein. Die belgische Luftfahrtgesellschaft SABENA eröffnete den ersten internationalen Passagierdienst mit Hubschraubern *S-55* im August 1953 zwischen Brüssel und Städten in Frankreich, Deutschland, Holland und Luxemburg.

In den Jahren 1952/53 wurden 25 *S-55* an die Royal Navy ausgeliefert. Einige gingen an die erste Hubschrauber-U-Bootbekämpfungsstaffel No 706. 1953 nahm Westland die Lizenzproduktion auch dieses Typs auf, und zwar wurden von Anfang an zwei verschiedene Varianten gebaut: die *HAR-1* für die Navy und die *HAR-2* für die RAF. Beide Typen wurden in

Malaya eingesetzt. Obwohl die *S-55* der erste wirklich »lebensfähige« Transporthubschrauber war, ist einem anderen Typ die erste FAA-Zulassung erteilt worden. Diese Auszeichnung ging an den kleinen zweisitzigen Hubschrauber *Bell 47*, der am 8. März 1946 seine Zulassung erhielt, genau 8 Monate nach dem Erstflug. Die b*Bell 47* stammte von dem Versuchstyp *Bell 30* ab, der 1943 mit einem 165 PS *Franklin* Motor das erste Mal geflogen ist. In den USA und in anderen westlichen Ländern wurden so viele Versionen der *Bell 47* in all den Jahren seither gebaut, daß es aus Platzgründen gar nicht möglich ist, sie alle aufzuzählen. Die letzten Varianten werden bis auf den heutigen Tag gebaut – bald 30 Jahre seit dem Erstflug des Prototyps. Weit über 5000 wurden inzwischen gebaut.

Der *Piasecki HRP-1 Rescuer* war vielleicht der interessanteste Hubschrauber in den Jahren unmittelbar nach dem Ende des Zweiten Weltkriegs. Als er erschien, war er nicht nur der größte Drehflügler der Welt, sondern auch der erste erfolgreiche Tandemhubschrauber. Sein Konstrukteur, Frank N. Piasecki, war der erste Mann in den USA, der einen Flugzeugführerschein für Hubschrauber erhielt. 1943 bildete er seine eigene Firma und baute einen Prototyp, der unter der Bezeichnung *PV-2* bekannt geworden ist. Es handelte sich um eine Maschine mit einem Hauptrotor, der von einem 90 PS *Franklin* Motor angetrieben wurde und am 11. April 1943 zum ersten Mal flog. Es folgte eine Anzahl erfolgreicher Testflüge. Im Februar 1944 erhielt Piasecki den Auftrag, einen Hubschrauber mit zwei Rotoren zu entwickeln, der als Transport- und Rettungshubschrauber für die US Navy geeignet war. Ein Prototyp wurde unter der Bezeichnung *PV-3* gebaut und im März 1945 geflogen; darauf folgten zwei weitere Maschinen mit der neuen Bezeichnung *XHRP-1*. Die gründliche Flugerprobung wurde zu Beginn des Jahres 1947 beendet. Im August flog bereits das erste Los von zehn Serienmaschinen für die US Navy. Ein zweites Los *HRP-1* schloß sich später an; die letzte Maschine wurde 1949 ausgeliefert.

Ein anderer Tandem-Hubschrauber war der *HUP-1 Retriever,* der auf eine Ausschreibung eines Hubschraubers für Such- und Rettungsaufgaben, Überwachung und allgemeine

Transportaufgaben hin konstruiert wurde und von großen Kriegsschiffen aus operieren sollte. 22 *HUP-1* wurden 1950 – 1952 an die US Navy ausgeliefert. Der Typ wurde zum *HUP-2* weiterentwickelt, von dem 193 Stück gebaut wurden; 15 davon gingen an die französische Marine.
1951 bestellte die US Army eine Version für Verwundetentransport und allgemeine Aufgaben. Sie erhielt die Bezeichnung *H-25A;* siebzig Maschinen wurden in den Jahren 1953/54 geliefert. Weitere 50 Maschinen dieser Variante, die über einen verstärkten Kabinenboden verfügte, wurden als *HUP-3* an die US Navy geliefert. Alles in allem wurden 339 *HUP* gebaut, die letzte im Juli 1954.
Einige *HUP-2* wurden zu U-Bootjägern umgebaut, eine Aufgabe, für die sich der Hubschrauber in besonderer Weise eignet. 1950 schrieb die Marine einen Wettbewerb für einen bordgestützten Hubschrauber aus, der U-Boote jagen und vernichten konnte. Dieser Wettbewerb wurde von einem anderen Tandem-Hubschrauber gewonnen: *Bell 61.* Mit der militärischen Bezeichnung *XHSL-1* wurden drei Versuchsmaschinen zur Erprobung bestellt. Aber erst nach drei Jahren, am 4. März 1953 machte die erste ihren Jungfernflug. Die Erprobung verlief erfolgreich, und ein Auftrag für 78 Serienmaschinen *HSL* wurde erteilt. Davon sollten 18 an die britische Marinefliegerei geliefert werden. Die *XHSL-2* wurden immer noch getestet, als der Koreakrieg zu Ende ging. Deshalb wurde der ursprüngliche Auftrag im Zusammenhang mit Sparmaßnahmen drastisch gekürzt. Die »britischen« Maschinen wurden nie ausgeliefert, und die wenigen, die die Marinestaffeln erreichten, wurden in der Hauptsache zur Ausbildung verwendet. Vorläufig hatte sich die US Navy mit ihren umgebauten *H04S* Hubschraubern für die Aufgabe der U-Bootjagd zu begnügen, bis etwas anderes zur Verfügung stand und auf dem Markt erschien. Während der verhältnismäßig kurzen Zeit, die sie jetzt im Dienst standen, hatten sich die Hubschrauber in der Zivilluftfahrt einen ausgezeichneten Ruf erworben. Bis März 1954 hatten allein die *Bell 47* – in 40 Ländern im Dienst – zusammen über eine Million Flugstunden hinter sich gebracht. Eine amerikanische Gesellschaft,

Helicopter Air Service, hatte fast eine halbe Million Tonnen Post über eine Distanz von insgesamt einer Million Meilen mit 6 *Bell 47* in drei Jahren befördert. Auf drei Ring-Strecken zwischen 150 und 160 km haben sie bei der Bedienung von 55 Vororten im Gebiet von Chicago 160 000 Starts und Landungen ohne Unfall hinter sich gebracht, 40 000 davon von dem Hubschrauberlandeplatz auf dem Dach des Hauptpostamts von Chicago, 79 m über dem Boden.

Während dieser drei Jahre haben die sechs Maschinen des *Helicopter Air Service* 17 700 Flugstunden erreicht. Einen noch eindrucksvolleren Rekord haben die *New York Airways* aufgestellt. Deren fünf S-55 haben 1513 Passagiere und außerdem Fracht und Post allein im Jahr 1953 zwischen den hauptsächlichen Flugplätzen von New York transportiert. Anfang 1954 begannen die meisten großen amerikanischen Luftverkehrsgesellschaften, Hubschrauber für den Transport von Passagieren und Luftfracht auf den ganz kurzen Strecken einzusetzen. Zivilhubschrauber übernahmen allmählich eine weite Skala von anderen Aufgaben. Dazu gehörte das regelmäßige Abfliegen von Hochspannungs-Überlandleitungen in einigen amerikanischen Staaten, die Überwachung und Unterstützung von Eisbrechern in arktischen Gewässern und von Walfangschiffen in der Antarktis, die Rettung gestrandeter Fischer wie die Jagd nach entsprungenen Sträflingen in Zusammenarbeit mit der New Yorker Polizei, das Absprühen von Schädlingsbekämpfungsmitteln, und schließlich die Übernahme der Rolle des Cowboys zur Zeit des großen Herdentriebs in den Prärien des amerikanischen Westens.

Die größte Hubschrauber-Fluggesellschaft des Jahres 1953, *Rick Helicopters,* erledigte einen Vermessungsauftrag in Alaska für den Kartendienst der US Army in dreieinhalb Monaten. Wenn dieselbe Aufgabe vom Boden aus hätte durchgeführt werden müssen, dann hätte das zwanzig Jahre gedauert.

Zur selben Zeit haben drei *S-55* und fünf *Bell 47* in wenigen Wochen eine Aufgabe erledigt, die zehnmal solange gedauert hätte, wenn konventionelle Methoden zur Anwendung gekommen wären: die *Okanagan Company* in Kanada hat mit diesen Hubschraubern 200 Tonnen Baustahl, einen Betonmischer (und ein Ruderboot) für den Bau eines Damms am Palisade Lake transportiert. Sie schafften auch 25 Fertigbauten in Einzelteilen auf eine Plattform, die auf einem Berg angelegt wurde. Außerdem wurden die dazugehörenden Kühlschränke, Betten, Dynamit und Spültische bei dieser Operation in Britsch Kolumbien an das unzugängliche Ziel geschafft.

Hubschrauber bewiesen ihren Wert auch in anderen entlegenen Gebieten der Erde. So haben z. B. drei *Bell 47D* eine führende Rolle bei der Suche nach Ölquellen im dichten Dschungel von Neu Guinea gespielt. Sechs Monate haben sie im Auftrag der Niederländisch-Neu Guinea Petroleum Gesellschaft eine durchschnittliche Nutzlast von 78 Tonnen pro Monat befördert. Da die maximale Nutzlast eines Bell Hubschraubers nur drei Zentner beträgt, bedeutete dies eine ganze Menge Fliegerei. Einmal wurden in fünfzig Tagen 974 Flüge durchgeführt, mit insgesamt 183 Flugstunden und einer Gesamtflugstrecke von 8960 km.

Als das Jahr 1954 anbrach, war der Hubschrauber bereits zu einem unverzichtbaren Teil der Zivilluftfahr auf der ganzen Welt geworden. Während die amerikanische Hubschrauberindustrie stärker und stärker wurde, waren die Versuche, ihr britisches Gegenstück vom Boden hoch zu bekommen, von Enttäuschungen und Aufschub ohne Ende heimgesucht worden. Es schien, als sei das ganze Gebiet vom Entwurf bis zum Einsatz von Hubschraubern von einer Mauer falscher Vorstellungen und Fehlinformationen der Regierungskreise umgeben. Zum Beispiel hat das Kolonialministerium – das Hubschrauber 1954 zu Entwicklungsaufgaben in den verbliebenen britischen Kolonien einzusetzen gedachte – die Ansicht geäußert, daß zweimotorige Hubschrauber vonnöten seien, da man einmotorigen doch wohl keine Flugsicherheit bescheinigen könne. Und dies zu einer Zeit, als die funf *Bell 47* bereits fünf Jahre lang bei der *Associated Helicopters Ltd.* in Edmonton, Alberta, im Einsatz standen und bei 4500 Flugstunden nur zu drei Notlandungen gezwungen waren – an denen aber nicht etwa ein Triebwerksausfall schuldig war!

Abgesehen von den Sikorsky-Hubschraubern, die von der Firma *Westland Aircraft* in Lizenz nachgebaut wurden, arbeiteten britische Flugzeugfirmen 1954 hauptsächlich an vier Grundtypen von Drehflüglern.

Die *Bristol 171 Sycamore,* war der erste britische zivile Hubschrauber der Nachkriegszeit; er ging auf eine Entwurfsstudie aus dem Jahr 1944 zurück; der Prototyp mit einem 450 PS *Wasp Junior* Sternmotor war am 27. Juli 1947 zum Erstflug gestartet. Nach zwei Prototypen wurden alle nachfolgenden Maschinen mit einem 550 PS *Alvis Leonides* Motor ausgestattet. Die erste Variante der Serie war der Typ 171 Mk. III, von dem einige Exemplare bei der BEA in Dienst gestellt wurden. Aus diesem Typ wurden die *HC.10* und *HC.11* Ambulanz- und Verbindungsvarianten für die Armee abgeleitet. Eine andere Version war die *HR.12,* die für Seenotrettungsaufgaben und U-Bootjagd an das Küstenkommando der RAF ging. Nach Versuchen mit dem letztgenannten Typ hat die RAF zwei verbesserte Versionen, die *HR.13* und *HR.14,* übernommen. Von 1954 an begannen *Sycamore* die *Dragonfly* Hubschrauber zu ersetzen, die die RAF in Malaya im Einsatz stehen hatte. Insgesamt wurden 177 *Sycamore* gebaut, bevor die Fertigung 1959 auslief. Der größte ausländische Kunde war die Bundesrepublik Deutschland, deren Bundeswehr 50 *Sycamore Mk.52* für allgemeine Aufgaben übernahm.

Die Firma Bristol war auch verantwortlich für die Konstruktion des ersten britischen Hubschraubers mit Tandemrotoren: des Typs *Bristol 173,* von dem zwei Prototypen 1948 auf die Ausschreibung E.4/47 des Rüstungsministeriums hin aufgelegt wurden. Nach monatelangen Bodenversuchen und Fesselflügen machte der Prototyp schließlich im Januar 1952 seinen ersten freien Flug. Die Maschine wurde von zwei 575 PS *Alvis Leonides 75* Motoren angetrieben. Dieser Prototyp wurde 1953 zwecks Erprobung als möglicher U-Jagdhubschrauber an die Royal Navy übergeben. Nach Versuchen auf Flugzeugträgern – hauptsächlich auf dem Träger *HMS Eagle* – plazierte die Admiralität 1956 einen Auftrag für 68 *Bristol 191,* die U-Jagd-Version des Typs 173, während die RAF 26 Exemplare als schwere Transporthubschrauber bestellte.

Der Auftrag der Navy wurde jedoch ein Jahr später storniert und zwar im Zusammenhang der Kürzungen, die dem Verteidigungs-Weißbuch folgten. Erst 1961 wurde die RAF-Version als *Belvedere* in Dienst gestellt. Der Antrieb erfolgte nun über eine *Napier Gazelle* Wellenturbine.

Die *Bristol 173* schien zum Zeitpunkt der Truppenerprobung 1953 auch kommerziell eine vielversprechende Zukunft zu haben – aber dann kam es doch anders. Obwohl Bristol eine Zivilversion für 23 Passagiere – die *192 C* – für die BEA vorgeschlagen hatte, kam dieses Vorhaben nie über das Projektstadium hinaus. Die britische Luftfahrtgesellschaft zog dann doch die von Westland in Lizenz gebauten amerikanischen Hubschrauber den rein britischen Konstruktionen vor.

Am 7. Dezember 1947 – einige Monate bevor die Fertigung des Prototyps der *Bristol 173* begann – erhob sich ein weit revolutionärer britischer Drehflügler zum ersten Mal in die Luft: die *Fairey Gyrodyne*.

Dies war ein Kombinations-Flugschrauber, mit einem 525 PS *Alvis Leonides* Kolbenmotor, der den Hauptrotorschaft antrieb und damit für den Auftrieb sorgte, und einem Zugpropeller an der Spitze der rechten Stummeltragfläche, der den Vortrieb erzeugte. Im Juni 1948 stellte die *Gyrodyne* einen Geschwindigkeitsrekord für Hubschrauber mit 198,9 km auf, aber die Maschine wurde im April 1949 durch einen Unfall zerstört. Ein zweiter Prototyp wurde gebaut, und im Jahr 1954 wurde der Schaftantrieb des Hauptrotors durch einen Blattspitzenantrieb, ähnlich wie beim *Doblhoff WNF-342* aus der Kriegszeit, ersetzt. Einer der Ingenieure, die für das Projekt damals verantwortlich zeichneten, Stephan, arbeitete nun für Fairey und konnte seine entsprechenden Erfahrungen beisteuern.

Die *Jet Gyrodyne,* wie die umgebaute Maschine nun benannt wurde, diente als fliegender Prüfstand für einen weit größeren Verbund-Flugschrauber – die *Fairey Rotodyne*. Ein Prototyp wurde im August 1953 vom Rüstungsministerium in Auftrag gegeben. Der Erstflug erfolgte im November 1957. Am 10. April 1958 fand der erste Übergang vom vertikalen in den horizontalen Flug statt, wobei der Antrieb langsam vom

Hauptrotor auf die Zugpropeller überging. Mit ihrer Fähigkeit, 40 Passagiere direkt in das Herz der City zu bringen oder dort aufzunehmen, schienen die Zukunftsaussichten für die *Rotodyne* mehr als rosig. Niemand, der mit dieser Entwicklung zu tun hatte, dachte daran, daß die Regierungskreise mit plötzlichem Mangel an Zutrauen – es gab damals viel gegenteilige Publizität – das Projekt zu Fall bringen könnten, bevor es eine Chance hatte sich zu bewähren. Wir werden später noch auf diesen Punkt zurückkommen.

Die vierte britische Hubschrauberkonstruktion der unmittelbaren Nachkriegszeit war die *Saunders Roe Skeeter,* die – wie die Cierva W.14 – ihren Erstflug am 8. Oktober 1948 absolvierte. Drei weitere Prototypen dieses kleinen zweisitzigen Hubschraubers waren 1951 gerade fertig (zwei davon für Erprobung durch das Rüstungsministerium), als die Cierva Company von Saunders Roe übernommen wurde. Anschließend wurden weitere Prototypen gebaut, von denen drei Stück als *Skeeter MK6* zur Truppenerprobung an die RAF und das Army Air Corps gingen. Fünfzig *Skeeter* wurden später für beide Waffenzweige in Auftrag gegeben, und fünfzehn wurden an die deutsche Bundeswehr verkauft – kein allzugroßer Erfolg, wenn man bedenkt, daß die Entwicklung dieses Modells 10 Jahre gedauert hat. Drei *Skeeter Mk.8* waren als Zivilversion gebaut worden, aber es ging kein einziger Auftrag auf diesen Typ ein.

Feuertaufe

Am Morgen des 4. September 1950 überquerte ein Schwarm *F-80 Shooting Star* Düsenjäger der 35. Jagdbomberstaffel der USAF in niedriger Höhe den 38. Breitengrad, um Ziele in Hanggandong in Nordkorea anzugreifen. Während des Angriffs erhielt eine *F-80* Flaktreffer. Der Pilot, Captain Robert E. Wayne, sprang mit dem Fallschirm ab und kam sicher auf den Boden. Eine Rotte *F-80* kreiste daraufhin über diesem Punkt, während die vierte Maschine hochstieg, um Funkkontakt mit dem eigenen Stützpunkt aufzunehmen.
Eine halbe Stunde später verließ Captain Wayne das feindliche Gebiet an Bord eines *Sikorsky H-5* Rettungshubschraubers, während ein Schwarm *F-80* Höhendeckung gegen nordkoreanische Jäger flog. Der Pilot der *H-5,* Lieutenant Paul W. van Boyen war damit der erste Hubschrauberpilot der Geschichte, der einen abgeschossenen Jäger hinter den feindlichen Linien aufgenommen und in Sicherheit geflogen hat.
Die *H-5* – die Rettungsversion der *Sikorsky S-51* der USAF – gehörte zur 3. Rettungsstaffel der Fernost-Luftflotte. Als die nordkoreanischen Streitkräfte in der Morgendämmerung des 25. Juni 1950 über den 38. Breitengrad nach Süden vorstießen, war die Staffel der 5. US Luftflotte unterstellt und in Ashiya in Japan stationiert gewesen. Es handelte sich um eine gemischte Einheit. Außer einer Handvoll *H-5* verfügte sie über *SB-17* (die Rettungsversion der »Fliegenden Festung«), *Grumman SA-16* und Leichtflugzeuge vom Typ *Stinson L-5.* In den ersten Kriegswochen in Korea hat die 3. Staffel bei Ret-

tungseinsätzen Pionierdienste geleistet, sowohl was Ausrüstung wie auch Einsatztechnik angeht. Dazu gehörte z. B. die zum Standardverfahren entwickelte Rettung von fliegendem Personal, das über Feindgebiet abspringen oder dort notlanden mußte. Zuerst hatten die *SA-16* den Löwenanteil der Rettungseinsätze zu bewältigen, indem sie bei Tage ununterbrochen über der Straße von Tschuschima Patrouille flogen. Aber dann wurde auch zwei *L-5* nach Korea gebracht und in der unmittelbaren Nähe des Kampfgebiets stationiert. Sie hatten sich jedoch bei ihren Rettungsversuchen mit einem schweren Handicap herumzuschlagen, denn sie waren für einen Einsatz von verschlammten Reisfeldern aus völlig ungeeignet.

Die Situation besserte sich dann am 22. Juli, als die ersten *H-5* auf dem Feldflugplatz Taegu eintrafen. Sie wurden sehr schnell eingesetzt, um schwerverwundete Soldaten der 8. US Armee aus dem bergigen oder sumpfigen Gelände der Front in die Lazarette von Miryang und Pusan zu bringen. Diese Einsätze hatten einen solchen Erfolg, daß General Partridge, der OB der 5. Luftflotte, die 3. Rettungsstaffel anwies, sechs ihrer neun *H-5* in Korea zu stationieren. Zur gleichen Zeit bat General Stratemeyer als Befehlshaber der FEAF (Far Eastern Air Force) das Oberkommando der USAF um Zuweisung von weiteren 25 *H-5,* um eine Spezialeinheit für Sondereinsätze und Rettungsaufgaben zu bilden. Es dauerte keine zwei Wochen, und 14 *H-5* – von anderen Verbänden abgezogen – befanden sich auf dem Weg nach Korea. Inzwischen war es bis Ende August den Hubschraubern der 3. Rettungsstaffel gelungen, 83 Schwerverwundete aus dem Kampfgebiet auszufliegen. Hätten diese den Weg ins Feldlazarett im Sanitäts-Kfz zurücklegen müssen, wäre vermutlich keiner mit dem Leben davongekommen. Die Einsätze der Staffel wurden nun durch das *Rescue Liaison Office* koordiniert, das beim Einsatzzentrum der UN-Verbände am 17. August gebildet wurde. Der erste, am 4. September unter der Leitung dieser Stelle ausgeflogene Offizier war ein Captain Wayne...

Der *H-5* Verband, der jetzt die Bezeichnung *Detachment F* trug, stand unter dem Kommando von Captain Oscar N. Tib-

bets. Als die UN-Truppen gegen Ende September aus dem Brückenkopf Pusan heraus zum Angriff antraten, folgte er dicht hinter ihnen. In der ersten Septemberwoche erreichte das *Detachment F* Seoul. Von diesem Stützpunkt aus wurde dann am 10. Oktober der bis dato längste Rettungseinsatz geflogen, als eine *H-5* mit dem Piloten Lt. David C. McDaniels 200 km weit nach Changjon flog, um dort den verwundeten Piloten einer *Sea Fury* aufzunehmen, die zum britischen Flugzeugträger *Theseus* gehörte und über Feindgebiet abgeschossen worden war. Die Rettung wurde unter Feuerschutz durch Handwaffen sicher durchgeführt. Einige weitere Langstrecken-Rettungseinsätze wurden im November von *H-5* übernommen, die von vorgeschobenen Stützpunkten bei Kunu-ri und Sinanju aus operierten. Dann ergab sich eine neue Situation: volkschinesische »Freiwillige« überquerten den Yalu und griffen mit massierten Kräften an. Es dauerte nicht lange, und die UN-Truppen befanden sich wieder auf dem Rückzug. Dadurch wurde auch das *Detachment F* gezwungen, seine vorderen Teile nach Seoul zurückzunehmen. Als der kommunistische Ansturm nach Süden Raum gewann, mußte auch Seoul evakuiert werden, und die *H-5* verlegten auf den Feldflugplatz K-37 südlich von Taegu.
Bis Ende 1950 hatten die *H-5* 618 Verwundete ausgeflogen; die Hubschrauber von Stinson hatten es in derselben Zeit auf 56 gebracht.
Das Personal des *Detachment F* – 11 Offiziere und 56 Mann – vollbrachte geradezu Wunder, um die Hubsschrauber unter den schrecklichen Bedingungen des Winters in Korea flugklar zu halten. Die Hubschrauberbesatzungen nahmen oft horrende Risiken auf sich, um die Rettungsaktionen durchzuführen. Am 15. Februar 1951 erhielten sie ihren bisher schwierigsten und gefährlichsten Auftrag: Versorgung der von kommunistischen Truppen bei Chipyong-ni, 30 km ostwärts Seoul, eingeschlossenen Teile der 2. US Division mit dringend benötigtem Sanitätsmaterial.
Der Einsatz wurde von sechs *H-5* durchgeführt und dauerte bis in die Nacht. Im Verlauf des Nachmittas flog jeder Hubschrauber dreimal in den Kessel ein; auf dem Rückweg flogen

sie insgesamt 30 Verwundete aus. Am nächsten Morgen wurde der Einsatz bei Tagesanbruch weitergeführt. Die zwei restlichen Maschinen waren nicht mehr flugklar. Gegen Mittag wurde das Wetter immer schlechter, mit gelegentlichem Schneetreiben über den gefrorenen Reisfeldern. Am Nachmittag kämpften sich die H-5 durch einen dichten Schneesturm mit Windgeschwindigkeiten bis zu 40 Knoten. Trotzdem schafften sie es, noch einmal 22 Schwerverwundete vor Einbruch der Dämmerung aus dem Kessel auszufliegen.

Im März 1951 retteten die paar Hubschrauber sechs von den sieben F-80 Piloten, die über Feindgebiet abgeschossen worden waren. Zu diesem Zeitpunkt war das Detachment F aber restlos erschöpft und überfordert. Der Luftkrieg über Korea nahm stetig zu und stellte damit laufend größere Anforderungen hinsichtlich der Rettung abgeschossener Piloten; daneben wurden die Hubschrauberbesatzungen auch durch das Ausfliegen von Verwundeten stark in Anspruch genommen, und dazu kamen noch andere Nebenaufgaben. Die Evakuierung von Verwundeten machte deshalb am meisten Sorgen, weil die kleinen H-5 außer den zwei Mann Besatzung nur zwei Passagiere aufnehmen konnten – das hieß also: mehrmals am Tag in das Kampfgebiet einfliegen.

Die Situation besserte sich etwas nach dem 23. März, als zwei Versuchshubschrauber Sikorsky YH-19 (später S-55) zur Truppenerprobung unter Einsatzbedingungen in Korea eintrafen. Sie brauchten nicht lange auf eine Gelegenheit zu waren. Es dauerte keine 24 Stunden, und sie mußten die H-5 bei der Evakuierung amerikanischer Fallschirmjäger aus der Sprungzone bei Munsan-ni unterstützen, dicht südlich des 38. Breitengrads, wo der zweitgrößte Sprungeinsatz der amerikanischen Fallschirmjäger in Korea die Chinesen völlig überraschte. Die Hubschrauber klapperten über die Sprungzone, keine Viertelstunde nachdem die ersten Fallschirmjäger unten angekommen waren. Die Chinesen bemühten sich, Verstärkungen heranzuholen, und schon nach kurzer Zeit mußten die Hubschrauber ihrer Aufgabe unter Beschuß durch Handfeuerwaffen und Granatwerfer nachkommen. Zwei H-5 erhielten beim ersten Einsatzflug Treffer, aber sie konnten trotzdem weiterfliegen.

Als am 25. März die Nacht hereinbrach, hatten die *H-5* und die *YH-19* zusammen 77 Einsatzflüge in den Sektor Munsan-ni durchgeführt und 148 Fallschirmjäger ausgeflogen. Die Kämpfe dauerten bis zum 29. März an, an diesem Tag konnten die UN-Truppen zu den Fallschirmjägern aufschließen. Die Zahl der Hubschraubereinsätze hatte sich inzwischen auf 147 erhöht.

Im Juni 1951 wurde die Hubschraubereinheit umbenannt in Detachment 1/3. Luftrettungs-Staffel. Sie wurde in vier Schwärme aufgeteilt – einer wurde dem motorisierten Feldlazarett No. 8055, ein anderer dem Gefechtsstand der 45. US-Division im Schwerpunkt der UN-Hauptkampflinie zugeteilt. Der dritte wurde vorgesehen für den Einsatz bei den Unterhändlern, die einen Waffenstillstand herbeiführen sollten, und der vierte hatte Alarmbereitschaft beim Gefechtsstand des Detachments selbst und unterstand dem UN-Kommando. Im späteren Verlauf des Jahres – als die 5. Luftflotte mit der Bekämpfung von Zielen in Nordwestkorea begann – wurden zwei *H-5* auf die Inseln Paengnyong-do und Cho-do verlegt, von wo sie eine größere Zahl geglückter Bergungsflüge in Feindgewässern durchführen konnten.

Ende Januar 1952 waren dann die noch vorhandenen *H-5* des Detachment 1 kaum mehr flugklar und wurden Anfang Februar durch *Sikorsky H-19* ersetzt. Diese Hubschrauber eigneten sich schon eher als die *H-5* für den Rettungseinsatz, und ihre Reichweite von 290 km setzte die Koordinierungsstelle des Such- und Rettungsdienstes nunmehr in die Lage, das Einsatzgebiet beträchtlich zu erweitern. Die *H-19* waren ursprünglich mit Schwimmern für Wasserungen ausgestattet, aber in der Praxis wurden die meisten »Passagiere« durch die Winde im Schwebeflug aufgenommen.

Die *H-19* bewiesen ihren Wert im Juli 1952, als die Hauptkampflinie der UN-Truppen in Korea an mehreren Stellen völlig überschwemmt wurde. Einige vorgeschobene Teile waren auf höher gelegenem Gelände vom Wasser eingeschlossen, und die Hubschrauber mußten 710 Mann aus dem Gefahrengebiet herausholen. Gegen Ende des Jahres schickte die in Japan stationierte 2. Luftrettungs-Staffel zwei *H-19*, um in Korea mit auszuhelfen. Sie wurden zur Aufstellung des Detachment 2 verwendet und in Pohang stationiert. Im Dezember 1952 trafen vier weitere *H-19* ein; sie gehörten zum 581. Luftpark, der auf den Phillipinen lag, und wurden nach Eintreffen in Seoul stationiert.

Anfang 1953 wurden die Detachments in Staffeln umgegliedert, und die Staffeln, zu denen sie vorher gehörten, wurden zu Gruppen ausgebaut. So wurde z. B. aus dem Detachment 1 der 3. Luftrettungs-Staffel die 2157. Luftrettungs-Staffel der 3. Luftrettungs-Gruppe. Dieses Verfahren wurde ab 1953 dann von der USAF generell übernommen.

Der Name hatte sich geändert, aber der Auftrag blieb der gleiche. In den ersten Monaten des Jahres 1953 gelang den *H-19* eine ganze Reihen bemerkenswerter Rettungseinsätze. So hat ein Hubschrauber, der auf Cho-do stationiert war, den Piloten eines Düsenaufklärers genau 15 Sekunden, nachdem er »ins Wasser gefallen« war, aufgefischt; es war vermutlich die schnellste derartige Rettung bis zum heutigen Tag. Im Mai haben die *H-19* innerhalb von drei Tagen sechs abgeschossene Piloten gerettet, drei davon im Gelben Meer und zwei andere (die Besatzung einer abgestürzten *B-26)* tief im Feindgebiet nördlich Haejn. Bei Luftrettungseinsätzen über See arbeiteten die *H-19* gewöhnlich mit *SA-16* Amphibienflugzeugen zusammen. Die Flugzeuge orteten den Piloten im Wasser und wiesen dann die Hubschrauber ein.

Aber nicht nur die USAF hat in Korea Hubschrauber eingesetzt. Bei den ersten Hubschraubern, die unter Kampfbedingungen im Koreakrieg zum Einsatz kamen, handelte es sich nämlich um *S-151 (H03S-1)* der US-Navy, die auf den Flugzeugträgern der *Task Force 77* stationiert waren. Bei der Navy hatten sie die Aufgabe des »Flugzeug-Schutzes«; beim Marine Corps wurden sie zur Nahaufklärung eingesetzt. Dabei wurden wahrscheinlich am 4. August 1950 zum ersten Mal Verwundete aufgenommen und ausgeflogen, als die *HO3S-1* der Beobachtungsstaffel VMO-6 verwundete »Ledernacken« aus dem Kampfgebiet Chindongni herausholten. Die Hubschrauber hat man damals in aller Eile zur Aufnahme einer Tragbahre eingerichtet. Diese Anordnung hat sich gut bewährt, auch wenn die Beine eines Verwundeten dabei noch aus einem Kabinenfenster herausragten. Später wurden die *HO3S* genau wie die *H-5* der USAF mit zwei Außenbehältern ausgerüstet, in denen je eine Tragbahre Platz fand.

Am 30. August 1951 trat der Hubschrauber mit der Ankunft der Marineinfanterie-Hubschrauber-Transportstaffel 161 in einer neuen Rolle im Kriegsgeschehen auf. Die Staffel war mit 15 *HRS-1* ausgestattet, wie die Bezeichnung für die *S-55* bei den »Marines« lautete. Die Staffel wurde der 1. Marineinfanterie-Division unterstellt, die in dem wilden Bergland Mittelkoreas kämpfte, und stellte schnell ihre Fähigkeit unter Beweis, Truppen und Ausrüstung in sonst unzugängliche Zonen des Schlachtfeldes zu schaffen, als sie ein ganzes Bataillon auf dem Grat eines strategisch wichtigen Bergrückens in Stellung brachten. Als Transporthubschrauber konnte die *S-55* zehn Mann mit voller Ausrüstung aufnehmen.

Dieser *airlift* eines Bataillions fand im Verlauf der Übung »Windmill One« statt, während der die Hubschrauber am 13. September 28 Flüge in die Berge zwischen Inje und der »Bowlenschüssel«-Kampfzone absolvierten. Die ganze Operation dauerte 14 Stunden und war ein voller Erfolg. Die Hubschrauber flogen neun Tonnen Nachschub zu den Einheiten der Marineinfanterie in ihren Stellungen 700 m über Meereshöhe und brachten 75 Verwundete zurück. Im Verlauf einer zweiten Übung »Windmill Two« flogen zehn *HRS-1* sechs Tonnen Nachschub in dasselbe Gebiet.

General Ridgway, der Befehlshaber der 8. US-Armee, war von der unter allen Bedingungen gezeigten Tragfähigkeit der *HRS-1* sehr beeindruckt und regte beim Heeresministerium die Aufstellung von vier Hubschrauber-Transport-Bataillonen an, jedes mit 28 Hubschraubern ausgerüstet. Er wies darauf hin, daß der Verlauf des Kriegs in Korea bisher den geradezu lebenswichtigen Bedarf des Heeres an Hubschraubern schlüssig nachgewiesen habe. Er empfahl für die Zukunft, jeder Armee zehn Hubschrauber-Bataillione anzugliedern. Das Heeresministerium stimmte der Empfehlung zwar im Grundsatz zu, war aber nicht geneigt, einer Armee mehr als vier Hubschrauberbataillione zuzubilligen.

Wärend den ersten fünf Monaten des Kriegs gab es keinen Heereshubschrauber, gleich welcher Art, in Korea. Patrouillendienst, Artilleriebeobachtung, Nahaufklärung und Rettungseinsätze wurden mit Leichtflugzeugen durchgeführt, meistens mit *Piper L-4* und *Stinson L-4*. Die Piloten dieser Flugzeuge – von denen viele noch im Zweiten Weltkrieg gedient hatten und sich nun der Altersgrenze näherten – leisteten hervorragende Arbeit unter unglaublich anstrengenden Umständen, aber ihre Möglichkeiten waren in zweifacher Hinsicht begrenzt. Einmal war der Klarstand der Maschinen selten befriedigend, und zum anderen konnten auch die leichten Flugzeuge nicht dort landen, wo sie am meisten gebraucht wurden.

Die ersten Hubschrauber kamen nicht vor Ende Dezember 1950 nach Korea. Es handelte sich um *Bell H-13 (Bell 47)*, zweisitzige Hubschrauber zwar, die – hauptsächlich für Verbindungsaufgaben und Artilleriebeobachtung gedacht – für den Verwundetentransport nur eingeschränkt verwendbar waren. Vier *H-13* kamen zum *2nd Army Helicopter Detachment* in Seoul und begannen im Januar 1951 unter Captain Albert Seburn ihre Arbeit. Bis Ende des Monats hatte das Detachment trotzdem bereits mehr als 500 Verwundete aus dem Kampfgebiet ausgeflogen. Dies war keine geringe Leistung, wenn man bedenkt, daß jeder Hubschrauber nur einen Verwundeten aufnehmen konnte. In Anerkennung dieser Leistung wurden die vier Piloten mit dem *Distinguished Flying Cross* ausgezeichnet.

Noch im Januar 1951 kamen einige zweisitzige *Hiller H-23 Raven* zwecks Truppenerprobung im scharfen Einsatz zu den *H-13* hinzu und wurden im Verlauf des Jahres zunehmend für die Nahaufklärung eingesetzt. Bis Ende 1951 hatten die Hubschrauber ihren Kampfwert so oft unter Beweis gestellt, daß die von General Ridgway angeforderten Hubschrauber von den Kommandeuren der 8. Armee mit kaum verhohlener Begeisterung erwartet wurden. Sie sollten jedoch eine Enttäuschung erleben: es dauerte mehr als ein Jahr, bis die Heeresverbände in Korea ihre ersten Transporthubschrauber erhielten. In der Zwischenzeit war nämlich der Hubschrauberein-

satz zu einem Streitobjekt geworden, über dem es zwischen Heer und Luftwaffe zu hitzigen Auseinandersetzungen gekommen war.
Beide Seiten waren sehr darauf aus, eine Duplizierung ihrer Aufgaben zu vermeiden. Lufttransport innerhalb der Kampfzone war z. B. Sache der Luftwaffe, und so war eine genauere Definition der Ziele und Absichten des Heeres in diesem Punkt notwendig geworden. Am Ende einigte man sich darauf, daß die Heereshubschrauberverbände für den Transport von Nachschub, Ausrüstung und Personal innerhalb der Kampfzone zuständig waren – ein Gebiet bis zu einer Linie 80 – 160 km hinter der Front – und daß die Luftwaffe weiterhin Nachschub, Ausrüstung und Personal von außerhalb in diese Kampfzone einzufliegen hatte.
Diese Vereinbarung hatte aber wenig Einfluß auf die Hubschrauberaktivitäten des Heeres oder der Luftwaffe in Korea, denn als die 1951 angeforderten Transporthubschrauber bei den Heeresverbänden eintrafen, war der Krieg in Korea praktisch vorbei. Die erste Heeres-Transporthubschraubereinheit – die 6. Transport-Kompanie mit zwölf *H-19C* – traf erst im Mai 1953 in Korea ein. Diese zwölf Hubschrauber wurden noch im gleichen Monat im Rahmen der 3-Tage-Übung »Skyhook« zur Versorgung von drei Infanterie-Regimentern an der Front eingesetzt. Zusammen mit der 15. Hubschrauber-Transportkompanie konnte die 6. ihre inzwischen gesammelten Erfahrungen nutzbringend anwenden, als es galt, ein abgeschnittenes Infanterie-Regiment aus der Luft zu versorgen, so daß es die Stellung gegen entschlossene kommunistische Angriffe halten konnte. Waren diese Erfahrungen auch noch begrenzt, so veranlaßten sie doch General Maxwell Taylor, Befehlshaber der 8. US Armee ab Februar 1953, zu der Feststellung: »Der Transporthubschrauber, in größeren Zahlen eingesetzt, kann die taktische Beweglichkeit der Armee weit über ihre normalen Möglichkeiten hinaus erhöhen. Ich hoffe, daß die US Army entsprechende Mittel veranschlagt, um die Möglichkeiten des Hubschraubers in der Zukunft voll auszuschöpfen.«
Der Wert des Hubschraubers als taktisches Transportmittel

war ohne Zweifel einer der wertvollsten Faktoren, die sich aus dem Koreakrieg ergaben. Er hatte enormen Einfluß auf spätere Planungen. Von gleicher Wichtigkeit war die Tatsache, daß der Hubschrauber immer wieder seine einmalige Vielseitigkeit unter Beweis stellen konnte, wenn er Aufgaben durchführte, die weit von seiner ursprünglichen Funktion entfernt waren. Bei verschiedenen Gelegenheiten wurden Rettungs-Hubschrauber eingesetzt, um Agenten entlang den Schlammebenen der Nordwestküste Koreas abzusetzen bzw. wieder aufzunehmen. Sie waren die einzigen Fluggeräte, die eine solche Aufgabe übernehmen konnten. Anfängliche Befürchtungen, der Hubschrauber könnte sich als äußerst verwundbar gegenüber Beschuß durch Handfeuerwaffen erweisen, bestätigten sich in der Praxis nicht. Obwohl verhältnismäßig langsam und unbewaffnet, hatten die in Korea eingesetzten Maschinen gezeigt, daß sie eine Menge einstecken und trotzdem weiterfliegen konnten – selbst bei Beschädigung der Rotoren.

Während die bitteren Kämpfe in Korea noch anhielten, bewies der Hubschrauber seine Vielseitigkeit auf einem weiteren Kriegsschauplatz: Malaya, wo die britischen Hubschrauber seit 1950 eine Vielfalt von Einsätzen über trügerischem Dschungelgelände erledigten. Die ersten Hubschrauber, die bei den britischen Einheiten während des malayischen Notstands eingesetzt wurden, waren *Westland Dragonfly H.C.2,* die erste Lizenzversion der *Sikorsky S-51,* die für die RAF produziert wurde. Als Rettungshubschrauber mit Vorrichtungen für zwei Tragbahren in geschlossenen Behältern auf jeder Seite des Rumpfs ausgestattet – ähnlich wie bei den *H-5* der USAF in Korea – trafen die ersten *Dragonfly* der RAF im April 1950 in Malaya ein und bildeten einen Verwundeten-Rettungs-Schwarm für Rettungsaufgaben über dem Dschungel. Typisch für die Aktivität dieser Formation in den folgenden drei Jahren ist ein Einsatz aus dem Jahr 1952: eine einsitzige *Dragonfly* mit Fligth Lieutenant J. R. Dowling am Steuer hat eine ganze Patrouille Cameronier, 17 Mann plus 1 gefangengenommenen Terroristen, aus einer kleinen Dschungellichtung herausgeholt. Die Soldaten litten sämtlich unter Erschöpfung und Krankheiten, nachdem sie 29 Tage in einem Sumpfgebiet zugebracht hatten. Es hätte zwei Wochen gedauert, bis man ihnen auf dem Boden hätte zu Hilfe kommen können.

Am 1. Februar 1953 wurde diese *Casevac Fligth* zur Staffel No 194 erweitert. Dies war die erste Hubschrauber-Staffel der RAF. Gegen Ende November 1954 hatten die Hubschrauber in über 6000 Einsatzflügen 675 Verwundete aus dem Dschungel evakuiert und 4000 Passagiere und mehr als 40 Tonnen Nachschub transportiert. Im Herbst 1954 erhielten die *Dragonfly* Verstärkung durch *Bristol Sycamore,* die dann zur Standardausrüstung der Staffel wurden, als die *Dragonfly* im Juni 1956 von der britischen Fernost-Luftflotte abgezogen wurden.

1954 traf eine zweite Hubschrauber-Staffel der RAF in Malaya ein: die No 155, die mit *Westland Whirlwind HAR-4* (der Lizenzausführung der *Sikorsky S-55)* ausgestattet war. Es war die zweite Whirlwind-Einheit, die gegen die Terroristen zum Einsatz kam; die erste war die No. 848 der Marine-Luftwaffe gewesen, die schon über ein Jahr in Malaya eingesetzt war, als die No 155 erschien.

Die Staffel No 848 war Ende 1952 aufgestellt und mit *Sikorsky S-55* unter dem gegenseitigen Verteidigungs-Unterstützungsprogramm ausgestattet worden. Die Staffel wurde nach Malaya geworfen, wo sie am 24. Januar 1953 einsatzfähig erklärt wurde. Obwohl die *S-55* eine Vielfalt von Aufgaben übernahmen, bestand ihr Hauptauftrag doch im Transport von Truppen ins Einsatzgebiet und in der Sicherstellung der Versorgung der Terroristenbekämpfungs-Patrouille im Dschungel aus der Luft. Viele dieser Einsätze wurden bis zur Reichweitengrenze vom Stützpunkt der Staffel in Sembawang aus durchgeführt. Die Hubschrauber mußten dabei Reservesprit in 20-l-Kanistern mitnehmen. 1953 haben die zwölf Hubschrauber der Staffel No. 848 über 10000 Mann transportiert und 220 Verwundete ausgeflogen sowie etwa 100 Tonnen Material umgesetzt. Zu den Sonderaufgaben gehörte z. B. das Absetzen von Spürhunden für Dschungelpatrouillen, das Abwerfen von Flugblättern, allgemeine Nahaufklärung und der Aufbau von befestigten Stellungen im Dschungel, um die Eingeborenen vor kommunistischer Beherrschung zu schützen. Die S-55 brachten es auf insgesamt 3500 Flugstunden während eines Jahres; der Klarstand der Maschinen belief sich in den ersten zehn Monaten auf 79,6%. Die Staffel mußte keinen Einsatz absagen, weil eine Maschine unklar gewesen war. Dies war eine bemerkenswerte Leistung – besonders wenn man bedenkt, daß der überstürzte Aufbruch von England den Besatzungen wie dem Bodenpersonal kaum Zeit für eine gründliche Ausbildung gelassen hatte; und die Flugerfahrung war beim Eintreffen in Malaya noch sehr bescheiden.

Die S-55 wurde nach demselben gegenseitigen Verteidigungs-Unterstützungsprogramm 1953 auch an die französischen Streitkräfte geliefert, und auch dort wurde der Lizenzbau – wie in England – vorbereitet. Die Franzosen brauchten allerdings mehr Zeit als die Amerikaner und die Engländer, um die Vorteile des Hubschraubers auszuloten, und dies obwohl Fluggeräte dieser Art im vom Krieg zerrissenen Indochina dringend benötigt wurden. Nur eine Handvoll S-55 hatte die französische Expeditionsstreitkräfte dort erreicht, als der Krieg mit dem *Viet Minh* voll ausbrach. Obwohl diese wenigen Hubschrauber bei der Unterstützung der Bodentruppen ausgezeichnete Dienste leisteten – hauptsächlich bei Dienbienphu, wo sie gegen Ende das einzige Fluggerät darstellten, mit dem Verwundete noch aus der eingeschlossenen französischen Dschungelfestung ausgeflogen werden konnten, nachdem der kleine Flugplatz durch Artilleriebeschuß unbrauchbar geworden war – standen sie nicht in genügender Zahl zur Verfügung, um eine entscheidende Rolle zu spielen. Hätten die Franzosen bei Dienbienphu Kampfhubschrauber gehabt (mit der Möglichkeit, Kommandotrupps hinter den feindlichen Linien abzusetzen), dann wäre diese Schlacht und mit ihr die ganze Geschichte dieser unglücklichen Ecke Südostasiens möglicherweise ganz anders ausgegangen.

Das Echo des Kriegs in Indochina war kaum verhallt, als sich die Franzosen im November 1954 erneut in einen Guerrillakrieg verwickelt sahen, dieses Mal in Algerien unter der heißen Sonne Nordafrikas. Hier allerdings wurde der Hubschrauber gleich von Anfang an zum Angriff eingesetzt. In dem schwierigen Berggebiet – wo trügerische Luftströmungen wie auch Heckenschützen das Absetzen von Fallschirmjägern aus Flugzeugen zu einer mehr als riskanten Sache machten – haben die Transporthubschrauber *S-55* ihre idealen Einsatzmöglichkeiten gefunden. Und dies obwohl die extremen Auswirkungen von Klima und Höhe bedeuteten, daß jeder Hubschrauber gegenüber normalerweise zehn nur fünf Mann mit Ausrüstung befördern konnte. *Bell 47* Hubschrauber wurden zur Nahaufklärung sowie als Rettungs- und Verbindungshubschrauber eingesetzt. Daneben fand eine kleinere Zahl von *Piasecki HRO-1 Rescuer* der französischen Marine wenn nötig Verwendung im Einsatz zusammen mit den Bodenstreitkräften. Im späteren Verlauf dieses Feldzugs erhielt die französische *Aviation Légère de L'Armée de Terre* die größeren und leistungsfähigeren *Vertol H-21C* (von denen 98 geliefert wurden) und außerdem eine Anzahl *Sikorsky S-58*.

Im November 1956, als die Hubschrauber der französischen Armee mit der nie endenden Suche nach Terroristen in den Bergen und Wadis Algeriens beschäftigt waren, fand die erste von Hubschraubern getragene Invasion der Geschichte statt, als anglo-französische Streitkräfte auf Schlüsselpositionen des Suezkanals niedergingen. Am 5. November haben britische und französische Fallschirmjäger – aus konventionellen Flugzeugen abgesetzt – die Außenbezirke von Port Said und Port Fuad eingenommen. Am folgenden Tag landeten Kommandos der britischen Marine nach intensiver Bombardierung des Strands aus der Luft bzw. Beschießung von See her und bildeten gegen heftigen Widerstand einen Landekopf.

In diesem Augenblick griffen die Hubschrauber ein. Zwei Hubschrauber-Einheiten waren mit der Invasionsflotte eingetroffen: die Staffel No 848 der englischen Marineluftwaffe mit *Whirlwind 22* auf dem Flugzeugträger *Theseus* und die Vereinigte Hubschrauber-Versuchseinheit an Bord des Flugzeugträgers *Ocean*. Mit einer Mischung aus *Whirlwind* und *Syca-*

more ausgestattet, war die letztere eine Organisation aller drei Wehrmachtsteile, die einige Zeit früher auf dem RAF-Flugplatz Middle Wallop aufgestellt worden war, um Hubschrauber-Techniken und -Anwendungen zu erproben. Als Trost für die Soldaten, die mit diesen Hubschraubern in den Einsatz gehen sollten, wurde das »Experimental« aus der Bezeichnung des Verbands für die Dauer der Suez-Operation gestrichen.

Sobald die Fallschirmjäger am 5. November den Flugplatz Gamil in ihre Hand gebracht hatten, flogen die Hubschrauber Nachschub in die Kampfzone und brachten auf dem Rückweg Verwundete auf die Flugzeugträger, die 13 km vor der Küste vor Anker lagen. Am nächsten Tag mußten die Hubschrauberbesatzungen ein noch ehrgeizigeres Projekt durchführen: 500 Mann vom Royal Marine Commando No 45 in einem Gebiet absetzen, in dem immer noch gekämpft wurde.

Da die *Whirlwind* der Navy sieben Mann und die kleineren *Sycamore* nur drei Mann aufnehmen konnten, verlangte diese Operation eine ganze Menge fliegerischen Einsatz. Um ja keinen Zentimeter verfügbaren Platz zu verschwenden, hielten die Männer Granatwerfermunition im Schoß, saßen in unbequemer Haltung auf dem Metallboden oder hielten sich krampfhaft an Streben fest, als die Hubschrauber in niedriger Höhe über dem Wasser auf die Einsatzziele zu klapperten. Dieser »Pendelverkehr« ging den ganzen Tag hindurch weiter, während die Jagdbomber oben kreisten und Deckung flogen, bis die Hubschrauber ihre Ladung abgesetzt und den Rückflug mit Verwundeten angetreten hatten. Die Schnelligkeit und Tüchtigkeit, mit der diese Operation durchgeführt wurde, kann daran gemessen werden, daß der erste verwundete Marineinfanterist bereits 45 Minuten nach seiner Verwundung im Operationsraum des Trägers Ocean auf dem Operationstisch lag.

Wenn die Anglo-französische Intervention am Suezkanal als politisches Mittel auch ein Fehlschlag war – als militärisches Unternehmen war sie ein Erfolg. Was die englische Marine anbetraf, so hatte der erfolgreiche Einsatz der Hubschrauber

Einsatzkommandos werden zur Bekämpfung indonesischer Terroristen in Nord-Borneo aus einem Westland Whirlwind Hubschrauber abgeseilt.

Wessex Hubschrauber auf dem Hubschrauberkommandoträger HMS Albion beim Warmlaufenlassen der Motoren

Ein Wessex Hubschrauber beim Lufttransport einer mittleren Pak – ein Beispiel für die vielfältigen Aufgaben bei der Gefechtsfeldunterstützung

Der „fliegende Kran" der US Army, ein Sikorsky CH-54A Hubschrauber

Der „dufte grüne Riese" – in Vietnam zu Ruhm gekommen: Sikorsky HH-3 Rettungshubschrauber

Ein Bell UH-1 Hubschrauber stellt Gefechtsfeldunterstützung und Nahaufklärung bei einem Angriffsmanöver der 11. LL-Sturmdivision sicher

Eine Bell HueyCobra feuert 72 mm Raketen ab. Dieser Kampfhubschrauber kann insgesamt 76 Raketen an Außenstationen mitführen.

bei Transport und Versorgung des Kommandos 45 bei amphibischen Unternehmen eine völlig neue Dimension in die Unterstützung aus der Luft gebracht. Und die Erfahrung aus dem Suez-Unternehmen hat die kommende Drehflügler-Konzeption der Navy weitgehend beeinflußt – mit der Schaffung des »Commando Carrier« und dessen Fähigkeit, eine mit Hubschraubern ausgerüstete Sturmtruppe mit hoher Geschwindigkeit an jede beliebige Stelle der Erde zu transportieren.

Wie wirksam eine solche Kombination von Flugzeugträger und Kampfhubschrauber sein kann, wurde mehr als einmal in den unruhigen Jahren nach Suez, in fernöstlichen Gewässern und im Persischen Golf auf dramatische Weise demonstriert.

Auf den Stufen
zur Vollkommenheit

Für britische Luftfahrtenthusiasten war 1958 ein gutes Jahr. Die Luftfahrtschau in Farnborough schien dieses Mal über jeden Zweifel hinaus darzulegen, daß britische Flugzeugkonstrukteure und Produzenten der Herausforderung der sechziger Jahre wohlgerüstet begegnen konnten. Die große Schau war eine willkommene Aufmunterung, denn das Weißbuch zum Thema Verteidigung hatte nach seinem Erscheinen im Vorjahr mit der Bevorzugung der Entwicklung von Raketenwaffen vor bemannten Flugzeugen und der sich daraus ergebenden Streichung einiger vielversprechender Projekte einen gewaltigen Kater hinterlassen.

Farnborough 1958 war in einer Hinsicht bedeutsam: zum ersten Mal wurden mehr Drehflügler als konventionelle Flugzeuge präsentiert. Unter den rein britischen Hubschraubern, die der Öffentlichkeit neu vorgestellt wurden, befanden sich drei »Schwergewichte« – die *Bristol 192*, die *Westland Westminster* und die *Fairey Rotodyne*. Die *Bristol 192* – der größte Militärhubschrauber, der bis dahin in Europa entwickelt wurde – befand sich mit den zwei *Napier Gazelle* Wellenturbinen bereits in Serienproduktion für die RAF. Der Typ wurde zwei Jahre später unter der Bezeichnung *Belvedere* in Dienst gestellt. Die *Westland Westminster* war ein Prototyp; dieser größte konventionelle britische Hubschrauber wurde von zwei *Napier Eland* Turboprop-Triebwerken angetrieben und war als fliegender Kran ausgelegt, der beträchtliche Lasten heben konnte. Mit Ausnahme des Rotorsystems und der Steuerorgane (die von der *Sikorsky S-56* stammten) war die

Westminster eine britische Konstruktion, die in weniger als acht Monaten konstruiert und gebaut wurde. Sie stelle ein beachtliches Abgehen von der bisherigen Firmenpolitik bei Westland dar, die sich auf den reinen Lizenzbau von Sikorsky-Hubschraubern festgelegt hatte.
Das größte Interesse fand jedoch die *Rotodyne,* die mit Geschwindigkeiten bis zu 290 km/h vorgeflogen wurde – das war fast 40 km/h schneller als der bestehende Hubschrauberrekord, der von einer amerikanischen Maschine gehalten wurde. Die Menge konnte verfolgen, wie die *Rotodyne* mit Blattspitzen-Düsenantrieb senkrecht startete, bis in etwa 300 m Höhe die beiden *Napier Eland* Turboprop-Triebwerke anliefen, während gleichzeitig der Blattspitzenantrieb ausgeschaltet wurde. Das Flugzeug flog nun als Autogiro, also als Tragschrauber, wurde von dem wirbelnden Rotor und den beiden Stummelflügeln getragen und von den beiden Propellern angetrieben. Am Ende des Vorführungsflugs verwandelte es sich dann wieder in einen Hubschrauber, indem der Blattspitzenantrieb wieder gezündet wurde, um eine Senkrechtlandung zu ermöglichen.
Vier Monate später krönte die *Rotodyne* ihr Debut vor der Öffentlichkeit mit donnerndem Erfolg. Als Squadron Leader W. R. Gellatly und Lieutenant-Commander J. G. P. Morton am Steuer am 5. Januar 1959 einen neuen Weltrekord in der FAI-Klasse E.2 (Wandelflugzeuge) aufstellten: 100 km in geschlossener Strecke mit einer Durchschnittsgeschwindigkeit von 305,44 km/h. Damit übertrafen sie ihren bisherigen Rekord um 79 km/h und den bestehenden Weltrekord um 46,4 km/h.
Dieser Flug fand noch in einer Zeit statt, als die *Rotodyne* gute Zukunftsaussichten hatte. Das Fluggerät bewährte sich in der Erprobung; alles was noch fehlte, war eine Empfehlung der Regierung an die BEA, BOAC oder die RAF, die Maschine zu kaufen. Die Produktion wäre dann – vom Steuerzahler finanziert – angelaufen.
Als Westland 1960 die Firma Fairey Aviation übernahm, war die Zukunft immer noch vielversprechend – so vielversprechend, daß Westland das eigene Projekt *Westminster* zugun-

sten der *Rotodyne* aufgab und eine größere Version entwikkelte. Mit Hilfe von 4 Millionen Pfund Sterling, die die Regierung in das Vorhaben investierte. Die neue Variante *Rotodyne Z* sollte 75 Passagiere oder rund 8 Tonnen Fracht befördern können. Zwei *Rolls Royce Tyne* Turboprop-Triebwerke von 5520 PS Wellenvergleichsleistung sollten der Maschine eine Reisegeschwindigkeit von 370/h verleihen.

Im gleichen Jahr gab die BEA bekannt, sie werde eine Order für 6 *Rotodyne* plazieren. Die *NewYork Airways* sprachen von der Absicht, fünf solche Maschinen zu ordern. Beide Gesellschaften erwarben Optionen für den Kauf weiterer Maschinen, um ihre *Rotodyne*-Flotte auf 20 Flugzeuge zu bringen. Zwei andere Gesellschaften aus Übersee (die eine war *Okanagan* aus Kanada), die bereits 1958 eine Bestellung auf eine Maschine aufgegeben hatten, und *Indies Air* von Puerto Rico zeigten ebenfalls Interesse an dem neuen Typ. Auch die RAF wurde in das Geschäft hineingezogen, so daß gegen Ende 1960 Westland aufgefordert wurde, 12 *Rotodyne* für den Einsatz als Militärtransporter aufzulegen — zusätzlich zu den sechs, von denen die BEA vorgab, daß sie sie benötige.

Ob die BEA jemals die wirkliche Absicht gehabt hat, die *Rotodyne* fest in Auftrag zu geben oder nicht, kann nur vermutet werden, auch wenn die Propagandamaschine der Luftfahrtgesellschaft enthusiastische Angaben darüber machte, was alles mit dieser Maschine möglich sein werde, wenn sie erst in den Dienst gestellt sei. Alles was man mit Sicherheit sagen kann, ist: daß die BEA auf dem Höhepunkt der *Rotodyne*-Affäre bereits zum Ausdruck brachte, sie ziehe amerikanische Hubschrauber für die Aufgabe vor, die der *Rotodyne* zugeschrieben war — nämlich Intercity-Verkehr.

Die BEA verlor jedenfalls keine Zeit, als die RAF bekanntgab, sie werde die *Rotodyne* nicht fest bestellen. Sie tat dies hauptsächlich in dem Glauben, daß sie ohne den RAF-Auftrag einen wesentlich größeren Anteil an den Entwicklungskosten der Maschine hätte übernehmen müssen. Bis Februar 1962 hatte das Projekt *Rotodyne* so um die 10 Millionen Pfund Sterling geschluckt. Das Geld war zum Fenster hinausgeworfen, denn am 26. Februar gab der Luftfahrtminister

Thorneycroft bekannt, daß das Projekt keine Förderung mehr durch die Regierung zu erwarten habe. An welchem Punkt der Entwicklung es anfing, mit dem Projekt *Rotodyne* bergab zu gehen - und die letzte Chance einer britischen Konstruktion auf aussichtsreichen Wettbewerb mit der amerikanischen Hubschrauberindustrie und die Aussichten auf einen Marktanteil zu begraben — ist nicht sicher. Es gibt Anzeichen dafür, daß keine der Gesellschaften, die sich als Interessenten ausgaben, wirklich an das Ding geglaubt hat. Und das von Anfang an. Das Gleiche gilt für die Öffentlichkeit, sieht man einmal von der Begeisterungswelle nach den ersten Vorführungen ab. Die *Rotodyne* funktionierte gut und erfüllte alles, was von ihr verlangt wurde. Aber niemand konnte ableugnen, daß sie blitzhäßlich war – und die Briten bauen ja schon aus Tradition keine häßlichen Flugzeuge. Und dann war da natürlich auch die Frage des spektakulären Lärms, das dieses Flugzeug erzeugte – ein Faktor, der sofort von der Boulevardpresse aufgegriffen und über alle Maßen aufgeblasen wurde.
Es stimmt natürlich, daß die kleinen Staustrahltriebwerke, die den Blattspitzenantrieb bewerkstelligten, bei Start und Landung ein Lärmproblem darstellten. Aber bis zu dem Zeitpunkt, wo dann das ganze Projekt fallengelassen wurde, hatte man schon viel erreicht, um diesen Lärm zu reduzieren. Die Forschungsergebnisse zeigte auch, daß die Lärmabstrahlung von dem Blattspitzenantrieb mehr nach außen als nach unten oder oben erfolgte. Wenn also die *Rotodyne* von speziellen Landeplattformen auf dem Dach hoher Häuser eingesetzt worden wäre, dann wäre der Lärm fächerartig über die Köpfe der Bewohner hinweggegangen und kaum wahrgenommen worden. Der Haken war nur, daß man selbst in der Endphase der Entwicklung gar nicht an hochgelegene Start- und Landeflächen dachte. So hat deren Fehlen die *Rotodyne* – auf die Benutzung bestehender Flugplätze angewiesen – ihres Hauptvorteils beraubt, nämlich des Zeitgewinns beim Flug direkt von Stadtzentrum zu Stadtzentrum.
So ist das *Rotodyne*-Projekt gestorben – eine brillante und neuartige Idee, deren schwacher Punkt eben darin lag, daß

sie nicht ohne weiteres an ihre Umgebung angepaßt werden konnte, in der sie einmal funktionieren sollte. Nachdem der Bedarf der britischen wie auch der anderen Zivil- und Militärstellen an Hubschraubern in der Hauptsache mit (von Westland) in Lizenz gebauten Sikorsky-Hubschraubern gedeckt wurde, ließ der Untergang der *Rotodyne* nur noch zwei rein britischen Typen Produktionschancen für die sechziger Jahre, nachdem die Serienherstellung der guten alten *Sycamore* 1959 ausgelaufen war. Der eine Typ hieß *Belvedere* und war auch unter den Fittichen von Westland gelandet, nachdem die Hubschrauberproduktion von *Bristol Aircraft* 1960 auf Westland übergegangen war. 30 Maschinen dieses Typs wurden gebaut und bei den RAF-Staffeln No 2, 66 und 72 in Aden, Singapur und in Großbritannien selbst eingesetzt.

Der zweite Typ war die *Wasp,* ein 5 – 6sitziger leichter Hubschrauber. Der Entwurf ging bis ins Jahr 1945 zurück und stammt eigentlich von *Saunders Roe;* er lief zuerst unter der Bezeichnung *P.531*. Die ersten beiden Prototypen mit 325 PS *Turmo* Triebwerken flogen 1958; drei weitere Maschinen folgten und gingen an die britische Marine zur Bewertung. Der ursprüngliche Rumpf wurde dann mit einer 710 PS *Bristol-Siddeley Nimbus* Wellenturbine ausgerüstet und machte als *Wasp Mk.I* im August 1959 den Erstflug. Im September 1960 plazierte die britische Armee eine größere Order für die Liaison- und Aufklärer-Version, die die Bezeichnung *Scout A.H. Mk.I.* erhielt, während die ersten *Wasp* zur U-Bootbekämpfung 1963 an die Marine ausgeliefert wurden. Seither sind *Scout* und *Wasp* nach Jordanien, Uganda, Bahrein, Südafrika, Brasilien, Neuseeland und die Niederlande exportiert worden.

Kaum jemand kann bestreiten, daß die britische Luftfahrtindustrie seit Ende des Zweiten Weltkriegs mehr als ihren Anteil an Schwierigkeiten gehabt hat. Schuld hatten politische Intrigen und Einmischungen verschiedenster Art. Sie war darin jedoch nicht allein. Auf der anderen Seite des Ärmelkanals war die französische Industrie zwanzig Jahre lang mit einer Folge verschiedenster Regierungen und wechselnder Politik konfrontiert. Trotzdem war die französische Luftfahrtindu-

strie 1960 die gesündeste in Europa, gestützt von einer dynamischen Verkaufspolitik, die schnelle Einbrüche in Märkte erzielte, die bisher als ausschließliche Domänen britischen Einflusses gegolten hatten.
Die gesunde Natur der französischen Luftfahrt trat besonders auf dem Hubschraubergebiet hervor, auf dem die *Sud Aviation* eine echte Monopolstellung einnahm. Diese bemerkenswert fortschrittliche Firma war im März 1957 aus der Fusion von *Ouest-Aviation* (SNCASO) und *Sud-Est Aviation* (SNCASE) hervorgegangen, zwei Unternehmen, die in Staatsbesitz überführt worden waren. *Sud-Est* hatte nach dem Zweiten Weltkrieg den ersten rein französischen Hubschrauber hervorgebracht, ein einsitziges Versuchsgerät mit der Bezeichnung *S.E.3101*. Mit einem 85 PS *Mathis* Motor war es im Juni 1948 zum ersten Mal geflogen. Es folgte ein Zweisitzer *S.E.3110* mit einem 200 PS *Salmson* Motor. Aus dieser Maschine wurde dann die *S.E.3120* entwickelt, eine Variante, die ursprünglich für Schädlingsbekämpfung und allgemeine Aufgaben in der Landwirtschaft vorgesehen war.
Als *Alouette* machte der Prototyp *S.E.3120.* seinen Jungfernflug am 31. Juli 1951. Im Juli 1953 erflog der Typ einige FAI-Hubschrauberrekorde. Eine erstaunliche Leistungssteigerung ergab sich, als man den Kolbenmotor 1955 durch eine *Artouste II* Wellenturbine ersetzte. Dieses Modell flog als *S.E. 3130 Alouette II* im März 1955 und stellte im Juni mit Testpilot J. Boulet am Steuer einen neuen Hubschrauberhöhenrekord mit 10801,1 m auf.
Die *Alouette II* ging 1957 in die Serienfertigung. Bis Mitte 1965 wurden 923 Maschinen ausgeliefert – 363 an die französischen Streitkräfte und der Rest an militärische und zivile Bedarfsträger in 32 Ländern, darunter 267 an die Bundeswehr. Zu den Kunden gehörte auch das britische Army Air Corps, das 17 Maschinen erhielt. Die Produktion läuft immer noch. Ende 1970 verließ die 1200. *Alouette* das Werk. Ein Teil der Produktion wurde mit *Turbomeca Astazou* Wellenturbinen ausgestattet.
Die *Alouette III* war eine fortschrittlichere Entwicklung mit einer größeren Kabine, mehr PS und höheren Leistungen. Die-

ser Typ machte seinen Erstflug im Mai 1957 und ging 1961 in Serie. 1960 demonstrierte die *Alouette III* ihre Möglichkeiten durch eine Serie von Höhenlandungen und Höhenstarts: auf 4734 m mit sieben Mann an Bord, Landung und Start auf dem Montblanc, und im Himalaya in einer Höhe von 5909 m am Doe Tibaa mit zwei Piloten und einer Nutzlast von 250 kg. Das war – und ist bis auf den heutigen Tag – der höchste Landeplatz, den sich ein Hubschrauber ausgesucht hat.

Zusätzlich zur Produktion in Frankreich wird die *Alouette III* in Lizenz auch in Italien und in der Schweiz gebaut.

Ein anderer bemerkenswerter Drehflügler, der von der *Sud Aviation* herausgebracht wurde, war die *S.O. 1221 Djinn,* ein leichter zweisitziger Hubschrauber, der am 16. Dezember 1953 seinen Erstflug machte. Dies war der erste Serienhubschrauber, bei dem das Prinzip des »kalten« Blattspitzenantriebs angewandt wurde. Hierbei wird verdichtete Luft von einer *Turbomeca Palouste* Gasturbine erzeugt und durch die hohlen Rotorblätter an die Blattspitzen geführt und dort durch Düsen ausgeblasen, ohne daß noch einmal eine Verbrennung stattfindet. Der größte Teil der Entwicklungsarbeit wurde von Theodor Laufer getragen, einem der Ingenieure, die auch für die *Doblhoff WNF-342* verantwortlich zeichneten – jenen ersten Hubschrauber der Welt, der mit einem solchen kalten Blattspitzenantrieb ausgerüstet war. Insgesamt wurden 178 *Djinn* hergestellt; 47 davon gingen als Landwirtschaftshubschrauber in 10 Länder.

1957 begann die *Sud Aviation* dann die Arbeit an ihrem ehrgeizigsten Hubschrauberprojekt *S.A. 3200 Frelon.* Durch drei 800 PS *Turmo II B* Wellenturbinen angetrieben und mit einem schwenkbaren Heck ausgestattet, um schwere und sperrige Lasten aufnehmen zu können, lag nun in der Frelon ein schwerer Vielzweckhubschrauber für die französischen Streitkräfte vor, der militärische Aufgaben verschiedenster Art von Erdkampfunterstützung bis U-Bootbekämpfung durchführen konnte. Eine Zivilversion für 30 Passagiere war geplant.

Aus den *Frelon*-Prototypen, deren erster im Juni 1959 zum ersten Mal flog, entwickelte die *Sud Aviation* die *Super Frelon,*

einen der ersten Hubschrauber, die unter einem Programm internationaler Kooperation produziert wurde. Als Folge eines technischen Vertrags, der im Juli 1969 bekannt wurde, sollte Sikorsky bei Entwurf und Konstruktion des Systems Hilfestellung leisten, während Fiat das Getriebe und die Kraftübertragung in Italien bauen sollte. Es wurde die Hoffnung ausgesprochen, daß die *Super Frelon* auch gemeinsam mit der Bundesrepublik Deutschland produziert werden könnte – als Teil einer Abmachung, die auch die Entwicklung und den Bau des mittleren Transportflugzeugs *Transall* und eines französisch-deutschen Kampfpanzers einschloß. Aber dann wurde wegen verschiedener (auch politischer) Schwierigkeiten doch nichts daraus.
Wenn auch die mangelnde deutsche Unterstützung die Zukunft der *Super Frelon* eine Zeit lang unsicher erscheinen ließ, liefen die Entwicklungsarbeiten weiter, und der erste Prototyp flog am 7. Dezember 1962. Im Juli des folgenden Jahres stellte die Maschine einige internationale Hubschrauberrekorde auf, einschließlich eines Geschwindigkeitsrekords von 339,2 km/h über eine 3 km Strecke und von 350,39 km/h über eine 15/25 km Strecke. Im Oktober 1965 plazierte die französische Regierung eine erste Order auf 18 *Super Frelon;* 1970 standen bereits 48 Maschinen auf der Bestelliste – einschließlich 18 für die französische Marine, 16 für die südafrikanische Luftwaffe, 12 für die israelische Luftwaffe, 1 für Olympic Airways und 1 für Kenncott Exploration (australia) Pty. Ltd. Die zuletzt genannte Firma setzte die *Super Frelon* ein, um Bohrinseln auf dem offenen Meer zu versorgen. Mit der *Super Frelon* bewies die *Sud Aviation,* daß internationale Kooperation funktionieren kann. Die Entwicklung dieser Maschine legte das Fundament für Kooperation in noch größerem Maßstab zwischen dem französischen Unternehmen und anderen europäischen Firmen – darunter auch Westland – zum Zweck von Entwurf und Produktion von Hubschraubern.
An anderen Stellen in Europa brachte das Jahr 1950 das Auftreten Italiens als Hubschrauberproduzent. Wie in Frankreich hielt auch hier praktisch eine einzige Firma ein Monopol: die

Costruzione Aeronautiche Giovanni Agusta, die als Tochter der Firma Agusta (Hersteller weltberühmter Flugzeuge und Motorräder) 1952 nach Erwerb der Lizenz für den Nachbau der *Bell 47* in Europa gegründet wurde.
Von diesem bescheidenen Beginn an entwickelte sich Agusta zum größten Hubschrauberproduzenten in Westeuropa – zahlenmäßig. Bei den meisten dort hergestellten Hubschraubern handelte es sich um amerikanische Baumuster. Aber die Firma hat auch eine Reihe eigener Typen herausgebracht und zwar für zivile wie militärische Aufgaben.
Inzwischen hatte der Hubschrauber in den USA gegenüber den *S-51* und *S-55,* die im Koreakrieg ihre Feuertaufe bestanden hatten, einen gewaltigen Schritt nach vorn getan. Die amerikanischen Hersteller haben die in drei Jahren Krieg gemachten Erfahrungen schnell in neue Entwürfe umgesetzt. Dies zeigte sich schon in der *Sikorsky S-56,* einem großen zweimotorigen Transporthubschrauber, der für die *US Marines* gebaut wurde und seinen Erstflug bereits am 18. Dezember 1953 machen konnte. Die Maschine hatte ein maximales Abfluggewicht von 14 061 kg – mehr als das Vierfache der *S-55* – und konnte 36 Mann mit Ausrüstung aufnehmen. Große muschelförmige Türen im Bug schafften Zugang zu der geräumigen Ladefläche. Die *S-56* hatte einen Fünfblatt-Hauptrotor, der so konstruiert war, daß die Maschine auch flugfähig blieb, wenn ein Rotorblatt weggeschossen wurde. Den Antrieb besorgten zwei *Pratt & Whitney R-2800* Motoren, die an Stummelflächen zu beiden Seiten des Rumpfs montiert waren.
Die US Marines erhielten 60 *S-56* unter der Bezeichnung *HR2S-1* und die US Army 94 Maschinen unter der Typenbezeichnung *H-37 Mojave.* 1956 stellte dieser Hubschrauber einen neuen Geschwindigkeitsrekord mit 260,32 km/h und zwei Höhenrekorde mit Nutzlasten auf.
Der nächste Sikorsky-Typ war die *S-58,* die ihren Erstflug am 8. März 1954 absolvierte. Sie sollte die *S-55* ablösen und erwarb sich bald den Ruf eines der besten Hubschrauber überhaupt. Zwischen der Auslieferung der ersten Serienmaschine im September 1954 und dem Auslaufen der Serienproduktion

im Januar 1970 verließen 1821 *S-58* das Werk und wurden an militärische und zivile Kunden auf der ganzen Welt geliefert. Dieser Hubschrauber wurde außerdem in Frankreich durch *Sud Aviation* und in England durch Westland in Lizenz nachgebaut. Die britische Variante – *Wessex* – hatte anstelle der Original-Kolbenmotoren eine *Napier Gazelle* Wellenturbine. Die *Wessex* wurde bei der britischen Marine als U-Bootjäger sowie als Kampfhubschrauber eingesetzt, bei der RAF als Transporter, Ambulanz und Mädchen für alles.

Die *Westland Wessex* mit Schaftturbine war ein wichtiger Schritt vorwärts in der Hubschrauberentwicklung. Sie folgte auf eine Serie von Versuchen mit Gasturbinen, die Sikorsky-Ingenieure mit der *S-58* durchgeführt hatten. Wenn auch alle Sikorsky-Serienhubschrauber 1957 zur Zeit der britischen Umrüstung immer noch durchweg mit Kolbenmotoren ausgerüstet wurden, hatten die Konstrukteure von Sikorsky die Möglichkeiten des Antriebs durch Gasturbinen schon in den vierziger Jahren untersucht. 1952 war ein Versuchsgerät in Form einer *YH-18 B* (eine Modifikation der zweisitzigen *S-52) mit einer Turbomeca Artouste II* gebaut worden.

Die *YH-18B*, die am 24. Juli 1953 zum ersten Mal flog, wurde dann in die *S-59* mit *Artouste* als Antrieb weiterentwickelt. Am 26. August 1954 stellte diese Maschine mit 249,6 km/h einen Weltgeschwindigkeitsrekord für Hubschrauber, und am 17. Oktober desselben Jahres einen Höhenrekord von 7356,6 m auf. Nach der mit diesem Typ gewonnenen Erfahrung rüstete Sikorsky 1957 eine *S-58* mit zwei *General Electric T-58* Wellenturbinen aus und führte zwei Jahre lang Versuche mit dieser Maschine durch.

Der erste Sikorsky-Hubschrauber der neuen Generation der turbomotorisierten Hubschrauber war die *S-62,* die am 14. Mai 1958 mit einer einzigen *T-58* ihren Erstflug machte. Die *S-62* mit ihrem flugbootähnlichen Rumpf war ein »omniphibischer« Hubschrauber, der von trockenem Land, Wasser, Schnee, Eis, Schlamm, Tundra oder jedem nur denkbaren Untergrund aus operieren konnte. Der erste Kunde war 1960 die Firma *Petroleum Helicopters Inc.;* es folgte die *California Company* und die *Humble Oil and Refining Co.* Diese Gesellschaften setzten die sS-62 ein, um Personal und Ausrüstung zwischen der Küste und Bohrplattformen 160 km weit im Golf von Mexiko draußen zu transportieren. Im gleichen Jahr begannen die San Francisco-Oakland Airlines als erste nichtsubventionierte Hubschraubergesellschaft in den USA mit einer Flotte von vier S-62; 1962 wählte die US Coast Guard diesen Typ, um ihre älteren S-55 mit Kolbenmotor zu ersetzen. Anfang 1970 hatten verschiedene Gesellschaften mehr als 150 S-62 bestellt; darunter die Coast Guard allein 99 HH-52A, wie der Typ dort benannt wurde.

Dem Prototyp S-62 folgten innerhalb von 11 Monaten zwei weitere Hubschrauber von Sikorksky. Der eine war die SH-3A, ein mittlerer amphibischer Hubschrauber, der – von zwei Wellenturbinen angetrieben – seinen Erstflug am 11. März 1959 machte. Er wurde der erste Allwetter-Hubschrauber der US Navy und der erste Drehflügler, der sowohl zur Aufspürung als auch zur Vernichtung von U-Booten bestimmt war. Bis Februar 1962 holte sich der Typ SH-3A alle fünf wesentlichen Hubschrauber-Geschwindigkeitsrekorde mit 336,96 km/h über einen 19-km-Kurs, 318,416 km/h über 3 km, 292,48 km/h über 100 km, 287,20 km/h über 500 km und 280,48 km/h über 1000 km Strecke.

Eine Zivilversion der Maschine, die S-61L für 28 Passagiere, nahm bei den Los Angeles Airways Anfang 1962 den planmäßigen Flugdienst auf, nur ein paar Monate nachdem der erste mit zwei Wellenturbinen ausgerüstete Hubschrauber das Zertifikat der FAA für den Passagierverkehr erhalten hatte. Später erhielt dieser Typ die Zulassung als erster Passagierhubschrauber für Allwettereinsatz, während eine andere Variante – die S-61N – für amphibischen Passagierverkehr zugelassen wurde.

1965 stand die S-61 in Australien, England, Grönland, Japan und Pakistan wie auch in den USA im planmäßigen Passagierdienst.

1967 nahm Westland Helicopters den Lizenzbau der SH-3D Version für die britische und die westdeutsche Marine unter der Bezeichnung Sea King HAS Mk.I auf; der Hubschrauber wird auch von Agusta für die italienische Marine gebaut.

Am 25. März 1959 – nur zwei Wochen, nachdem die *SH-3A* ihren Jungfernflug gemacht hatte – hob ein anderer Sikorsky-Hubschrauber, *S-60 Skycrane,* zum ersten Mal vom Boden ab. Aus der *S-56* entwickelt, wies die *S-60* viele Bauteile dieses Musters auf. Die Maschine war als Versuchsgerät gebaut worden, um das Konzept eines »fliegenden Krans« zu erproben und zu demonstrieren. Die Serienversion erhielt die Bezeichnung *S-64,* wurde durch zwei *Pratt & Whitney JFTD-12A-1* Wellenturbinen angetrieben und für Lasten bis zu 10 Tonnen ausgelegt. Der Erstflug fand am 9. Mai 1962 statt. Der erste Prototyp wurde der US Army zu Erprobungs- und Vorführungsflügen übergeben. Der zweite und dritte Prototyp gingen zu Truppenversuchen an die deutsche Bundeswehr.

Die Auslieferung an die US Army begann im Jahr 1964. Unter der Bezeichnung *CH-54A* wurden die ersten *Skycrane* der 478. Flieger-Kompanie der US Army zugeteilt und nach Vietnam entsandt, um die 11. Luftlande-Sturm-Division zu unterstützen, die im Sommer 1965 in die 1. Kavallerie-Division (luftbeweglich) umorganisiert wurde. Im April 1965 stellte eine *CH-54A* mit Major T. J. Clark, dem Chef der 478., und Warrant Officer U. V. Brown am Steuer drei internationale Rekorde auf: 6412,2 m Höhe mit einer Nutzlast von 5 Tonnen, 8622,9 m Höhe mit 2 Tonnen Nutzlast und 8802,0 m Höhe mit 1 Tonne Nutzlast.

Am 29. April transportierte eine *CH-54A* der 478. Kompanie 90 Mann, dabei 87 Mann mit voller Ausrüstung in einer besonderen Kabine, die in der Rumpfaussparung mitgeführt wurde. Andere Lasten, die von *Skycrane* Hubschraubern in Vietnam befördert wurden, bestanden in Planierraupen und Straßenbaumaschinen mit Gewichten bis zu 7875 kg, gepanzerte Fahrzeuge mit Gewichten von 9 Tonnen und eine erstaunliche Vielfalt von schwerer Ausrüstung.

Bis Anfang 1970 hatten die riesigen Schwerlasthubschrauber mehr als 380 abgestürzte Flugzeuge von unzugänglichen Absturzstellen geborgen und dem amerikanischen Steuerzahler schätzungsweise 210 000 000 Dollar erspart.

Die *CH-54A* der US Army waren mit einer besonderen Kabine ausgestattet, die die Fa. Sikorsky entwickelt hatte. Diese containerartigen Großbehälter waren mit kleinen Rädern ausgestattet, um die Beweglichkeit auf dem Boden zu erleichtern. Sie sind vermutlich zu vielerlei Aufgaben herangezogen worden, einschließlich (ausgebaut) als transportierbarer chirurgischer Operarionssaal oder als Gefechtsstand.

Der Pilot einer *CH-54A* kann das Ankoppeln einer solchen Kabine einfach dadurch überwachen, daß er seinen Sitz so herumschwenkt, daß er nach hinten schaut; er kann diese Position auch einnehmen, wenn er mit dem Hubschrauber rückwärts fliegen will.

Eine Passagierkabine für die Zivilluftfahrt wurde 1967 von der *Budd Company* entwickelt. Sie trug die Bezeichnung *Skylounge* und konnte 23 Passagiere aufnehmen. Auftraggeber war das Los Angeles Department of Airports, das darin ein Schnelltransportmittel zwischen City und Flughafen sah. Auf dem Boden konnte diese Kabine durch die verschiedensten Zugmittel bewegt werden, so daß Passagiere also an bestimmten Punkten »eingesammelt« und zum Hubschrauberlandeplatz gebracht werden konnten, wo sie von einem *Skycrane* aufgenommen und zum Flugplatz geflogen und dort zu ihrem wartendem Flugzeug geschleppt wurden – alles, ohne auch nur einmal umsteigen zu müssen.

Im Februar 1968 erhielt Sikorsky einen Auftrag für zwei zivile Versionen der *S-64 Skycrane* – *S-64E* – von der *Rowan Drilling Company Inc.* in Huston, Texas. 1969 ausgeliefert, wurden die beiden Hubschrauber von einer Tochterfirma, der *Rowan Air Cranes Inc.*, seither bei der Suche nach Ölvorkommen und bei Ölbohrungen in Alaska eingesetzt.

Im August 1962 wurde bekanntgegeben, daß die Firma Sikorsky ausgewählt worden war, um einen schweren Kampfhubschrauber für die US Marine zu bauen. Dieser erhielt die Bezeichnung *CH-53A*. Er konnte Kampfeinsätze durchführen oder 4 Tonnen Nutzlast oder 60 Mann mit voller Ausrüstung befördern. Mit zwei *General Electric* Wellenturbinen als Antrieb flog dieser Hubschrauber am 14. Oktober 1964 zum ersten Mal. Die Auslieferung der Serienmaschinen begann

Mitte 1966. Für Einsätze bei jedem Wetter und an jedem denkbaren Platz auf der Erde konstruiert, kann dieser Hubschrauber z.B. folgende Lasten aufnehmen: 2 Jeeps, oder 2 *Hawk* Boden-Luft-Lenkwaffen und ihre Steuergeräte, oder eine 105-mm-Feldhaubitze. Die US Marines flogen diesen Typ einsatzmäßig in Vietnam seit 1967, während die USAF ihre eigene Version – *HH-53B* – für die Bergung von Raumkapseln und Astronauten einsetzte. Die *CH-53* steht auch bei der deutschen Bundesmarine im Dienst, und eine weitere Version wurde durch die österreichische Luftwaffe für Rettungseinsätze in den Bergen bestellt.

Ebenfalls 1962 wählte die USAF die Firma Sikorsky für die Produktion einer Transportversion der *SH-3A* der US Navy aus. Die Firmenbezeichnung war *S-61R;* bei der USAF hieß dieser Typ *CH-3C* und unterschied sich beträchtlich von der Standard *SH-3A* durch eine zusätzliche Türe für Lasten und eine Laderampe am Heck der Kabine. Die erste *S-61R* flog am 17. Juni 1963 zum ersten Mal. Die Auslieferung der ersten einsatzfähigen Maschine geschah im Dezember. Im Januar 1966 konnten Versuche zur Betankung in der Luft durch eine *CH-3C* in Cherry Point erfolgreich abgeschlossen werden. Zehn Kontakte wurden durchgeführt, bei denen das übliche Verfahren mit einem Tankflugzeug *KC-130F* Anwendung fand. Im folgenden Jahr haben am 31. März zwei *HH-3E* – die Version des Raumfahrt-Rettungs- und Bergungsdienstes der USAF – die erste nonstop-Überquerung des Atlantiks auf dem Weg zum Pariser Luftfahrt-Salon durchgeführt und dabei 6832 km in 30 Stunden 46 Minuten bei neunmaligem Auftanken in der Luft zurückgelegt.

Während Sikorsky unangefochten die Führung auf dem Gebiet des mittleren und des schweren Hubschraubers innehat – zumindest in der westlichen Welt – hat ein anderer amerikanischer Konzern sich in den letzten 25 Jahren einen genauso unbestrittenen Ruf bei Entwurf und Produktion von Mehrzweckhubschraubern erworben. Bis Ende 1969 hat Bell 13000 Serienhubschrauber ausgeliefert und darunter befanden sich mehr Zivilhubschrauber, als alle amerikanischen Hersteller zusammen produziert hatten.

1955, nach dem Erfolg des bemerkenswerten kleinen Typs 47, gewann ein anderer Bell-Hubschrauber – Typ 204 – eine Wettbewerbsausschreibung der US Army für einen Mehrzweckhubschrauber, der eine Reihe von Aufgaben, darunter Verwundetenevakuierung vom Kampffeld sowie Ausbildung übernehmen sollte. Die erste *Bell 204* flog am 20. Oktober 1956; die Auslieferung der Serienproduktion – unter der Bezeichnung *UH-1 Iroquois* – begann im Juni 1959. Es handelte sich um eine sechssitzige Maschine, die von einer *Lycoming* Wellenturbine angetrieben wurde. Mehr als 700 *UH-1* wurden hergestellt, bevor die Serienproduktion im Jahr 1961 auslief. Der *UH-1* folgte die größere *UH-1D* oder *Bell 205,* von der bis Ende 1966 insgesamt 3000 Bestellungen eingingen. Die *UH-1D* konnte 14 Mann oder 6 Tragbahren aufnehmen und kam in Vietnam fast überall zum Einsatz, und zwar in größeren Zahlen, als irgendein anderer Hubschraubertyp. Einige Verwendungsbeispiele werden in Kapitel X aufgeführt. Außer in den USA ist die *Iroquois* auch in Japan und Italien unter Lizenz nachgebaut worden.

Aus der *Iroquois* entwickelte Bell den Typ 209 *Huey Cobra,* eine Maschine, die das Rotorsystem der *UH-1* mit einem stromlinienförmigen Rumpf kombinierte. Die *Huey Cobra,* bei der US Army als *AH-1* geführt, verfügt über eine schwere Bewaffnung mit MG's und Raketen und hat sich als eine der tödlichsten Waffen erwiesen, die die Amerikaner in Vietnam eingesetzt haben. Eine Variante mit zwei Turbinen, die *Sea Cobra,* wird für das US Marine Corps gebaut.

Ein anderer bewährter Bell Hubschrauber ist der Typ 206 *Jet Ranger,* der ursprünglich als Wettbewerbsentwurf für einen leichten Beobachtungshubschrauber der US Army entstanden war. Der *Jet Ranger,* der drei Passagiere aufnehmen kann, machte seinen Erstflug im Januar 1966; bis Ende 1968 waren 360 Maschinen an Luftfahrtgesellschaften in Nordamerika, Europa und Australien ausgeliefert. Als der Wettbewerb 1968 erneut ausgeschrieben wurde, erhielt die *Bell 206 Jet Ranger* den Zuschlag. Als erste von 2200 geplanten Maschinen wurde eine *OH-58A Kiowa,* wie sie bei der US Army heißen sollte, im Mai 1969 ausgeliefert.

Zu den größten amerikanischen Hubschrauberproduzenten gehört auch die *Kaman Corporation,* die 1959 mit dem Bau des schnellen Langstreckenhubschraubers *UH-2 Seasprite* für die US Navy begann. Die ersten *Seasprite* wurden im Dezember 1962 ausgeliefert und wurden 1963 bei dem *Detachment 62* der *Helicopter Utility Squadron 2* auf dem Flugzeugträger *Independance* in Dienst gestellt. Die Hauptaufgabe der *Seasprite* ist Such- und Rettungsdienst, obwohl sie auch ausgerüstet ist, um eine Vielzahl anderer Aufgaben wie Artilleriebeobachtung, Nahaufklärung, Zielschlepp, Verwundetenevakuierung und Liaisonaufgaben wahrzunehmen.

Ein früherer Kaman Hubschrauberentwurf, *H-43 Huskie,* ist eines der bemerkenswertesten Fluggeräte zur Rettung bei Flugzeugkatastrophen. Die Maschine ist zwar keine Schönheit – mit den beiden ineinanderkämmenden, gegenläufigen Rotoren, die von einer *Lycoming* Wellenturbine angetrieben werden – sie verfügt über einen kistenförmigen Rumpf mit verschiedenen Heckleitflächen auf kurzen Zwillingsleitwerkträgern. Die *Huskie* ist eine richtige fliegende Feuerwehr mit einer einmaligen Fähigkeit, das Leben von Besatzungen zu retten, die in abgestürzten, brennenden Flugzeugen eingeschlossen sind. Nahezu jeder Horst der USAF hat sein Huskie-Detachment; ein Hubschrauber ist ständig startbereit, falls ein Notfall eintritt. Noch in derselben Minute, in der Alarm gegeben wird, hebt eine *Huskie* mit ihrer Besatzung zur Brandbekämpfung ab. Unter den Rumpf führt sie einen Behälter voller Löschschaum mit, der durch Hochdruckdüsen versprizt werden kann. Die *Huskie* setzt den Behälter auf der windabgewandten Seite des brennenden Flugzeugs ab und landet dann dahinter, um die Feuerwehrmänner aussteigen zu lassen. Dann startet der Pilot wieder mit dem Hubschrauber und setzt sich im Schwebeflug so über das brennende Flugzeugwrack, daß der von den Rotoren erzeugte Abwind einen Pfad durch die Flammen zum Cockpit freibläst und gleichzeitig den Rauch vertreibt und Frischluft zu den Überlebenden treibt, damit sie frei atmen können.

Die Durchschnittszeit für einen Rettungseinsatz mit Hilfe einer *Huskie* beträgt zwei Minuten. Eine Untersuchung der

USAF ergab, daß 72% aller Flugzeugunfälle im Umkreis von 15 km um einen Flugplatz herum passieren und daß 41% der Opfer aufgrund von Feuer umkommen. Mit diesen Erfahrungswerten startete Kaman eine Kampagne mit dem Ziel, daß die *Huskie* auch auf Zivilflughäfen eingesetzt wird. Die Zivilbehörden haben dies jedoch abgelehnt – unter der optimistischen Begründung, daß untragbar hohe Kosten entstehen müßten und man die Maschinen auf vielen Plätzen sicher nie benötigen würde.

Unter den Hubschrauberpionierfirmen nimmt auch der Name *Frank N. Piasecki* einen Ehrenplatz ein. Seit 1945, als der erste Hubschrauber mit Tandemrotoren – *XHRB-1* – gebaut wurde, sind die Hubschrauber seiner Firma immer durch diese Tandemanordnung aufgefallen. Als bei Piasecki der Firmenname 1956 in *Vertol Aircraft Corporation* abgeändert wurde, wurde in erster Linie die *H-21 Shawnee* produziert, die bei der US Army im Anfangsstadium des Vietnamkrieges in großem Maßstab eingesetzt wurde. Eine Variante mit der Bezeichnung *Vertol Model 44* wurde 1956 für zivilen Einsatz entwickelt und stand dann bei einer Anzahl von Gesellschaften wie den *New York Airways* und der *SABENA* im Einsatz. Zwei Maschinen wurden von der Sowjetunion gekauft. Militärische Versionen der *Vertol 44* wurden an Kanada, Japan und Schweden geliefert.

1958 brachte Vertol eine neue Serie von turbinengetriebenen Hubschraubern heraus: die Reihe *Vertol 107*. Der Prototyp machte eine erfolgreiche Demonstrationstour durch die USA, Kanada, Europa und Asien. Der Typ wurde dann für den Einsatz beim US Marine Corps zur *CH-46A Sea Knight* weiterentwickelt. Die Hauptaufgabe dieses Typs war der schnelle Einsatz von vollausgerüsteten »Ledernacken« in entlegenen Gebieten. Dieser Hubschrauber ist auch für die kanadischen Streitkräfte, die kgl. schwedische Kriegsmarine und die schwedische Luftwaffe produziert worden. Außerdem wurde er von den *Kawasaki*-Flugzeugwerken in Japan in Lizenz gebaut. *Vertol 107* Hubschrauber standen bei den *New York Airways* seit 1962 im Dienst und werden auch von Luftfahrtgesellschaften in Thailand und Japan geflogen.

Das zweite große Hubschrauberprogramm, von Vertol Ende der fünfziger Jahre gestartet, betraf die *Vertol 114,* die als großer Hubschrauber für Kampfzonenbewglichkeit ausgelegt war.

Die *Vertol 114* erhielt unter fünf Bewerbern den Zuschlag bei einer Ausschreibung der US Army; die Produktion lief im Jahr 1959 an. Die erste Maschine – unter der Bezeichnung *CH-47 Chinook* – wurde 1962 ausgeliefert. Bis Anfang 1969 wurden 550 Maschinen hergestellt. Um diese Zeit hatten *Chinook* Hubschrauber der US Army bereits eine halbe Million Flugstunden hinter sich gebracht – mehr als zwei Drittel davon unter Kampfbedingungen in Vietnam, wo der Typ bei der 1. Kavallerie-Division (luftbeweglich) geflogen wurde. Im Januar 1969 betrug die Zahl der in Vietnam eingesetzten *Chinook* 270 Maschinen. Eine Hauptaufgabe bestand in der Evakuierung von Zivilisten aus dem Kampfgebiet wie auch in der Bergung und Rückführung abgestürzter Flugzeuge aus entlegenen Gegenden.

Während die *Chinook* einen Teil der »schweren Hubschrauber-Brigade« der USA bildet, hat sich ein anderer amerikanischer Produzent – die Aircraft Division der *Hughes Tool Company* – in den letzten 20 Jahren auf das andere Ende der Skala konzentriert: den Entwurf und Bau von ultraleichten Hubschraubern. Es begann mit der Entwicklung eines zweisitzigen leichten Hubschraubers mit der Bezeichnung *Hughes 269.* 1959 ging dieser Typ mit der Bezeichnung 269 A in die Fertigung. 1963 wurde pro Tag eine Maschine fertiggestellt. Bis April 1968 waren insgesamt 1175 *Hughes 269 A* für zivile und militärische Zwecke geliefert worden; 791 gingen unter der Bezeichnung *TH-55* an die US Army.

Diesem kleinen Hubschrauber folgte eine dreisitzige Entwicklung, *Hughes 300.* Dieser Typ steht heute auf der ganzen Erde im zivilen Einsatz. Spätere Versionen dieses Typs wurden mit einem »stillen« Heckrotor ausgestattet, den Hughes-Ingenieure entwickelt hatten und der den typischen Lärm um bis zu 80% reduziert. Die Maschine steht auch bei der US Army als Beobachtungs-Hubschrauber unter der Bezeichnung *OH-6A Cayuse* im Dienst.

1962 erhielt Hughes eine Auftrag der US-Army, einen Versuchshubschrauber zur Untersuchung des »heißen Kreislaufs« als Antriebssystem zu bauen. Diese Maschine mit der Bezeichnung *XV-9A* wurde mit zwei *General Electric* Gasgeneratoren ausgestattet, die an den Enden kurzer Stummelflüge angebracht waren. Der Heißgasstrahl dieser Triebwerke wurde zu Düsen geleitet, die sich an den Blattspitzen des Dreiblatt-Hauptrotors befanden, wo die Gase durch Leitflächen umgelenkt und fast auf Schallgeschwindigkeit beschleunigt wurden. Ein Teil der Gase wurde am Heck einer beweglichen Düse zugeleitet, die das Giermoment steuerte. Die *XV-9A* wurde auch zur Erprobung bestimmter Techniken herangezogen, die beim Bau eines Wandelflugzeug-Projekts Berücksichtigung finden sollten.

Seit 1950 lief die Hubschrauberentwicklung in den USA und der Sowjetunion fast parallel nach denselben Grundideen, wobei einzelne Konstrukteure Tandemrotoren bevorzugten und andere am einzelnen Hauptrotor festhielten. In der Sowjetunion haben sich hauptsächlich drei Konstrukteure um die Entwicklung von Drehflüglern gekümmert: *Nikolai I. Kamow, Michail L. Mil* und *Alexander S. Jakowlew*. Kamow und Mil waren schon lange vor dem Zweiten Weltkrieg mit Drehflügelproblemen beschäftigt, aber Jakowlew – der Konstrukteur einer berühmten Serie von Jagdflugzeugen – war ein Neuling auf diesem Gebiet.

In den ersten Jahren nach dem Zweiten Weltkrieg hinkte die Sowjetunion in punkto Hubschrauberentwicklung weit hinter den USA her. Die Situation besserte sich 1950 etwas, als Mil's kleine *Mi-1* für die sowjetischen Streitkräfte in die Serienproduktion ging, und als im folgenden Jahr die sowjetische Regierung die Kluft noch stärker zu überbrücken suchte und die Spezifikation für einen mittleren Transporthubschrauber herausgab. Zwei Projekte wurden zur weiteren Entwicklung angenommen, eines von Mil und eines von Jakowlew. Anfänglich wurde die Arbeit an dem Jakowlew-Entwurf durch ein Mißgeschick nach dem anderen gehemmt - es handelte sich um einen Tandem-Hubschrauber für 24 Passagiere. Dutzende von technischen Problemen tauchten auf. Die meisten waren durch Schwingungen verursacht. Ein Prototyp zerbrach während der Bodenversuche, und ein anderer stürzte bei den ersten Freiflugversuchen ab. So dauerte es bis Ende 1953, bis die Maschine für die Abnahme bereit war. Die Produktion dieser Maschine mit der Bezeichnung *Jak-24* lief dann erst 1954 an, und der Hubschrauber wurde bei der Luftfahrtschau von Tuschino im nächsten Jahr der Öffentlichkeit vorgestellt.

Die *Jak-24* wurde in beträchtlichen Zahlen bei den sowjetischen Luftlandeverbänden geflogen. Die Einsatzversion konnte die verschiedensten Lasten befördern, wie z. B. zwei Pak, drei Stabs-Kfz oder 18 Tragbahren. Eine Sondervariante, *Jak-24P,* mit neun Sitzplätzen wurde 1960 hergestellt. 1961 trat dann die letzte Version – die *Jak-25P,* mit 39 Sitzen und Wellenturbinen als Antrieb – in Erscheinung. Eine kleinere Zahl von *Jak-24* wurde von der Aeroflot für Kran- und Transporteinsätze geflogen.

Wenn auch die *Jak-24* der sowjetischen Hubschrauber-Technologie auf ihrem Weg etwas weiterhalf, so konnte man sie auch bei großzügiger Betrachtung nicht als Erfolg einstufen. Etwas anderes war da der Entwurf von Mil: die *Mi-4.* Sie wies eine Ähnlichkeit zu *Sikorsky S-55* auf, war aber etwas größer und wurde im Sommer 1953 bei der sowjetischen Luftwaffe in Dienst gestellt. Die Maschine konnte 14 voll ausgerüstete Soldaten aufnehmen und Lasten bis zu 1,6 t tragen – z. .B. eine 7,6 cm Pak. Eine entsprechend große Ladepforte war am Ende des Rumpfs vorhanden. Die Serienproduktion der *Mi-4* ging in die Tausende. Der Typ stand in vielen Ländern als Kampfhubschrauber im Dienst. *Mi-4* der Aeroflot stehen in großer Zahl auf dem Inlandsnetz im Einsatz. Im Dienst der Regierung hat dieser Typ den sowjetischen wissenschaftlichen Expeditionen in die Arktis und in andere entlegene Gegenden die Arbeit erleichtert.

Nachdem er in der Sowjetunion als Hubschrauberkonstrukteur Nr. 1 etabliert war, hat Mil um 1955/56 seine Aufmerksamkeit der Konstruktion eines Hubschraubers zugewandt, der viel größer als alle bisher bekannten Typen sein sollte. Ursprünglich für geologische Vermessungen in Sibirien ge-

dacht, mußte die Maschine groß genug sein, um die LKW, die Gleiskettenfahrzeuge, Bohranlagen und das Personal zu transportieren, die zu einer solchen Aufgabe gehören. Außerdem verlangte der Einsatz im Ural eine Tragfähigkeit von 12 Tonnen in Höhen bis zu 3700 m und mehr.
Der erste Prototyp des neuen Hubschraubers *Mi-6* machte den Erstflug im Herbst 1957 mit dem Testpiloten R. Kaprelian am Steuer. Es war eine (für die damalige Zeit) riesenhafte Maschine, mit einem Durchmesser des Hauptrotors von 35 m. Der Antrieb erfolgte über zwei *Solowiew* Wellenturbinen von 5500 PS, die so konstruiert waren, daß bei Ausfall eines Triebwerks die Leistung des noch arbeitenden Triebwerks automatisch erhöht wurde, um das Monstrum in der Luft zu halten. Die *Mi-6* hatte ein Leergewicht von 27 240 kg und ein maximales Startgewicht von 42 500 kg. In der Serienversion wurde das Startgewicht sogar auf 45 Tonnen erhöht. Die Höchstgeschwindigkeit betrug im Horizontalflug 300 km/h; die Gipfelhöhe lag bei 5000 m, und mit einer Nutzlast von über 16 Tonnen hatte der Hubschrauber eine Reichweite von 585 km.
Die Serienproduktion der *Mi-6* begann 1960, und zwar für die Aeroflot wie auch für die sowjetischen Streitkräfte. Die Militärversion ist zur Aufnahme von 70 voll ausgerüsteten Soldaten eingerichtet, während die zivile Variante 65 Passagieren oder einer Nutzlast von 26 Tonnen Platz bietet.
Als die *Mi-6* herauskam, war sie der größte Hubschrauber der Welt. Zwischen 1957 und 1962 erzielte sie nicht weniger als 14 Weltrekorde hinsichtlich Geschwindigkeit und Gipfelhöhe mit Last. Die Maschine ist darüber hinaus viele Male als fliegender Kran eingesetzt worden. 1963 hat ein *Mi-6* z. B. die Einzelteile eines riesigen Bohrturms zu dessen Aufstellungsort in der Nähe von Schirnowsk in der Steppe östlich der Wolga transportiert. *Mi-6* sind auch zum Bergungseinsatz im Rahmen des Sowjetischen Raumfahrtprogramms herangezogen worden.
Aus der *Mi-6* hat Mil die *Mi-10* Variante speziell als fliegenden Kran entwickelt. Dieser Hubschrauber erhielt einen völlig neu konstruierten Rumpf und ein hochbeiniges Fahrgestell mit

vier Beinen und einer Ladeplattform, die verschiedene Lasten – angefangen von militärischen Flugkörpern bis zu vorfabrizierten Baracken – aufnehmen kann. Die *Mi-10* und ihre Ableitung *Mi-10 K* hat von 1961 bis 1965 verschiedene Höhenrekorde mit Lasten aufgestellt. Der Hubschrauber, der sowohl bei der Aeroflot wie auch bei den sowjetischen Streitkäften im Einsatz steht, wird auch für den Export angeboten. Einer steht bei einer amerikanischen Gesellschaft – *Petroleum Helicopters* – zur Versorgung von Ölbohrstellen im Einsatz.
Mil's letzte Konstruktion *Mi-12* ist der größte bisher gebaute Hubschrauber. Auf seitlichen Auslegern mit Tragflächenprofil sind zwei gegenläufige Rotoren angebracht. Die Spannweite von Blattspitze zu Blattspitze beträgt 68 m. 1969 hat die *Mi-12* die Rekorde der *Mi-6* gebrochen. Über diesen Großhubschrauber ist noch nicht allzuviel bekannt. Mit seinem Rumpf, der einem Passagierflugzeug entlehnt sein könnte, ist er vermutlich in erster Linie für den zivilen Einsatz vorgesehen.
Der dritte sowjetische Konstrukteur, Kamov, begann seine Arbeiten nach Ende des Zweiten Weltkriegs mit dem Entwurf eines »fliegenden Fahrrads«, der *Ka-8*. Dieses sehr einfache kleine Fluggerät bestand eigentlich nur aus einem Transmissionssystem zu einem Paar gegenläufiger, koaxialer Rotoren, einem Treibstofftank und dem Sitz des Piloten – alles in Form eines leichten Rohrrahmens auf einem Paar Gummischwimmern, so daß die *Ka-8* zu Lande, zu Wasser, auf Schnee oder Sumpfgelände operieren konnte. Es war etwas ganz Neues, nur funktionierte es leider nicht. 1947, zu Beginn der Flugerprobung, vermochte der kleine 27 PS Motor die Maschine mit Pilot nicht vom Boden abzuheben. Schließlich flog der Typ dann 1948, nachdem man den Motor »frisiert« und auf etwas höhere Leistung gebracht hatte – aber nach jedem Flug mußten die Zündkerzen gewechselt werden.
1949 wurde ein neuer Motor verfügbar – der 55 PS *Iwtschenko A.I.4G* – und wurde in ein neues »fliegendes Fahrrad« von Kamov, die *K-10,* eingebaut. Diese Maschine wurde erfolgreich erprobt und von der sowjetischen Marine als Nahaufklärer getestet, ging aber nicht in Serie.

Kamov's nächster Hubschrauber war der Typ *Ka-15,* der den gleichen Rotor wie die *Ka-10* benutzte, aber mit geschlossener Kabine und zwei Sitzen größer ausgelegt war. Dieser Typ wurde 1955 bei der sowjetischen Kriegsmarine als Nahaufklärer und Verbindungsflugzeug eingeführt, wurde jedoch in geringerer Stückzahl auch für die Aeroflot gebaut und unter anderem für Zwecke der Landwirtschaft, Fischerei, im Forstdienst und als fliegendes Taxi eingesetzt.

Zwei fortschrittliche Weiterentwicklungen aus der *Ka-15* — die *Ka-18* und die *Ka-25* — fanden verbreitete Anwendung bei der sowjetischen Kriegsmarine und im zivilen Einsatz. Die *Ka-20* war der erste Kampfhubschrauber der sowjetischen Marine; mit diesem Typ konnte man die feindliche Schifffahrt angreifen. Die Bewaffnung bestand aus zwei Luft-Boden-Raketenwaffen, die auf kurzen Auslegern mitgeführt wurden. An diesen Waffenstationen konnten auch Wasserbomben oder kleine Torpedos zur U-Bootbekämpfung aufgehängt werden.

1964 war zu erfahren, daß Kamov am Entwurf eines zweimotorigen Mehrzweckhubschraubers arbeitete. Es handelte sich um die *Ka-26,* die 1965 ihren Erstflug hinter sich brachte und dann in Großserie produziert wurde. Dieser Typ, der ein Gegenstück zu dem amerikanischen Hubschrauber *Kaman Huskie* darstellt, wird für vielerlei Aufgaben von der Schädlingsbekämpfung bis zum Feuerlöscheinsatz herangezogen und wird in zunehmenden Zahlen exportiert.

Ende der fünfziger Jahre wich Kamov von seiner Produktionspolitik ab und baute ein großes Versuchs-Wandelflugzeug (Kombinationsflugschrauber) — einen Typ, der viel mit dem vom Pech verfolgten britischen *Rotodyne* gemein hatte. Unter der Bezeichnung *Ka-22 Wintokryl* tauchte dieser Typ bei der Luftfahrtschau von Tuschino 1961 zum ersten und zum letzten Mal auf. Während der Flugerprobung stellte die *Ka-22* verschiedene Rekorde in der Klasse der Wandelflugzeuge auf — den ersten am 7. Oktober 1961, mit einer Durchschnittsgeschwindigkeit von 354,2 km/h auf einem 15/25 km Kurs, und den zweiten am 24. November 1961 mit einer Gipfelhöhe von 2830 m.

Seither hat man nichts mehr von der Maschine gehört – aber es gibt Anzeichen dafür, daß Kamov immer noch mit verschiedenen Wandelflugzeug-Ideen beschäftigt ist.

Rettungsflüge

In den frühen Morgenstunden des 1. Februar 1953 rollte eine Sturmflut, getrieben von orkanartigen Winden, gegen die Küste von Holland, Belgien und England und verursachte schwere Verluste an Menschenleben und größere Schäden durch Überschwemmung. Allein an der englischen Küste zwischen Humber-Mündung und North Foreland kamen 307 Menschen um ihr Leben und 32000 mußten evakuiert werden, als die Fluten mehr als 25000 Häuser bedrohten.
Um 06.30 Uhr an jenem schrecklichen Sonntagmorgen schrillte das Telefon im Einsatzzimmer der Marine-Hubschrauber-Staffel No 705 in Gosport, wo sich die diensttuenden Hubschrauberbesatzungen aufhielten, als die ersten Nachrichten von der Katastrophensituation an der Ostküste eintrafen. Nur wenige Minuten später klapperten zwei S-51 *Dragonfly* übers Land und auf die Insel Sheppey zu, auf der ein paar Leute durch das Wasser abgeschnitten waren. Als die Hubschrauber am Ort eintrafen, erfuhren die Piloten, daß die Leute bereits gerettet waren. Die zwei S-51 wurden also umdirigiert nach Manston, um sich dort für alle Fälle zur Verfügung zu halten.
Der nächste Einsatz war ein Erkundungsflug entlang der Nordseeküste von Kent mit anschließender Landung in West Malling. Dort wollten die Besatzungen übernachten. Um diese Zeit hatte sich herausgestellt, daß Holland am schlimmsten von der Katastrophe betroffen war. Der Sturm hatte Breschen in die Deiche geschlagen. Die See hatte die kleinen Inseln Over Flakkee, Schouwen und Tholen überspült – wie

auch Teile des Festlands – und hatte Not und Verwüstung gebracht.
In Erwartung eines Hilfeersuchens der holländischen Regierung wurden vor Einbruch der Nacht noch zwei weitere Hubschrauber nach West Malling beordert.
Der Anruf kam noch am selben Abend. Bis Mitternacht waren die vier Hubschrauberbesatzungen für den Flug nach Holland bei Tagesanbruch des 2. Februar eingewiesen. Sie starteten dann um 09.30 Uhr und nahmen im Formationsflug Kurs auf die stürmische See. Nach dem Auftanken in Antwerpen flogen sie weiter zum holländischen Militärflugplatz Gilze-Rijen, wo sie um 14.00 Uhr landeten. Zwei andere Hubschrauber waren bereits dort: eine *S-51* der königlich-niederländischen Marine und eine *Bell 47* der SABENA.
Unmittelbar nach ihrer Ankunft wurden die Besatzungen für ihre ersten Einsatzflüge eingewiesen, bei denen sie Männer mit Funksprechgeräten im Katastrophengebiet absetzen mußten. Die Flut und der Sturm hatten die Nachrichtenverbindungen zwischen den Inseln und dem Festland völlig unterbrochen, und bis die Hubschrauber eintrafen, hatten die Behörden sich mit Hilfe von Aufklärungsflugzeugen nur ein grobes Bild vom Ausmaß der Schäden machen können.
Noch in der Nacht brachte ein Transportflugzeug das Bodenpersonal der Staffel No 705, das sofort daranging, die Passagiersitze und alles andere, auf das verzichtet werden konnte, aus den Maschinen auszubauen, um soviel Platz wie möglich zu schaffen. Am nächsten Morgen befanden sich die Hubschrauber bereits wieder in der Luft und hatten Funksprechgerät, Sanitätsmaterial, Nahrungsmittel und – Gummistiefel an Bord. Nachdem sie ihre Ladung an die Bestimmungsorte gebracht hatten, machte sich jeder einzelne Hubschrauber auf die Suche nach gestrandeten Menschen. So konnten im Verlauf des Tages 40 Männer, Frauen und Kinder von Hausdächern und anderen hochgelegenen Stellen mit der Seilwinde aufgenommen und in Sicherheit gebracht werden.
Nach jedem Zweieinhalb-Stunden-Einsatz tankten die Maschinen auf dem Flugplatz Woensdrecht auf, der etwa 50 km näher am Katastrophengebiet lag als Gilze-Rijen.

Bei allen folgenden Einsätzen flog ein englisch sprechender holländischer Offizier mit, um Sprachschwierigkeiten zwischen Rettern und Geretteten zu überbrücken, die sich zu einem besonderen Problem gestaltet hatten. Diese Offiziere wurden mit der Seilwinde abgesetzt, um den Hilfsbedürftigen Anweisungen geben zu können. In mehr als einem Fall hat allein ihre Anwesenheit dazu beigetragen, Menschen zu überreden, die sonst ihre vom Wasser bedrohten Häuser – trotz unmittelbarer Gefahr – nicht verlassen hätten.
Am 5. Februar kamen fünf weitere Hubschrauber der Staffel 705 in Holland an und machten sich sofort an die Arbeit. 90 % der Ist-Stärke der Staffel waren nun an der Rettungsarbeit beteiligt, und dieser Zuwachs wirkte sich geradezu dramatisch aus: allein an diesem Tag brachten es die neun Hubschrauber auf 63 Flugstunden; dabei haben sie 200 Menschen in Sicherheit gebracht und darüber hinaus Aufklärung geflogen, um festzustellen, wo Not am Mann war und wo man Landestellen organisieren konnte. Stege an Kanälen, Kirchhöfe und die auf der Deichkrone verlaufenden Straßen waren die bestgeeigneten Stellen. Im letzten Fall erwiesen sich jedoch meist die Telefonleitungen, die am Straßenrand entlangliefen, als Hindernis. Aber die Hubschrauberpiloten lösten dieses Problem auf ihre Weise: sie gingen im Sinkflug sachte auf die Leitungen herunter, bis die Drähte rissen. An vielen Stellen haben die bedrohten Einwohner – in Erkenntnis der Schwierigkeiten, die den Rettern hinderlich im Wege standen – dadurch beträchtlich geholfen, daß sie geeignete Stellen durch Auslegen von weißen Tüchern kenntlich machten.
Der 4. Februar, ein Dienstag, war noch hektischer; zwei Dörfer auf der Insel Schouwen – Oosterland und Nieuwekerk – mußten vollständig geräumt werden. Die Hubschrauber retteten 210 Menschen an diesem Tag, vierzig mußten mit der Seilwinde aufgenommen werden. Alles in allem kamen wieder 64 Flugstunden zusammen. Um diese Zeit trafen dann weitere Hubschrauber in Holland ein. Zusätzlich zu den Maschinen der US Army und US Air Force und der deutschen Bundeswehr hatten die Firma Bristol, das britische Rüstungsministerium und die Fluggesellschaft BEA Beiträge in

Form von *Sycamore* und *A.51* geleistet. Diese Hubschrauber begannen am 5. Februar mit der Arbeit und nahmen an der Rettung von 200 Menschen aus dem Dorf Nieuwe Tonge teil. Es gab nur drei Landeplätze in diesem Gebiet, auf denen jeweils ein Hubschrauber landen konnte. Bis zu 20 Hubschrauber kreisten dauernd um das Dorf – immer auf der Suche nach einem gerade frei werdenden Landeplatz. In diesen vier Tagen brachten die Piloten der Royal Navy auf bis zu 8 $^1/_2$ Stunden im Einsatz. Es waren anstrengende Stunden, aber das Ergebnis war der beste Lohn. Die neun *Dragonfly* haben 228 Stunden und 55 Minuten geflogen und 734 Menschen gerettet und – drei Hunde und eine Katze dazu! Nur eine Maschine war flugunklar geworden – mit schwerem Rotorkopfschütteln. Die Gesamtleistung war ein beträchtlicher Rekord im Hinblick darauf, daß jeder Hubschrauber sechs bis neun Stunden pro Tag im Flugeinsatz war. Am 6. Februar starteten die Piloten der Staffel 705 wieder bei Tagesanbruch zur Insel Tholen, um notfalls eingreifen zu können. Die Hubschrauber wurden aber nicht gebraucht, und da die Sicht rasch nachließ, kehrten die Hubschrauber auf ihre Stützpunkte zurück. Um die Mittagszeit schneite es bereits heftig – man konnte kaum weiter als 150 m sehen. Für den Rest des Tags mußte die Flugtätigkeit eingestellt werden.
Auf Bitten der holländischen Regierung blieben die Hubschrauber der Staffel 705 bis zum 19. Februar in Holland – am 15. und 16. mußte man mit einer Springflut rechnen. Deshalb befürchtete man auch, daß die Maschinen noch gebraucht würden. Die Deiche auf dem Festland befanden sich in einem Besorgnis erregenden Zustand, und so war damit zu rechnen, daß ein neuer Ansturm von Wind und Wellen zur Überflutung weiter Gebiete des Landes führen konnte.
Glücklicherweise erwiesen sich diese Befürchtungen als grundlos. Der erwartete Weststurm stellte sich nicht ein – nur eine steife Brise kam auf, und dann wurde das Wetter wieder schön. Trotzdem hielt man drei Hubschrauber Tag für Tag einsatzbereit bis zum Samstag, den 14. Februar. In den 24 Stunden, die dann folgten, wurde die ganze Staffel auf volle Bereitschaft gebracht.

Der Einsatz der Staffel 705 bei der Überschwemmung des Jahres 1953 in Holland stellte das erste Ereignis dar, bei dem Hubschrauber in einer großen internationalen Rettungsaktion eine wesentliche Rolle gespielt haben. Immer wieder sollten nun in den folgenden Jahren Hubschrauber bei Rettungseinsätzen in Katastrophengebieten auf der ganzen Welt zur Hilfe herangezogen werden, wenn alle anderen Hilfsmittel versagten. Der Hauptvorteil des Hubschraubers ist Schnelligkeit – zahllose Leben konnten nur deshalb gerettet werden, weil Hubschrauber in kürzester Zeit zur Stelle waren.
Der Einsatz der Royal Navy bei der Überschwemmung in Holland ist ein gutes Beispiel für die schnelle Hilfe durch Hubschrauber. Eine andere Gelegenheit ergab sich sechs Jahre später, als der Taifun »Vera« ein großes Gebiet von Zentraljapan im September 1959 verwüstete. Der Sturm traf die Umgebung von Nagoya am 26. September um 21.30 Uhr und brachte die schlimmste Überschwemmung, die Japan in seiner langen Geschichte hinnehmen mußte. Bei Tagesanbruch wurde durch Luftaufklärung festgestellt, daß ein Drittel des großen Hafens von Nagoya und über 250 Quadratkilometer Land unter Wasser standen. In der Ise-Bucht waren 2000 Boote gesunken und achtzehn große Frachter und Passagierdampfer auf den Strand geworfen worden. Große Lücken waren in die 7 m hohen Deiche gerissen worden, und die See ergoß sich durch diese Breschen über das flache Land.
Eine massierte Rettungsaktion lief sofort an. 6000 japanische Soldaten wurden in 540 Lastwagen aus allen Richtungen an das Katastrophengebiet herangeführt. Sie brachten Pionierboote mit, wie sie für Pontonbrücken eingesetzt werden. 44 japanische Kriegsschiffe liefen mit Westkurs aus Yokosuka aus. Einheiten der amerikanischen Pazifikflotte liefen mit voller Kraft auf Nagoya zu, vorneweg der Flugzeugträger *Kearsarge*, der zwölf *Sikorsky HSS-1N* Hubschrauber an Bord hatte. Zur gleichen Zeit wurden amerikanische Heeres-, Marinebzw. Luftwaffen-Hubschraubereinheiten in Alarmbereitschaft versetzt, um jedem Auftrag gerecht zu werden, der von ihnen verlangt werden konnte.
Alle amerikanischen Hubschrauber wurden dem Kommando

von Oberst Kyotoshi Goto, dem stellvertretenden Kommandeur des 3. Geschwaders der japanischen Luftverteidigung, unterstellt. Fünfzehn japanische *S-55* und *S-58* Hubschrauber — der gesamte Hubschrauberbestand der japanischen Luftverteidigung — wurden gleichfalls aktiviert, und die Rettungsaktion kam damit am Nachmittag des 27. September spürbar in Gang.

Von Anfang blieb es den Hubschrauberbesatzungen selbst überlassen, zu helfen, wo ihrer Meinung nach Hilfe am dringendsten benötigt wurde. Eine Koordination war nahezu unmöglich — dafür war das Chaos in und um Nagoya zu groß. Aus der Luft ergab sich ein Bild trostloser Verwüstung. Tausende von Häusern an der Küste waren von der Flutwelle weggeschwemmt worden, und die ganze Wasserfront von Nagoya — der am dichtesten bevölkerte Teil der Stadt — sah aus, als wäre ein Atombombe gefallen. Die Häuser hatten dem Sturm, der mit Windgeschwindigkeiten von 250 km/h herantobte, nichts entgegenzusetzen. Überall konnte man Leichen erkennen, die einzeln oder gruppenweise im Wasser trieben. Aber da kam sowieso alle Hilfe zu spät. Die Hubschrauberbesatzungen mußten sich um die Lebenden kümmern — um die Tausende, die sich verzweifelt auf den Dächern der halb unter Wasser stehenden oder auf dem Wasser treibenden Häuser an einen Halt klammerten. Und sie landeten mit ihren Maschinen überall, wo auch nur ein kleines trockenes Fleckchen war, zogen Überlebende an Bord und flogen sie zu den Flüchtlingszentren, die in aller Eile auf höherem Grund errichtet worden waren. Die Besatzungen gönnten sich keine Ruhe, beförderten oft bis zu 22 Menschen in einen Hubschrauber, der nur für maximal 18 Personen zugelassen war, und kehrten wieder und wieder zurück. Eine Besatzung der US Navy, Lt.Cdr. Bruce F. Weart (Pilot) und Lt. C. C. Rice (Copilot) brachten es auf einen inoffiziellen Rekord: sie haben in den ersten beiden Tagen 248 Menschen in Sicherheit gebracht.

Um die Sache für die Hubschrauberbesatzungen noch schwieriger zu machen, goß es während der Aktion fast ohne Unterlaß in Strömen. Die Japaner hatten den Amerikanern geraten zu warten, bis sich das Wetter bessere. Die Amerikaner haben sich nicht um diesen gutgemeinten Rat gekümmert und sind weitergeflogen. Dabei haben sie 72 637,9 kg Nahrungsmittel, Sanitätsmaterial und andere notwendige Dinge in das Katastrophengebiet gebracht und Tausende von Flüchtlingen ausgeflogen. Wenn die Hubschrauber nicht gewesen wären, dann hätte der Zoll des Taifun doppelt soviele Opfer gefordert, weil die Geborgenen oft am Ende ihrer Kräfte waren und einfach untergegangen wären. Aber auch so waren immer noch 4600 Todesopfer zu beklagen.

Der Koreakrieg hat dem Hubschrauber die Chance gegeben, seine einmaligen Fähigkeiten im Such- und Rettungsdienst zu demonstrieren. Die US Navy und US Coast Guard haben Hubschrauber speziell für solche Aufgaben eingesetzt. Aber nach dem Koreakrieg hat der Such- und Rettungsdienst der USAF einen raschen Ausbau in ein weltweites Netz erfahren. Ende der fünfziger Jahre wurden die Staffelstärken wesentlich reduziert, um dafür an mehr Plätzen über örtliche Hubschraubereinheiten in Schwarmstärke auf den Luftstützpunkten rund um den Globus verfügen zu können. Heute bestehen 61 solcher *fligths,* der insgesamt 12 Such- und Rettungsstaffeln in den USA, Japan, den Philippinen, Labrador, Hawaii, Guam, den Azoren, Bermuda und in Großbritannien zugehören.

In England war die RAF-Staffel No 275 die erste Hubschrauber-Such- und Rettungseinheit. Sie wurde am 13. April 1953 mit *Bristol Sycamore* in Linton-on-Ouse, Yorkshire, aufgestellt. Die Staffel verlegte später nach Thornabym mit Detachments in Chivenor, Leuchars, North Coates und Horsham St. Faith. Im Februar 1955 kam eine zweite SAR (= Search and Rescue)-Staffel, die No 22, hinzu – deren Detachments, mit Westland *Whirlwind* ausgerüstet, von verschiedenen Standorten an der britischen Küste aus eingesetzt wurden. Hauptstandort war Thorney Island in Hampshire.

Anfang 1957 standen bereits 19 Hubschraubereinheiten in England im Dienst. Acht gehörten zur Royal Navy. Obwohl die Navy Hubschrauber als erste im Such- und Rettungseinsatz verwendet hatte, gab es bei der Navy keine Rettungsstaffeln

Bell UH-1D Hubschrauber beim Absetzen von Truppen in der Nähe von Saigon

Ein Bell UH-1B Iroquois Hubschrauber mit einem im Bug montierten, schwenkbaren 40 mm Granatwerfer

Der leichte Hubschrauber SA 341 Gazelle, der von Sud-Aviation (Aerospatiale) und Westland für die britischen und die französischen Streitkräfte hergestellt wird

Ein Sikorsky S-61N Passagierhubschrauber der British European Airways vor seiner Ablieferung bei einem Vorführflug über New York.

Ein Boeing-Vertol 107 Hubschrauber beim Landeanflug auf dem Hubschrauberlandeplatz der PanAm in der Wallstreet in New York.

Ein Whirlwind Hubschrauber der Fa. Bristow Helicopters Ltd. auf der Landeplattform einer Ölbohrinsel in der Nordsee

Ein russischer Mil Mi-6 Hubschrauber im Dienst der sowjetischen Luftfahrtgesellschaft Aeroflot

als solche, und die für derartige Zwecke bereitgestellten Sikorsky *S-51 Dragonfly* waren Maschinen, die zu verschiedenen Horsten gehörten. Es waren auch zwei Such- und Rettungsstaffeln der USAF in England stationiert: die 66. in Manston und die 67. in Prestwick, beide mit *HH-19* Hubschraubern wie auch mit *HC-54 Rescuemaster* Langstreckenhubschraubern und *HU-16* Amphibienhubschraubern. Die 66. Staffel wurde aber 1958 wieder aufgelöst.
Für Such- und Rettungszwecke war Großbritannien in zwei Teile aufgeteilt – Nord und Süd – mit der nördlichen Breite von 52°30 als Trennlinie. Die Koordinationsstelle Nord lag im Gefechtsstand der 18. Gruppe in Pitreavie Castle in Schottland, während das südliche Gegenstück in Mount Batten in Devon im Gefechtsstand der 19. Gruppe residierte. Die Rettungsorganisation der USAF in England wurde von einer Verbindungsstelle in Bushey Park, Middlesex, aus koordiniert. In den ersten zehn Jahren koordinierter Such- und Rettungseinsätze in England haben die Hubschrauber der RAF allein mehr als 300 Einsätze an der Küste und im Binnenland geflogen und rund 1100 Menschen gerettet, angefangen von Flugzeugbesatzungen, die notwassern mußten, bis zu unerfahrenen Sonntagsseglern, die in Seenot geraten waren. Weitaus überwiegend handelte es sich bei den Geretteten um Zivilisten, die in der Klemme steckten. Trotzdem liegt die Hauptaufgabe des Such- und Rettungsdienstes aber nicht im Aufpassen auf Zivilisten sondern in der Bereitstellung geeigneter Mittel für Militärflugzeuge der RAF und alliierter Luftstreitkräfte im Verantwortungsbereich der RAF. Dazu gehört das Mittelmeer, der Persische Golf und Hongkong. Außerdem sind die SAR-Einheiten in ähnlicher Weise verpflichtet, für die Zivilluftfahrt innerhalb der britischen Flugüberwachungszonen und für Schiffe in Seenot da zu sein – wenn auch die zuletztgenannte Aufgabe hauptsächlich zur Verantwortung der Navy gehört.
Die Zahl der über die vielen Jahre hinweg geretteten Menschen ist ein genügender Beweis für die Tüchtigkeit des britischen Such- und Rettungsdienstes. Was die Zahlen aber nicht zeigen, das sind die atemberaubenden Gefahren und

die Anstrengungen, denen die Hubschrauberbesatzungen oft bei der Ausübung ihrer Pflicht unterworfen waren und sind. Die nachfolgende Aufzählung von Rettungseinsätzen in England ist eine willkürliche Auswahl aus den Hunderten von Rettungseinsätzen, die seit der Einführung des Hubschraubers in diese seine klassisch gewordene Rolle durchgeführt wurden. Es handelt sich im nachfolgenden um britische Maschinen und britische Besatzungen – aber die genannten Einsätze sind typisch für alle derartigen Unernehmen, die von Hubschrauberbesatzungen in der ganzen Welt durchgeführt werden.

13. Dezember 1964. Um 10.00 Uhr erreicht ein Notruf die Bereitschafts-Crew der 202. SAR-Staffel auf dem RAF-Stützpunkt Leconfield in Yorkshire. Ein Matrose des Lowestofter Trawlers *Suffolk Kinsman,* 90 Meilen nordöstlich von Great Yarmouth, war schwer verletzt und brauchte dringend ärztliche Hilfe. Der Bereitschafts-*Whirlwind*-Hubschrauber, mit Flt. Lt. S. Sollit als Pilot und Flt. Lt. J. Bradshaw, dem diensttuenden Arzt, startete innerhalb weniger Minuten und nahm, bei rasch aufkommendem Schlechtwetter, Kurs auf die Nordsee. Der Trawler war schnell gefunden. Er stampfte heftig in der rauhen See. Die Wellen waren drei Meter hoch, und der Wind hatte inzwischen 30 Knoten erreicht. Die Reling des Schiffes wurde überspült, und Bug und Heck hoben und senkten sich jedes Mal um sieben Meter. Die Hubschrauberbesatzung war sich klar darüber, daß das Absetzen von Flt. Lt. Bradshaw mit der Winde mit außergewöhnlichen Risiken verbunden war. Wenn der Trawler überholte, dann konnte Bradshaw allzuleicht gegen die Aufbauten knallen, und es war nahezu unmöglich, ihn oder den Patienten dann wieder aufzunehmen.

Bradshaw bestand jedoch auf einem Versuch, und so wurde er – seinen Arztkoffer umklammernd – langsam an der Seilwinde auf das auf- und abschwankende Deck herabgelassen, wobei Solitt sein ganzes Können aufbieten mußte, um den Hubschrauber ruhig in der Luft zu halten. Der Arzt hatte es beinahe geschafft, als das Schiff plötzlich überholte und er gegen ein mit Segeltuch abgedecktes Rettungsboot geschleudert wurde. Dabei rutschte er aus dem Windengeschirr und schlug mit dem Kopf gegen den Mast. Glücklicherweise schützte ihn sein Fliegerhelm vor einer ernsthaften Verletzung, aber im nächsten Augenblick spülte ihn eine Woge hinweg und er schlug mit dem Kreuz gegen die Reling. Er hielt sich verzweifelt fest und wurde von der schweren See herumgebeutelt, bis der Skipper des Trawlers – der sich angeseilt hatte – ihn erwischte und ins Deckhaus ziehen konnte. Verschrammt und ziemlich angeschlagen kümmerte sich Bradshaw sofort um den verletzten Matrosen. Aber er konnte nicht mehr helfen. Ein paar Minuten später starb der Mann. Es war ein unglücklicher Ausgang für einen so tapferen Versuch. Für den Einsatz des eigenen Lebens wurde Bradshaw später mit dem Orden MBE (Member of the British Empire) ausgezeichnet.

Am Nachmittag des *3. März 1965* empfing das Detachment Valley, Anglesey, der Such- und Rettungsstaffel No 202 ein Notsignal des deutschen Motorschiffes *Rolf,* das in der Dulas Bay an der Nordküste der britischen Insel Anker geworfen hatte. Ein Matrose war an akuter Blinddarmentzündung erkrankt und mußte schleunigst operiert werden.

Die Bereitschafts-*Whirlwind,* mit Flt. Lt. D. F. Hugett startete sofort und machte sich auf die Suche nach dem Schiff. Die exakte Position war nicht bekannt, und um alles noch schlimmer zu machen, mußte der Hubschrauber durch einen Schneesturm von Orkanstärke fliegen – die Sicht war auf weniger als 350 m gesunken. Es waren gerade die richtigen Bedingungen für den Alptraum eines jeden Piloten: schwere Vereisungsgefahr!

Die Suche mußte in weniger als 30 m Flughöhe weitergeführt werden. Stieg der Hubschrauber höher, tauchte er in die Wolken ein, und der Pilot verlor die Sicht nach unten. Trotz aller Widrigkeiten wurde das Schiff nach 15 Minuten gefunden. Aber damit waren Hugetts Probleme noch lange nicht zu Ende. Weil das Schiff stark krängte, hatte der Pilot keine andere Wahl, als beim Schwebeflug ziemlich hoch zu bleiben, um nicht mit den Masten zu kollidieren. Und er mußte sich dabei ganz auf die Hinweise und Korrekturen seines Navigators verlassen, als die Winde herabgelassen wurde, um den kranken Matrosen in die Kabine des Hubschraubers zu holen. Als er den Mann sicher an Bord hatte, flog Hugett in niedriger Höhe der Küste entlang nach Bangor und landete dort in 30 cm Schnee. Direkt vor dem Krankenhaus. Der Patient wurde noch in der gleichen Stunde operiert. Hugett flog die Whirlwind zurück nach Valley, wo das Bodenpersonal dann feststellte, daß die von den Rotorblättern losgeschleuderten Eisbrocken das Triebwerk des Hubschraubers so schwer beschädigt hatten, daß die Maschine wohl kaum eine Viertelstunde mehr flugfähig gewesen wäre.

Einer der dramatischsten – und tragischsten – Einsätze eines Such- und Rettungshubschraubers der RAF fand am *26. Dezember 1966* statt. Die Besatzung einer *Whirlwind* der Staffel 202 hatte um 13.00 Uhr routinemäßig ihren Dienst angetreten und saß im Bereitschaftsraum in Leconfield. Um 14.20 Uhr klingelte das Telefon. Es war ein dringender Notruf, der von der Küstenwache an die Staffel weitergegeben wurde: das Motorschiff *Baltrover,* 40 Seemeilen vor der Küste von Lincolnshire, hatte gemeldet, daß die Bohrinsel »Sea Gem«, von der schweren See angeschlagen, einzustürzen drohe. Die Hubschrauberbesatzung stand nun vor einem Problem: an ihrer Maschine wurde gerade die fällige Untersuchung der Treibstoffzuführung ausgeführt. Normalerweise brauchte man zwei Stunden, um die Maschine wieder einsatzfähig zu machen. Das Bodenpersonal schuftete und schaffte es in 20 Minuten. Gerade als der erste Wart den Hubschrauber flugklar meldete, kam eine weitere Botschaft von der Küstenwache Flamborough Head. Die »Sea Gem« ging unter . . .

Innerhalb von fünf Minuten war die *Whirlwind* in der Luft und klapperte über die typische Yorkshire Landschaft auf die Küste zu. Das Wetter war anfänglich noch passabel, aber 20 Seemeilen weiter draußen verschlechterten sich die Wetterbedingungen in der Nordsee rasch. Der Hubschrauber geriet in schwere Turbulenz und wurde ziemlich durchgeschüttelt, als er in etwa 300 m Höhe auf den Standort der Bohrinsel zu flog. Der Wind wurde zum Orkan und trieb Schneeschauer vor sich her. Der Himmel wurde schwarz. Der Horizont war

verschwunden. Der Hubschrauber hielt seinen Kurs durch eine graue Waschküche von Wolken, Schnee und Gischt. 43 Seemeilen ostwärts von Spurn Head hatten die drei Mann Besatzung dann ihren ersten Blick auf das Wrack. Es war ein Anblick zum Fürchten. Eines der großen Beine der »Sea Gem« ragte noch – geknickt – aus der strudelnden, kochenden See. Darum herum trieb eine Masse von Wrackteilen. Das war alles, was von der riesigen Bohrinsel übrig geblieben war. Große Ölfässer und Teile des Bohrgerüsts schwammen in einer ausgedehnten Lache von Öl und Treibstoff zwischen Wellenbergen von 7 m Höhe. Die *Baltrover* und ein holländisches Schiff lagen in einiger Entfernung und nahmen Überlebende an Bord. Aufgabe des Hubschraubers war es nun, festzustellen, ob die Schiffe irgend jemand übersehen hatten.
Der Navigator, Flt. Lt. John Hill, entdeckte als erster einen Überlebenden: nichts als ein kleiner dunkler Punkt, kaum feststellbar inmitten der Trümmer. Der Pilot, Sergeant Leon Smith, brachte die *Whirlwind* bis auf 10 m über das schäumende Wasser und hatte schwer zu kämpfen, um die Maschine in dem schweren Sturm einigermaßen ruhig zu halten, während Fligth Sergeant John Reeson sich im Windengeschirr nach draußen schwang und abseilen ließ. Die Schaumkronen der Wogen schienen nach ihm zu greifen. Dann war er im Wasser, glitt mit dem Seegang auf und ab, und die Wellen schlugen immer wieder über ihm zusammen. Man sah, daß es ihn beträchtliche Anstrengung kostete, den Überlebenden zu erreichen, der mehr tot als lebendig war. Schließlich konnte er ihm den Rettungsgurt umlegen und sichern. Die beiden Männer wurden zum Hubschrauber hochgewunden, und der Halbertrunkene wurde in die Kabine gezogen.
Leon Smith nahm Kurs auf die *Baltrover,* die querab lag und wild stampfte. Zentimeter um Zentimeter ging Smith mit unendlicher Vorsicht im Sinkflug langsam abwärts auf das Deck des Schiffes zu. Es brauchte ja nur die Spitze eines Rotorblatts einen Mast zu berühren, und es wäre um Männer und Maschine geschehen gewesen.
Reeson und der Überlebende wurden sachte auf das Vordeck abgeseilt. Plötzlich, als sie schon fast unten waren, verfingen

sie sich in stehendem Gut. Als Reeson sich zu befreien versuchte, erwischte ihn ein Stahlkabel an der Schläfe und schürfte ihm die Haut auf. Aber er war so in seine Anstrengungen vertieft, daß er die Verletzung erst viel später bemerkte. Ein paar Mann von der *Baltrover* halfen ihm, den Überlebenden vom Gurt zu befreien. Dann wurde Reeson wieder zum Hubschrauber hochgezogen.

Die Suche ging weiter. Die Whirlwind kreiste um das Wrack und entdeckte einen zweiten Mann. Aber dann konnte man erkennen, daß er mit dem Gesicht nach unten im Wasser lag. Hier kam offenbar jede Hilfe zu spät. Einige Augenblicke darauf wurde jedoch ein weiterer Überlebender gesichtet. Er war bei Bewußtsein und hatte gerade noch die Kraft, mit den Armen zu winken. Obwohl Reeson vorher schon mehr als genug öliges Wasser geschluckt hatte und gegen Erschöpfungszustände ankämpfte, bestand er darauf, sofort nach unten gelassen zu werden. Wiederum erreichte er den Mann nur unter großen Schwierigkeiten. Als er ihn zu fassen bekam, drehte der Mann durch und klammerte sich verzweifelt an Reeson und riß ihm den Gummianzug am Hals auf. Ein Sturzbach eisigen Wassers drang nun mit lähmender Kälte in den Anzug ein. Mit beiden Händen gelang es Reeson schließlich, den Griff des Mannes zu brechen und ihm den Rettungsgurt über eine Schulter zu streifen. Diese Bemühungen wurden noch dadurch erschwert, daß der Überlebende seine Schwimmweste nicht richtig angelegt hatte. Außerdem schlugen immer wieder die Wellen über den Köpfen der Beiden zusammen. Da umschlang Reeson den Körper des Mannes fest mit beiden Beinen und gab Hill das Signal zum Hochziehen. Ein paar Minuten später wurde der Überlebende – er war halb bewußtlos und hatte keine Ahnung von dem, was mit ihm geschah, und wehrte sich immer noch heftig – auf die Baltrover übergesetzt. Später haben er und der erste Überlebende erzählt, daß sie sich nicht daran erinnern konnten, von einem Hubschrauber aufgenommen worden zu sein.

Zum dritten Mal nahm der Hubschrauber die Suche nach Opfern in der mit Trümmern übersäten, wogenden See auf. Ein vierter Mann wurde gesichtet, der sich an ein Rettungsfloß

klammerte. Wieder meldete sich Reeson freiwillig, nach unten zu gehen – obwohl er jetzt restlos ausgepumpt und fertig war. Dazuhin plagte ihn noch der Brechreiz wegen des öligdreckigen Wassers, das er geschluckt hatte. Auf der Wasseroberfläche angekommen, mußte er feststellen, daß der Mann hoffnungslos in einem verbogenen Rohrgerüst eingeklemmt war. Es war nicht möglich, ihm den Rettungsgurt überzustreifen. Und Reeson hatte jetzt nicht mehr die Kraft, ihn aus seiner Lage zu befreien. Im Hubschrauber oben hatte John Hill die Lage erkannt – er hievte Reeson zurück an Bord. Dann legte er sich das Windengeschirr um und ließ sich abseilen, um das Beste zu versuchen.
Die Schwierigkeiten waren erschreckend. Je mehr er den Mann aus dem Rohrgerüst zu befreien suchte, desto mehr schien er sich darin zu verfangen. Der Mann selbst war besinnungslos und konnte sich nicht mehr helfen. Außerdem war er schwer und äußerst kräftig gebaut. Während Leon Smith in dem Sturm versuchte, die Whirlwind in 10 m Höhe ruhig an der gleichen Stelle zu halten, mühte sich Hill verzweifelt ab, den Mann frei zu bekommen. Seine Hände glitten immer wieder von den ölverschmierten Rohren ab, während die kochende See über ihn hinweg schäumte und fast erstickte. Schließlich konnte er den Gurt teilweise umlegen und den Bewußtlosen aus dem Gewirr von Rohren lösen. Er gab ein Zeichen nach oben – und fand sich selbst im nächsten Augenblick mit dem Kopf nach unten am Windenseil hängen, das sich um seine Beine geschlungen hatte. Reeson – an der Winde – rief Smith zu, etwas niedriger zu gehen. Das Windenseil lockerte sich. Hill konnte richtig zupacken und den Überlebenden stützen und sich am Seilhaken festhalten, bis sie in die Kabine des Hubschraubers gezogen werden konnten.
Als beide Männer sicher an Bord waren, führte Sergeant Smith die Suche weiter. Es wurden keine anderen Überlebenden mehr gesichtet. Und weil der Benzintank fast leer war, entschied er sich, direkt nach Hause zu fliegen. Der mit Mühe Gerettete befand sich in einem bedrohlichen Zustand. Er hatte fast eine Stunde lang in dem eisig kalten Wasser gelegen. Während der Hubschrauber auf die Küste zu flog, ver-

suchten Reeson und Hill verzweifelt, das Leben des Mannes zu retten, indem sie ihn in Decken hüllten und Sauerstoff atmen ließen. Leider umsonst. Zehn Minuten später war der Mann tot.

Die Whirlwind landete um 16.50 Uhr in schwerem Schneetreiben. Sie war zwei Stunden und fünf Minuten in der Luft gewesen. Zwei Menschen verdankten der tapferen Besatzung das Leben. Für den mehrmaligen Einsatz seines Lebens wurde Flt. Sergeant John Reeson mit der wohlverdienten Georgsmedaille ausgezeichnet. Flt. Lt. John Hill erhielt das *Air Force Cross,* während Sergeant Leon Smith – dessen fliegerisches Können unter den schlimmsten Bedingungen denen eine Hubschrauberbesatzung ausgesetzt sein kann, die ganze Rettung möglich gemacht hatte – mit einem »Lob der Königin« für wertvolle Dienste in der Luft ausgezeichnet wurde.

Anfang 1969 erhielten drei Hubschrauberbesatzungen – zwei in England und eine im Persischen Golf stationiert – Auszeichnungen für die Durchführung wagemutiger Rettungen im Verlauf eines Monats.

Die erste fand am 16. April statt, als eine *Whirlwind* der Staffel 22 in Valley mi der Besatzung Flt. Lt. Ian Dearn, Sergeant Wiliam Morgan und Sergeant Stephen Jones den Auftrag erhielt, einen schwer verletzten Bergsteiger zu retten, der am Osthang des Tyfan in den Bergen von North Wales abgestürzt war. Der Hubschrauber erreichte die Stelle im letzten Licht des Tages und bei schwerer Turbulenz. Die Besatzung mußte feststellen, daß der Verletzte sich zusammen mit einem Arzt auf einem Felsvorsprung befand, der mit der Winde nicht zu erreichen war. Sergeant Jones ließ sich freiwillig auf einen anderen Vorsprung abseilen, der nur etwa 1,20 m im Quadrat maß und dann 270 m steil abfiel. Von diesem Punkt aus kletterte Jones zu dem Verletzten hinab. Er improvisierte eine Art Geschirr, so daß der zusammen mit dem Arzt den Verletzten auf eine höhere Stelle ziehen konnte, die für den Hubschrauber eher erreichbar war. Flt. Lt. Dearn, der Pilot, machte – von Sergeant Morgang dirigiert – fünf Anflüge zu dieser Stelle, den letzten mit Hilfe eines Scheinwerfers, bis die drei Mann

schließlich aufgenommen werden konnten. Die ganze Besatzung wurde durch ein Lob der Königin ausgezeichnet.
Die zweite *Whirlwind*-Besatzung – Flt. Lt. Peter Pascoe, Flg. Off. Robert McGregor und Sergeant Philip Course von der Staffel 202 in Leconfield – erhielten eine ähnliche Auszeichnung für ihren Anteil an der Rettung eines ernsthaft erkrankten Matrosen von einem Trawler in der Nordsee am 12. April 1969. Als der Hilferuf eintraf, waren die Wetterbedingungen bereits so schlecht wie nur möglich. Die Wolkenuntergrenze lag bei 70 m, die Sicht betrug knapp 1000 m und der Wind blies mit Orkanstärke. Der Trawler *Rockfish* befand sich 75 Seemeilen vor der Küste – und unter den gegebenen Einsatzbedingungen war das die Grenze der Reichweite der *Whirlwind*. Draußen über dem Wasser war das Wetter noch schlechter, die Wolkenuntergrenze sank auf 30 m ab, und die Sicht betrug nurmehr 450 m. Aber dank der ausgezeichneten Arbeit des Navigators, Flt. Lt. Pascoe, war der Trawler schnell gefunden. Alles hing nun ab von dem fliegerischen Können des Piloten Flg. Off. McGregor. Die vor ihm liegende Aufgabe war unglaublich schwierig. Der Trawler stampfte beträchtlich und hatte alle möglichen Aufbauten, die den Anflug extrem riskant machten. Trotzdem brachte McGregor die *Whirlwind* zum Schwebeflug über dem Heck des kleinen Schiffes und hielt sie ruhig über einer kleinen offenen Fläche an Deck. Der Mann mit dem Windengeschirr, Sgt. Course, ließ sich abseilen und stellte fest, daß der einzige Platz, von dem aus eine Tragbahre aufgenommen werden konnte, ein schmaler Laufgang außerhalb der Reling war. Trotz des eigenen Risikos bugsierte er die Tragbahre mit dem Patienten auf diesen Laufsteg – immer in Gefahr über Bord abzugleiten – und konnte dann den wild hin und her schwingenden Seilhaken fassen und sich mit dem Patienten an der Leine sichern. Wenige Minuten später befand sich die *Whirlwind* mit den Männern an Bord auf dem Rückflug zum Stützpunkt. Der Rettungsfall im Persischen Golf, bei der Sergeant John Glanvill eine Air Force Medaille und Flt. Lt. Kenneth Lloyd und Flg. Off. Maurice Bennee ein Lob der Königin ernteten, wurde in der Sturmnacht des 18. Mai 1969 ausgeführt, als ein Hoch-

seeschlepper mit zwei Kähnen am Haken 20 Seemeilen ostwärts des RAF Stützpunktes Muharraq Feuer fing. Als der *Wessex*-Hubschrauber vom Dienst auf dem Schauplatz eintraf, stand der Schlepper bereits vom Bug bis zum Heck in Flammen. Die neun Mann Besatzung hatten zwar ihr Schiff verlassen und waren in einen der Kähne umgestiegen, aber ein 25 Knoten-Wind und eine schwere Düngung trieben den brennenden Schlepper Minute um Minute näher heran, und ihre Lage wurde langsam hoffungslos.
Die Hubschrauber-Besatzung war sich im klaren, daß der Hochseeschlepper jeden Augenblick explodieren konnten, aber trotz dieser Gefahr und trotz dem fürchterlichen Wetter machten sie sich an die Rettung der Seeleute – mit dem brennenden Schiff und dem eigenen Landescheinwerfer als Beleuchtung. Sergeant Glanvill ließ sich in den Kahn mit den Seeleuten abseilen und blieb unten, bis alle neun – einer war verletzt – in Sicherheit gebracht waren. In den Worten der Urkunde: »Mit außergewöhnlichem Mut angesichts der unmittelbaren Gefahr einer Explosion und der bestehenden Lebensgefahr für ihn selbst sorgte er dafür, daß alle Besatzungsmitglieder des Hochseeschleppers in den Hubschrauber hochgeseilt wurden, bevor er sich selbst als Letzten hochseilen ließ. Im Verlauf der ganzen Aktion bewies er Können, Mut und Entschlossenheit in höchstem Maße.«
Vor einer kitzligen und gefährlichen Situation anderer Art stand Flg. Off. Alan Hopper – der zwar gar nicht zum Such- und Rettungsdienst gehörte, sondern bei der Staffel 72 Pilot eines *Wessex* Transporthubschraubers war. Als Teil der 38. Gruppe des Luftunterstützungs-Kommandos hatte die Staffel 72 – zusammen mit anderen *Wessex* Staffeln – Truppen in die Kampfzone zu fliegen und deren Versorgung sicherzustellen. Am Abend des 14. August 1969 stürzte ein Soldat vom 420 m hohen Felsgipfel des Bienvenagh in Nordirland ab. Ein Hilfeersuchen erreichte ein Detachment der Staffel, das im nahegelegenen Balleykelly stationiert war. Innerhalb weniger Minuten befand sich Flg. Off. Hopper auf dem Weg zur Unfallstelle und wurde mit Hilfe von Fackeln auf den Gipfel des Berges eingewiesen. Nach genauer Information am Ort startete

er wieder und flog durch eine tief eingeschnittene Schlucht zum Fuß des Felsens. Mit Hilfe seines Landscheinwerfers fand er den Verletzten, der zwischen großen Felsbrocken lag, die den Boden der Schlucht bedeckten.

Er machte ein paar Landeversuche, aber jedes Mal mußte er wieder hochziehen, weil er befürchten mußte, daß die Blattspitzen des Rotors die Wände der Schlucht berühren könnten. Inzwischen war es völlig dunkel geworden, und der Pilot sah sich außerstande, zu beurteilen, wieviel Platz er hatte, oder eine freie Fläche zwischen all den großen Felsbrocken zu finden.

Als Alternative blieb ihm ein Landeversuch auf einer abfallenden Grasfläche etwa 30 m entfernt, und seine Besatzung kletterte dann mit einer Bahre in die Schlucht. Der Mann, der schwere Verletzungen an Kopf, Rücken und Beinen erlitten hatte und beträchtlich Schmerzen aushalten mußte, wurde auf die Tragbahre gehoben und so bequem wie möglich gelagert. Das Problem war dann, den leichtesten und schnellsten Weg aus der Schlucht zu finden. Hopper fand eine Lösung. Er startete und flog in niedriger Höhe und leuchtete die Strecke mit seinem Landescheinwerfer aus. Es war ein gefahrvoller Flug. Die *Wessex* kam einige Male nur um Zentimeter an großen Felsbrocken vorbei, und der vom Rotor erzeugte Wind wirbelte Staub und kleine Steine auf. Als das Rettungsteam aus der Schlucht heraus war, landete Hopper noch einmal auf dem schrägen Grashang. Der Verwundete wurde an Bord genommen und nach der Landung in Balleykelly mit einem Krankenwagen zum nächsten Krankenhaus gebracht. Seit dem Telefonanruf waren noch keine 45 Minuten vergangen.

Mit Stacheln bewehrt

Seit Napoleon 1794 mit der Ballonkompanie der französischen Armee die erste »Luftwaffe« der Welt schuf, ist die Bedeutung von Flugapparaten bei Aufgaben der Aufklärung und Artilleriebeobachtung bekannt und hat sich wachsender Wertschätzung erfreut. Es war indes ein Krieg notwendig, um sich der militärischen Bedeutung des Flugzeuges quasi als Verlängerung der Reichweite der Artillerie – als Mittel, den Feind weit hinter der Front zu treffen – richtig bewußt zu werden.

Das Gleiche gilt für den Hubschrauber. Die ersten einsatzfähigen Hubschrauber, in den USA Sikorsky's Typ *YR-4* und in Deutschland Flettners *Fl 282,* waren beide als fliegende Beobachtungsstationen entworfen, und man hatte nicht ernsthaft daran gedacht, daß jeder dieser beiden Typen auch in eine effektive Kampfmaschine umzuwandeln war. Aber es befand sich eine Weiterentwicklung der *Fl 282* mit Bombenabwurfvorrichtung zur Bekämpfung von U-Booten im Reißbrettstadium, als der Zweite Weltkrieg zu Ende ging. Und 1942 waren mit dem Prototyp *XR-4* Bombenwurfversuche auf dem Wright Field, dem Materialzentrum der USAAF, durchgeführt worden. Das dabei angewandte System war einfach: der zweite Mann in der *XR-4* hielt eine Bombe im Schoß und warf sie dann mehr oder weniger in Richtung eines weißen Kreises auf dem Boden, während der Pilot sein Bestes tat, die Maschine im Schwebeflug über diesem Ziel einigermaßen ruhig zu halten. Später wurde die *XR-4* mit einer Vorrichtung unter dem Rumpf ausgestattet, an der fünf 12-kg-Bomben aufgehängt werden konnten. Die Auslösung erfolgte über einen Abzugshebel an der Steuersäule.

Diese frühen Experimente bewiesen, daß beim Bombenabwurf aus Hubschraubern ein gewisses Maß an Genauigkeit zu erzielen war, besonders im Vorwärtsflug. Das hauptsächliche Hindernis lag in der verhältnismäßig geringen Tragkraft und der langsamen Vorwärtsgeschwindigkeit, unter der die *XR-4* und andere frühe Hubschrauber zu leiden hatten und die sie über einem mit Schußwaffen verteidigten Ziel äußerst verwundbar machten. Versuche mit nach vorn schießenden MGs wurden ebenfalls mit der *XR-4* angestellt. Aber die Ergebnisse waren enttäuschend. Die Maschine war zu unstabil und schüttelte viel zu sehr, um eine geeignete Schußplattform abzugeben.

Gegen Ende des Zweiten Weltkriegs haben aber die Amerikaner wie auch die Deutschen erfaßt, daß der bewaffnete Hubschrauber auf einem besonderen Gebiet durchaus Chancen hatte: bei der U-Bootbekämpfung. Die Deutschen habe als erste ein solches Projekt – eben mit der *Fl 282* – verfolgt. Aber der Krieg war zu Ende, bevor die Sache produktionsreif war. Erst mit der *Sikorsky S-55* hatten die Amerikaner dann einen Hubschrauber mit einer ausreichenden Tragfähigkeit für die oben umrissene Verwendung.

Allerdings genügte diese Tragfähigkeit der *HO4S-1* – wie die *S-55* bei der US Navy hieß – nicht, um die Doppelrolle der Aufspürung und der Bekämpfung von U-Booten gleichzeitig zu übernehmen. Mit entsprechender Ausrüstung konnte der Hubschrauber ein getauchtes U-Boot orten – aber diese Ausrüstung war so schwer, daß nicht auch noch die zielsuchenden Waffen mitgeführt werden konnten, die notwendig waren, um das gefundene U-Boot zu erledigen. Als Alternativlast konnten die Torpedos mitgenommen werden, aber dann mußte ein anderer Hubschrauber das Orten besorgen. Um dieses Problem zu lösen, hat die US Navy ihre *HO4S-1* in Paaren zur U-Bootbekämpfung eingesetzt – die eine Maschine zur Ortung und die andere zur Vernichtung eines Ziels.

Dieses System funktionierte einigermaßen, und die Technik wurde ausgefeilt, aber es war doch eine sehr enge und gute

Zusammenarbeit der Besatzungen der beiden Hubschrauber notwendig – und zwei Maschinen für eigentlich dieselbe Aufgabe einzusetzen, war schließlich auch kostspielig. Um dieses Problem zu lösen, schrieb die US Navy 1950 einen Entwurfswettbewerb für einen Hubschrauber aus, der beide Teilaufgaben ausführen konnte. Die Maschine, die den Zuschlag erhielt, war die *Bell XHSL-1,* der erste Hubschrauber der Welt, der von Anbeginn auf die Bekämpfung von U-Booten ausgelegt war. Es wurden 53 *HSL-1* gebaut, aber der Typ hat sich im Einsatz nicht bewährt. Erst mit Erscheinen der *S-58* hatte die US Navy einen Hubschrauber, der ihren Vorstellungen voll entsprach. Ursprünglich unter der Bezeichnung *HSS-1* und später *SH-34* hat die ASW (= Anti Submarine Warfare, = U-Bootbekämpfung) -Version der *S-58* im Juni 1954 ihren Dienst angetreten. Die britische Variante, die von Wellenturbinen angetriebene *Westland Wessex,* wurde ebenfalls weiterentwickelt, um einer entsprechenden Forderung der Royal Navy nachzukommen. Alle ASW-Varianten der *S-58* waren mit Sonarbojen und mit Unterwasser-Radar ausgestattet. Diese Ausrüstung konnte von einem Hubschrauber an einem Kabel auf das Wasser niedergelassen werden. Einige ASW-Hubschauber waren auf diese Weise imstande, eine elektronische Barriere um einen Konvoi oder eine ganze Flotte zu legen. Zusätzlich zur Warnung vor feindlichen U-Booten konnten die Sonarbojen auch als Nachrichtenmittel im Ultraschallverkehr mit eigenen oder alliierten Booten eingesetzt werden.

Ab 1962 wurden die *SH-34* zunehmend durch neue Sikorsky U-Bootbekämpfungs-Hubschrauber vom Typ *SH-3 Sea King* ersetzt. Dieser beachtliche Hubschrauber – eine von Westland gebaute Variante steht bei der Royal Navy im Dienst – hat eine Besatzung von 5 Mann, kann vier Stunden in der Luft bleiben und hat eine Reichweite von 430 km von ihrem schwimmenden Stützpunkt aus. Sie trägt eine Waffenlast von 390 kg und kann automatisch im Schwebeflug verharren. Im Durchschnitt verbringt die *Sea King* auf der Suche nach feindlichen U-Booten die Hälfte der Einsatzzeit im Schwebeflug dicht über dem Wasser bei eingetauchter Sonarboje.

Der Wert des U-Bootbekämpfungs-Hubschraubers liegt darin, daß er nicht nur wie ein Starrflügelflugzeug von Flugzeugträgern aus eingesetzt werden kann. Die britischen *Sea King* können z. B. von modifizierten Kreuzern mitgeführt werden. Ein Hubschrauber-Kreuzer der »Blake«-Klasse kann einen Schwarm von vier *Sea King* aufnehmen.
In den letzten Jahren wurden Forderungen nach einem leichteren, kleineren ASW-Hubschrauber laut, der von Kreuzern, Zerstörern und Fregatten aus operieren kann. Solche Hubschrauber, die mit zielsuchenden Torpedos und anderen Waffen ausgerüstet sind, führen keine Suchausrüstung mit, sondern bilden eine wichtige Erweiterung des Wirkungsbereichs der Rohrwaffen eines Kriegsschiffs. Zu den wirksamsten kleinen Hubschraubern dieser Kategorie gehört die *Westland Wasp,* die von der Plattform einer Fregatte aus eingesetzt werden kann und zwei zielsuchende Torpedos von je 430 kg mitführt.
Eine andere Lösung des Hubschrauberproblems für kleinere Schiffe ist die ferngesteuerte ASW-Drohne wie z. B. die *QH-50 Gyrodyne* der US Navy. Dieser kleine unbemannte Hubschrauber, der zwei akustische Torpedos mitführt und durch Funksteuerung ans Ziel geführt wird, kann zur Zeit von mehr als 50 Zerstörern aus eingestzt werden. Der einzige große Nachteil besteht darin, daß er nicht außerhalb der Sichtweite eines Zerstörers operieren kann.
Die Wirksamkeit des Hubschraubers in der Rolle der U-Bootbekämpfung ist nach nunmehr über 20 Jahren Erfahrung unbestritten, aber der Einsatz des Hubschraubers als Angriffselement bei der Erdkampfunterstützung ist eine neuere Entwicklung. Während des Koreakriegs hat man Hubschrauber der US Army und des US Marine Corps öfters mit leichten MGs bestückt, um eine Beschießung vom Boden her während eines Angriffs durch eigenes Feuer möglichst zu unterbinden. Und in Algerien haben die Franzosen bei der Terroristenbekämpfung eine Anzahl von Waffen einschließlich drahtgesteuerter Raketenwaffen im Hubschrauber ausprobiert. Aber erst in Vietnam sollte der Hubschrauber als Waffenträger sein eigenes Gewicht bekommen.

Der erste Hubschrauber, der für eine offensive Rolle im Vietnamkrieg entwickelt wurde, war der Typ *Bell UH-1 Iroquois,* der ursprünglich zwei nach vorn feuernde, fest eingebaute 7,62-mm-MGs hatte. Diese wurden später durch automatische 7,62-mm-Zwillingswaffen ersetzt, die auf Auslegern beiderseits des Rumpfs montiert waren. Diese Waffen waren schwenkbar und hatten damit einen großen Wirkungsbereich. Sie wurden vom Pilot über ein Reflexvisier bedient, das über dem Gerätebrett installiert war. Diese bewaffnete *Iroquois* führte auch acht 70-mm-Raketen mit, die unter den Auslegern hingen. Die normale Transportversion verfügte über zwei M-60-Maschinengewehre, in jeder Kabinentür eines, um Feuerschutz geben zu können, wenn die Soldaten aus dem Hubschrauber stiegen.

Die bewaffnete Version der *Iroquois* wurde von den amerikanischen GI's in Vietnam mit dem Spitznamen *Huey Hog* (= Hui-Sau) belegt und die Transportversion mit *Huey Slick* (= Hui-Gauner). Das Huey war die verballhornte Typenbezeichnung HU.

Im Einsatz war es die Aufgabe der *hogs,* die Landezone zwei Minuten vor den *slicks* anzufliegen, um eine letzte Inspektion vorzunehmen und alles, was sich bewegte, mit MG-Feuer und Raketen zu belegen. In der Regel blieben sie dann noch eine Weile im Schwebeflug dicht über der Kampfzone und nutzten dabei jede natürliche Deckungsmöglichkeit wie Bäume oder Bodenwellen aus, bis sie ein Ziel erkannten, höher stiegen und dieses bekämpfen konnten.

Mit dem Fortgang des Kriegs in Vietnam wurde die Bewaffnung der *Iroquois* verschiedenen Zwecken angepaßt. So kam es sogar zum Einbau eines 40 mm M-75 automatischen Granatwerfers in einem »Kinnturm« unter dem Cockpit. Dies war eine beachtliche Waffe, mit der Phosphor- oder Brisanzgranaten über eine größere Fläche mit einer Folge von 200 Schuß pro Minute gestreut werden konnten. Es war eines der wirksamsten Waffensysteme für Erdkampfunterstützung aus der Luft.

Der erfolgreiche Einsatz der bewaffneten Version des *Iroquois* Hubschraubers während des Anfangsstadiums des

amerikanischen Eingreifens in Vietnam war eine rasche Bestätigung für die Richtigkeit des Hubschraubers als Waffenträger. Trotzdem litt dieser Typ unter einer Reihe von Unzulänglichkeiten: er war zu langsam – das hieß: es dauerte zu lange, bis die Kampfzone erreicht war – und die Flugdauer (und damit die Reichweite) war doch sehr begrenzt.
Was gebraucht wurde, war ein gänzlich neuer Hubschrauber – eine Maschine, die von Anfang an als Waffenträger konzipiert war, die Deckung für Transporthubschrauber fliegen konnte und außerdem auch für längere Zeit noch Feuerschutz über der Kampfzone garantierte. Die US Army hat 1963, von dieser Vorstellung ausgehend, ein Programm gestartet, das unter der Bezeichnung AAFSS (Advanced Aerial Fire Support System) lief. Die Hubschrauberfirmen der USA wurden dadurch angeregt, bereits existierende Typen zu Waffenträgern zu modifizieren oder neue Typen für diese Rolle zu entwickeln. Unter anderem war in der AAFSS-Spezifikation eine Höchstgeschwindigkeit in der Größenordnung von 415 km/h als Richtwert gegeben.
Vier Entwürfe stellten sich zum Wettbewerb: die *Bell Warrior;* eine bewaffnete Version der *UH-1* mit Stummelflügeln und einer stromlinienförmigen Kabine; eine entsprechende Version der *Bell 47;* die *Sikorsky S-66* und die *Lockheed AH-56.* Der letztgenannte Typ – ein Kombinationshubschrauber mit einem Druckpropeller am Heck – erhielt 1964 den Zuschlag. Zur gründlichen Erprobung des Entwurfs wurden zehn Prototypen in Auftrag gegben. Indes konnte man nicht erwarten, daß einer der Prototypen vor 1967 flog. In der Zwischenzeit existierte in Vietnam eine unmögliche Situation. Man mußte *hogs* (mit einer Höchstgschwindigkeit von 135 km/h) einsetzen, um für *Chinook* Hubschrauber Begleitschutz zu fliegen, welche mit einer Geschwindigkeit von 220 km/h fliegen konnten. 1965 wurde der Bedarf an einem Interims-AAFSS-Hubschrauber dringend, und ein Komitee der US Army wurde zur Prüfung der Frage eingesetzt, ob ein existierender Hubschraubertyp innerhalb von 18 Monaten in einen Waffenträger umgebaut werden kann. Vier Typen kamen dafür in Frage: die *CH-47A Chinook,* die *Sikosky S-61 Sea King,* die *Ka-*

man *Seasprite* und eine Weiterentwicklung der *Iroquois,* die *Bell 209 Huey Cobra.* Anfänglich waren die *CH-47* und die *Sea King* favorisiert, weil sie eine (zusätzliches Gewicht bedeutende) Panzerung vertrugen und dann auch noch Waffeneinbauten verdauen konnten — also MGs, Kanonen und Granatwerfer. Mehrere *Chinook,* die bei der 1. Kavallerie-Division (luftbeweglich) in Vietnam eingesetzt waren, sind vorher zu Waffenträgern modifiziert worden und haben eine beachtliche Bewaffnung von vier 7,62-mm-MG, zwei 20-mm-Kanonen, einen 40-mm-Granatwerfer, und Außenanschlußpunkte für Minigun-Behälter gehabt. Zwei weitere 12,7-mm-MG waren an der Laderampe am Heck montiert, zur Bekämpfung jener Vietcong, die den Hubschrauber vorbeifliegen lassen und erst hinter im herschießen wollten.

Die Firma *Bell Helicopters* stahl aber ihren Konkurrenten die Schau, indem sie ihren Prototyp der *Huey Cobra* am 7. September 1965 zum Erstflug in die Luft brachte. Dieses Projekt war das Ergebnis rein privater Initiative (und privaten Risikos). Die Maschine kam bereits im Dezember zur Truppenerprobung auf die Edwards Air Force Base. Im darauffolgenden März wurde die Serienfertigung mit einem ersten Los von 110 Maschinen aufgenommen. Bis Oktober 1968 hatten die Folgeaufträge die Produktionsziffer auf 838 anschwellen lassen, wovon die meisten Maschinen bis Herbst 1969 ausgeliefert waren. Weitere *Huey Cobra* kamen bis August 1972 zur Truppe.

Die *Bell AH-1G* erwarb sich in Vietnam schnell einen sagenhaften Ruf. Der Vietcong hat die Maschine mit dem Spitznamen »Stotternder Tod« belegt. Sie ist mit einem Kinnturm ausgestattet, der entweder zwei sechsläufige 7,62 mm Minigun oder zwei 40 mm XM-129 Granatwerfer erhält. Die Schußfolge der Minigun konnte vom Schützen geregelt werden. Um Streufeuer auf Dschungelgebiete zu schießen, genügten 1300 Schuß pro Minute. Die Feuergeschwindigkeit konnte dann auf 4000 Schuß pro Minute gesteigert werden, wenn ein Ziel genau ausgemacht war und angegriffen werden konnte. Die *Huey Cobra* kann das Schnellfeuer 45 Sekunden lang aufrechterhalten – die Wirkung ist verheerend. Der Hubschrauber kann auch 76 Raketen vom Kaliber 27,5 mm oder eine 20-mm-Kanone mitführen, die 750 Schuß pro Minute abgeben kann.

Bei einem durchschnittlichen Einsatz zur Erdkampfunterstützung in Vietnam mußte der Hubschrauber zwischen 80 und 95 km bis zur Kampfzone zurücklegen; mit 320 km/h machte die *Cobra* dies in der halben Zeit gegenüber der *Iroquois* und konnte dreimal so lange über dem Kampffeld bleiben.

Der Waffenträger ist *ein* Aspekt des Hubschrauber-Einsatzes, den der Kampf in Vietnam herbeigeführt hat. Andere Hubschraubertechniken konnten aufgrund der langen Dauer des Konflikts in Vietnam beträchtlich verfeinert werden. Dazu gehört die Augenaufklärung über der Kampfzone, eine Aufgabe, die der Hubschrauber – unter Bedingungen wie in Vietnam – besser erledigt als jeder andere Flugzeugtyp.

Die 1. US Kavallerie-Division (luftbeweglich) hat einige Nahaufklärer-Staffeln zur Verfügung, die jeweils in vier Züge aufgeteilt sind. Jeder Zug hat drei Gruppen, die mit insgesamt sechs leichten Hubschraubern vom Typ *Hughes OH-6A Cayuse,* drei Waffenträger-Gruppen mit neun *AH-1G Huey Cobra* und einer Anzahl von *UH-1D Iroquois,* die jeweils eine Gruppe Infanteristen in den Einsatz fliegen können.

Erfahrene Beobachter, speziell dazu ausgebildet, um Zeichen eines gut getarnten Feindes zu erkennen, flogen in den kleinen *Cayuse* Gebiete ab, von denen anzunehmen war, daß der Gegner sie nutzte. Sie hielten Ausschau nach verräterischen Einzelheiten wie Fußspuren oder Reifenspuren auf Dschungelpfaden, oder aufgewühlten Schlamm in einem Fluß – alles Zeichen, die die Passage einer bestimmten Zahl von Menschen und Material andeuteten und die man vom Boden aus kaum wahrnehmen konnte. Wenn etwas Verdächtiges entdeckt wurde, dann jagte der Pilot der *Cayuse* ein paar Feuerstöße aus seiner 7,62 mm Minigun in die Gegend, immer in der Hoffnung, ein feindliches Munitionslager zu treffen – oder den Vietcong zur Erwiderung des Feuers zu zwingen und damit seine Stellung zu verraten.

Im allgemeinen war der Vietcong sehr diszipliniert und schoß kaum einmal auf den Hubschrauber, weil er zu gut wußte, was dann passierte. Wenn er sich jedoch erkannt wußte, dann schoß er zurück – mit allem, was er hatte. Dies war dann der Augenblick, um die *Huey Cobra* zu rufen, die das Gebiet mit Raketen, Kanonen- oder MG-Feuer belegen konnte. Gleichzeitig hielten die *Cayuse* das Gelände unter Beobachtung, um Mündungsfeuer und andere Zeichen festzustellen, die auf feindliche Truppenkonzentrationen oder Einzeltruppen mit automatischen Waffen schließen ließen. Mehr Feuerunterstützung – durch Artillerie und Jagdbomber – konnte falls nötig angefordert werden. Wenn das Gebiet grundsätzlich mit Brisanzmunition bepflastert war, dann kamen die *Iroquois* schnell im Tiefflug heran, bäumten sich wie Gäule über einer geeigneten Lichtung auf und verhielten lange genug im Schwebeflug, um ihre Ladung Soldaten loszuwerden.

Eine andere Hubschraubertechnik hat als Ergebnis der Erfahrungen in Vietnam eine umfangreiche Weiterentwicklung erfahren: der Such- und Bergungseinsatz. Einige der gefährlichsten Unternehmen, die die USAF in Vietnam durchzuführen hatte, wurden von den Besatzungen von *Sikorsky HH-3E* Rettungshubschraubern geflogen, die abgeschossenen amerikanischen Piloten in der Zeit der Bombenangriffe auf Nordvietnam zu Hilfe kamen.

Zu den vielen neuen Rettungsgeräten, mit denen die *HH-3* ausgerüstet waren, gehörte auch ein Apparat mit dem Spitznamen »Sweet Chariot«. Er bestand aus einem Zylinder, der beim Abseilen seinen Weg auch durch ein dichtes Dschungelblätterdach fand und drei federbelastete Sitzflächen freigab, auf denen die abgeschossenen Flieger zum Hochseilen Platz nehmen konnten. Während sie nach oben schwebten, schützte eine große Plastikhaube sie vor Zweigen und Ästen. Von vorgeschobenen Stützpunkten in Thailand aus operierend sind die *HH-3* – liebevoll als »Jolly Green Giants« oder einfach »Jolly Greens« bezeichnet – oft tief in nordvietnamesisches Gebiet eingedrungen, um die Opfer der mörderischsten Flakkonzentration zu bergen, die die Welt bisher gesehen hat. Das Auffinden eines abgeschossenen Piloten war nicht allzu schwierig dank des Funksignals, das mit einem Gerät abgegeben werden konnte, das zu jedem Überlebens-Pack gehört.

Gefährlich wurde es dann, wenn der Hubschrauber auf dem Schauplatz eintraf. Das Hochseilen eines Mannes verlangte einen ruhigen Schwebeflug über den Baumwipfeln – ein richtiges Stillstehen in der Luft – und in diesem Stadium war die Maschine natürlich äußerst verwundbar gegen Beschuß vom Boden. Die Viets ließen nie lange auf sich warten. Sie suchten selbst nach den abgeschossenen Piloten, und wenn dann ein Huberschrauber erschien, dann konzentrierten sie das Feuer auf das Cockpit in der Absicht, die Besatzung zu töten. Wenn sich ein Rendezvous in der Nähe der laotischen Grenze abspielte, dann konnte der Hubschrauber mit einem Schwarm *A-2 Skyraider* zusammenarbeiten. Die konnten es mit jeder Art von »Opposition« aufnehmen. Aber weiter nördlich gegen den Roten Fluß zu, liefen die Hubschrauber Gefahr, von nordvietnamesischen MiG-Jägern angegriffen zu werden. In diesem Fall mußten dann *F-4 Phantom*-Jäger Deckung über dem Bergungsgebiet fliegen.

Die meisten von den »Jolly Greens« durchgeführten Rettungsaktionen fanden in einem relativ schmalen Sektor entlang der Grenze zwischen Vietnam und Laos statt – am Ho-Chi-Minh-Pfad. Das bedeutete einen verhältnismäßig kurzen Anflug von Laos her – nur den Bruchteil der 350 km Reichweite der Hubschrauber. Piloten, die über dem Norden abgeschossen wurden, hatten Anweisung, sich in Richtung auf diesen Streifen oder aber in Richtung Küste zu bewegen, wo sie von einem Rettungshubschrauber der Navy aufgepickt werden konnten. Das Gebiet nördlich des Roten Flusses befand sich außerhalb der Reichweite der Hubschrauber, was die Rettung eines dort abgeschossenen Fliegers nahezu aussichtslos machte – ganz abgesehen von der Unmöglichkeit, mit einem 205 km/h »schnellen« Hubschrauber ungerupft durch die Flakkonzentration zu kommen. Trotzdem hatten auch die über Nordvietnam eingesetzten Piloten noch eine weit größere Chance, nach einem Abschuß aufgenommen zu werden, als jede andere Flugzeugbesatzung, die in der Geschichte des Luftkrieges zuvor über feindlichem Gebiet operieren mußte. Sie verdankten dies den Hubschrauberbesatzungen und den Risiken, die diese bereit waren einzugehen. Die Zahl der im Krieg in Vietnam gefallenen Amerikaner ist erschreckend hoch. Aber man kann nicht an der Tatsache vorbeigehen, daß sie vier- oder fünfmal höher wäre – wenn der Hubschraubereinsatz im Such- und Rettungsdienst nicht in so weitem Umfang zum Tragen gekommen wäre. In einer Gegend, wo selbst leichte Verwundungen durch Infektion schnell lebensbedrohend werden können, ist ein schneller Transport zu einem Verbandsplatz oder Feldlazarett wichtig – und in Vietnam wurden Verwundete manchmal innerhalb von Minuten durch Hubschrauber aus dem Kampfgebiet ausgeflogen. Das Ergebnis war, daß nur eine Minderzahl von Männern mit behandlungsfähigen Verwundungen in diesem Krieg sterben mußten – viel weniger als in irgend einem vergleichbaren Konflikt der Weltgeschichte.

Die Arbeit der amerikanischen Hubschrauber in Vietnam ist bereits Legende. Auf einem anderen Kriegsschauplatz – Borneo – haben Hubschrauber der RAF und Royal Navy ähnliches geleistet, mit viel weniger Publizität aber oft genug mit demselben Risiko.

Als England Malaysia zu Hilfe kam, nachdem die indonesischen Aufständischen eine Reihe offener Angriffe über die Grenze von Sarawak und Sabah führten und sogar bewaffnete Landungen auf dem malaysischen Kernland unternahmen, bestand ein großer Teil der britischen fliegenden Verbände aus Hubschraubern. Truppentransport und Nachschub wurden von einer Handvoll *Westland Belvedere* der RAF und *Wessex* Kampfhubschraubern der RAF und der Royal Navy übernommen. Die letzteren wurden von den Kommando-Trägern *Albion* und *Bulwark* auf vorgeschobene Stützpunkte im Dschungel auf Borneo verlegt, während *Westland* Scout des Army Air Corps zum Ausfliegen Verwundeter sowie für Nahaufklärung und Verbindung eingesetzt wurden. *Westland Wasp* Hubschrauber, die von den in diesem Gebiet stationierten Fregatten mitgeführt wurden und normalerweise in der U-Bootbekämpfung Verwendung fan-

den, flogen in der Dämmerung regelmäßig Patrouille entlang der malaysischen Küste und hielten Ausschau nach Booten, die indonesische Terroristen an Land zu setzen versuchten. Such- und Rettungseinsätze gehörten hauptsächlich zum Verantwortungsbereich der *Whirlwind* der RAF.
Typisch für die Hubschraubereinsätze über dem Dschungel von Borneo war ein Flug, der dem Flg. Off. D. T. J. Collinson, einem *Whirlwind*-Piloten der Staffel No 225, ein DFC (Distinguished Flying Cross) einbrachte. Am Nachmittag des 28. Februar 1965 erhielt Collinson und seine Besatzung – Flg. Off. H. B. Lake und Senior Aircraftman M. N. Dyet – Startbefehl, um im Dschungel nach zwei verwundeten britischen Soldaten zu suchen. Von dem einen war bekannt, daß es ihn übel erwischt hatte und daß er dem sicheren Tod ins Auge sah, wenn er nicht bald in ein Lazarett kam.
Der andere Verwundete hatte einen »Piepmatz«, so daß er durch Funkpeilung geortet werden konnte, und Collinson war so noch vor Einbruch der Nacht in der Lage, ziemlich genau den Punkt auszumachen, wo er liegen mußte. Er gab diese Information an einen Spähtrupp auf dem Boden weiter, der den Verwundeten kurze Zeit darauf fand. Die Suche mit dem Hubschrauber wurde bei Tagesanbruch am folgenden Morgen wieder aufgenommen. Collinson fand den Spähtrupp schnell wieder, der den einen Verwundeten auf einer Tragbahre mit sich führte. Die Bäume standen aber zu eng und waren zu hoch, um eine Landung des Hubschraubers zu ermöglichen. Und das Abseilkabel reichte nicht bis auf den Boden. In der Erkenntnis, daß er im Augenblick nichts tun konnte, ging er daran, nach dem zweiten Verwundeten zu suchen, den er dann im tiefen Dschungel fand.
Vorsichtig manövrierte Collinson den Schwanz des Hubschraubers zwischen zwei Bäume hinein und ging dann langsam niedriger, bis er über dem Mann war. In diesem Augenblick eröffneten die Guerillas aus einiger Entfernung mit Handwaffen das Feuer, und die Kugeln pfiffen nur so um das Cockpit. Trotz der Gefahr hielt der Pilot die Maschine ruhig in der Luft, bis der Soldat sich den Gurt selbst umgeschnallt hatte, hochgeseilt und sicher an Bord genommen war. Um diese

Zeit hatte bereits die Abenddämmerung eingesetzt, und der Pilot mußte den Heimflug in pechschwarzer Nacht durchführen und dabei wegen eines Gewitters auch noch einen Umweg fliegen, bevor er den Verwundeten im Lazarett Kutsching abliefern konnte. Am folgenden Morgen wurde auch der zweite Soldat von einer Lichtung aus aufgenommen, wohin ihn der Spähtrupp getragen hatte. Beide Männer sind wieder voll genesen.

Anders als die Amerikaner verfügten die Briten in Borneo nicht über Kampfhubschrauber, die den Weg für Luftlandeunternehmen freischießen konnten. Bei jedem Einsatz hing der Erfolg allein vom Geschwindigkeits- und Überraschungsmoment ab. Dieser Gesichtspunkt spielte auch in einem anderen Konflikt eine Rolle: dem Sechstagekrieg zwischen Israel und den arabischen Staaten im Juni 1967.

Nur durch den Einsatz von Hubschraubern ist es den Israelis gelungen, eine der am zähesten verteidigten Stellungen des Gegners aufzubrechen: die von den Syrern gehaltenen Golan-Höhen. Die höchstgelegenen Stellungen auf den Bergkuppen waren von den Bergflanken aus völlig unangreifbar. Deshalb haben die Israelis ihre *S-58* und *Super Frelon* eingesetzt, um Fallschirmjäger und Artillerie so abzusetzen, daß die syrischen Stellungen von hinten aufgerollt werden konnten.

Nachdem die Hubschrauber ihre Aufgaben im offensiven Einsatz abgeschlossen hatten, wurden sie auf die verschiedenen Frontabschnitte verteilt und bei der Bergung von Verwundeten eingesetzt. Als später nach dem Krieg die Artillerie-Duelle über dem Suez-Kanal einsetzten, wurde die letztgenannte Aufgabe durch eine Anzahl von *Bell Iroquois* übernommen. Die großen *Super Frelon* Hubschrauber wurden einige Male im Zusammenhang mit der Guerilla-Bekämpfung und bei Kommandounternehmen tief jenseits des Suez-Kanals eingesetzt. Eines der spektakulärsten Unternehmen fand am 31. Oktober 1968 statt, als drei *Super Frelon* von den Decks kleiner israelischer Schiffe im Golf von Akaba starteten und tief nach Ägypten eindrangen, um schließlich in der Wüste zu landen. Schnell waren die Jeeps ausgeladen und be-

setzt. Die Kommandos nahmen Kurs auf die zugewiesenen Zielobjekte – das große Elektrizitätswerk Mag Hammadi und den Quena Staudamm. Nachdem sie das E-Werk in die Luft gesprengt und das Hauptversorgungskabel vom Assuan-Damm nach Kairo unterbrochen hatten, kehrten die Israelis zu ihren wartenden Hubschraubern zurück und konnten ungestört entkommen. Zwei Monate später, am 29. Dezember, waren die *Super Frelon* wieder in Aktion – sie klapperten über die Grenze hinweg auf den Flughafen Beirut zu, wo die Kommandos zwölf arabische Passagierflugzeuge in einem waghalsigen Überfall zerstörten. Der Erfolg des Hubschraubers als Kampfflugzeug und bei der Erdkampfuntersützung wurde aber nur möglich durch eine völlige Änderung des Konzepts der Kriegführung in den letzten 25 Jahren. Kriege sind nicht länger eine Angelegenheit von zwei Nationen, die sich gegenseitig über weite Entfernungen hinweg mit schweren Brocken belegen, noch sind sie eine Angelegenheit großer Armeen und deren Panzer- und Artillerieverbände, die sich auf dem Schlachtfeld selbst in die Haare geraten. Der Krieg ist zurückgekehrt zur primitiven Form der Guerillas, die den Feind mit nadelstichartigen Angriffen zermürben und dann wieder untertauchen. Guerillas kann man im bergigen Gelände und im Dschungel nicht mit Panzern und Hochgeschwindigkeitsflugzeugen bekämpfen. Da müssen schon harte Burschen mit bester Ausbildung her, die die Terroristen auf ihrem eigenen Boden bekämpfen und dabei den Kopf oben behalten können. Und sie müssen schnell *und* genau an die Schlupfwinkel des Gegners herangeführt werden – wie uneinnehmbar diese auch erscheinen mögen.
Es wurde bereits einmal ausgesprochen: um einen Krieg gegen Guerilla-Verbände zu gewinnen, müssen die eingesetzten Truppen einen festen Rückhalt bei der Bevölkerung des Gebiets besitzen. Gleichermaßen kann man sagen, daß man dazu Hubschrauber braucht – so viele Hubschrauber, daß die Terroristen sich weder bei Tage noch bei Nacht vor dem »stotternden Tod« am Himmel sicher fühlen können.

Der Hubschrauber im zivilen Einsatz

In der 25-jährigen Geschichte seines Einsatzes im militärischen Bereich hat der Hubschrauber eine beachtliche Anzahl von Besonderheiten bewiesen. Er hat dabei in größerem Ausmaß das Flugzeug mit starren Tragflächen bei Erdkampfunterstützung, Nahaufklärung, Nachschub und Rettungseinsatz überflügelt.
Auf zivilem Gebiet gehörten zu seinen Errungenschaften Spezialaufgaben wie Kabelverlegung, Landvermessung und Fischereischutz — alles Anwendungsgebiete, die mit hohem Grad von Erfolg angegangen wurden und der Zivilluftfahrt neue Dimensionen erschlossen haben.
So einmalig und vielseitig der Hubschrauber auch erscheinen mag, so hat er doch seine Grenzen. Vor mehr als 20 Jahren haben mehrere große Luftfahrtgesellschaften mit dem Einsatz von Hubschraubern im planmäßigen Passagierdienst zwischen nahegelegenen Städten Pionierdienste geleistet und Pläne für eine weitere Expansion entworfen: man sah den Hubschrauber bereits als das natürliche Transportmittel für größere Passagierzahlen im Intercity-Verkehr oder zwischen Stadtzentrum und Flughafen. Mit seiner Fähigkeit, nahezu überall auf einer kleinen Fläche Wasser oder Land zu landen, die in unmittelbarer Nähe der City gelegen ist, und mit dem Wegfall der Notwendigkeit umfangreicher Bauarbeiten an einer solchen Stelle erscheint der Hubschrauber nach wie vor prädestiniert für diese Rolle. Trotzdem kommt man nicht an der Tatsache vorbei, daß nur sehr wenige Fluggesellschaften, die Hubschrauber im planmäßigen Verkehr einsetzen,

bisher dabei aus den roten Zahlen herausgekommen sind. Einer der Gründe liegt in den hohen Kosten im Vergleich zu konventionellen Flugzeugen. Man braucht mehr Energie – und damit auch mehr Kraftstoff – als ein konventionelles Flugzeug, das auf einer widerstandsarmen Startbahn beschleunigen und bei genügend Auftrieb vom Boden abheben kann. Der einzige Weg für Unternehmen mit Hubschrauber-Passagierdienst, die Kosten herauszuwirtschaften (und zwar ohne große Regierungszuwendungen), besteht bis zum heutigen Tag nur in höheren Flugpreisen, womit natürlich ein circulus viciosus entsteht, denn dieses Mittel ist wie kein anderes dazu angetan, eine Menge potientieller Kunden zu verschrecken.

Ein Teil der hohen Kosten wird durch andere Faktoren kompensiert; z. B. ist ein Hubschrauber, der von Stadtmitte zu Stadtmitte verkehrt, frei von den laufend steigenden Flugplatzgebühren. Außerdem starten im Passagierverkehr eingesetzte Hubschrauber nicht senkrecht – in erster Linie aus Sicherheitsgründen, daneben aber auch aus wirtschaftlichen Überlegungen. Der kritischste Zustand eines Hubschrauber ist die Start- und Landephase, in der die Möglichkeit der Autorotation im Falle eines Triebwerksausfalls nicht mehr gegeben sein kann. Aus diesem Grund starten und landen Passagierhubschrauber im Schrägflug, ähnlich wie herkömmliche Flugzeuge. Wenn ein Triebwerk in diesem Stadium ausfällt, wird der Rotor vom Fahrtwind in jedem Fall (selbst bei Windstille) schräg angeblasen und erreicht so den Zustand der Autorotation. Der Pilot braucht nur umzuschalten und kann eine sichere Landung durchführen. Dieser Faktor bedeutet, daß der Hubschrauber-Landeplatz zwar klein sein kann – nicht größer als ein Parkplatz –, aber die An- und Abflugwege müssen frei von Hindernissen sein.

Abgesehen von der Kostenfrage haben Passagier-Hubschrauber – zumindest bis zum heutigen Tag – unter drei weiteren Einschränkungen zu leiden: Lärmentwicklung, verhältnismäßig langsamer Reisegeschwindigkeit und einem Mangel an Komfort gegenüber modernen Passagierflugzeugen. Die Lärmentwicklung ist ein echtes Problem; obwohl der

Lärmpegel eines Hubschraubers niedriger als der der meisten Starrflügler ist, hört man einen Hubschrauber länger, weil er langsamer Höhe und Geschwindigkeit gewinnt. Der wirklich leise Hubschrauber wird aber trotzdem nicht mehr allzu lange auf sich warten lassen: der hauptsächliche Lärmanteil wird von den Blattspitzen des Rotors verursacht, die beinahe Schallgeschwindigkeit erreichen, und vom Heckrotor. In den USA wie auch anderswo wird schwerpunktmäßig Forschung betrieben, um geeignete Formen von Blattspitzen zu entwickeln, die sowohl weniger Lärm wie auch weniger Luftwiderstand erzeugen.

Das Problem der langsamen Vorwärtsgeschwindigkeit könnte von einem Verbund-Flugschrauber – einer Maschine ähnlich der *Fairay Rotodyne* – gelöst werden, wobei der Rotor mit anderen auftrieberzeugenden Einrichtungen zu kombinieren wäre, um die Leistungsdaten wesentlich zu verbessern. Die Geschwindigkeit eines Hubschraubers kann z. B. durch Anbringung von Stummelflügeln gesteigert werden, in denen ein Einziehfahrwerk untergebracht werden kann. So würde gleichzeitig mit der Erhöhung des Auftriebs eine Verringerung des Luftwiderstands erreicht.

Zur Zeit zeigen Passagier-Hubschrauber nur im Kurzstreckenverkehr (weniger als 160 km) einen bescheidenen wirtschaftlichen Erfolg. Auf längeren Strecken ist er dem konventionellen Flugzeug gegenüber im Nachteil, weil dieses schneller fliegen kann und weniger Kosten verursacht. Mit dem Auftreten eines Verbundhubschraubers im Passagierdienst könnte sich jedoch das Bild entscheidend ändern. Eine große Maschine dieser Bauart könnte vermutlich auf Streckenlängen bis 650 km erfolgreich konkurrieren, wenn man berücksichtigt, daß der Verbund-Hubschrauber – trotz immer noch geringerer Geschwindigkeit gegenüber dem Kurzstreckenflugzeug – einfach dadurch Zeit gutmachen würde, daß er nicht auf den zeitraubenden Zubringerverkehr Stadtmitte – Flughafen und umgekehrt angewiesen wäre.

Das Problem des Komforts wird solange nicht gelöst werden, bis zivile Großhubschrauber – Entwicklungen wie der Hubschrauber-Gigant *Mil Mi 12* – in den Dienst gestellt werden

können. Wenn moderne Jetliner von Anfang an auf Komfort für den Passagier ausgelegt werden, so sind die heute fliegenden Passagier-Hubschrauber doch nur Anpassungsversuche rein funktionaler militärischer Konstruktionen.Und der Komfort muß hier oft dem wirtschaftlichen Zwang weichen, soviel Sitzplätze wie möglich in die Kabine hineinzuklemmen (falls kein Gewichtslimit dagegen spricht). Die Antwort auf das Komfortproblem ist also der große, speziell für den Passagierverkehr gebaute Hubschrauber. Aber bevor dieser realisiert werden kann, muß das Lärmproblem gelöst sein – denn ein größerer Rumpf bedeutet mehr Zuladung, was wieder mehr Energie beim Start verlangt, und das heißt: stärkere Triebwerke und damit – noch mehr Lärm...
Bis heute waren die *Boeing-Vertol Model 107* und die *Sikorsky S-61N* die erfolgreichsten Passagier-Hubschrauber. Beide Maschinen werden von Zwillings-Wellenturbinen angetrieben. Die *New York Airways* stellten den ersten von sieben *Model 107* 1962 in den Dienst und erzielten fast vom Start weg mit einem »fliegenden Taxidienst« zwischen dem Wall Street Heliport und Manhattan und dem internationalen Flughafen Kennedy Airport einen Gewinn abwerfenden Erfolg. Ein Ticket kostete zwar 7 Dollar gegenüber den Fahrtkosten mit Bus oder Taxi von 1,80 Dollar bzw. 5 Dollar – aber auf dem Landweg dauerte die Fahrt mindestens eine Stunde gegenüber 7 Minuten mit dem Hubschrauber.
Die *New York Airways*, die heute Hubschrauberdienste zu allen drei Flughäfen von New York – JFK, La Guardia und Newark – unterhalten, begannen 1952 ihre ersten Versuche mit 3 Hubschraubern vom Typ *S-55;* diesen folgten zwei weitere Typen mit Kolbenmotoren: die *S-58* und die *Vertol Model 44.* Dann kam die *Model 107*, und mit diesem Typ erzielte die Gesellschaft zum ersten Mal einen Gewinn. 1964 beliefen sich die Bruttoeinnahmen auf 2,6 Millionen Dollar. Ein großer Teil dieser Summe entstammte sicherlich einem profitablen Rundflugunternehmen für Touristen, das im Zusammenhang mit der Weltausstellung eingerichtet wurde und wozu sich die Gesellschaft drei *Sikorsky S-61* mit Turbinen von *United Aircraft* mietete. Der Aufwärtstrend hielt an, und in den 15 Jahren

planmäßigen Hubschrauberdienstes hatte die Gesellschaft nur einen schweren Unfall zu beklagen – den Verlust einer *Model 107*, die 1963 abstürzte, weil ein Teil der Rotorsteuerung versagt hatte.
Der heute hauptsächlich im planmäßigen Verkehr eingesetzte Hubschrauber ist unzweifelhaft der Typ *Sikorsky S-61*, der von insgesamt 17 Luftfahrtgesellschaften bereits eingesetzt oder wenigstens bestellt ist. Die BEA hat fünf solche Hubschrauber, die den Passagieren eine schnelle und bequeme Verbindung zwischen Penzanze und den Scilly Inseln anbietet. Sie haben auf dieser Route die etwas angejahrten *Dragon Rapide* Doppeldecker abgelöst. In Italien benutzt *Aero Trasporti Italiani* – eine Tochtergesellschaft der *Alitalia* – zwei *S-61* als Lufttaxis zwischen dem Zentrum von Neapel und dem Flughafen der Stadt.
Die *S-61* hat tatsächlich nur eine ernsthafte Rivalin im Passagierverkehr: die *Sud-Aviation SA-321F Super Frelon*. 1968 wurde dieser Hubschrauber von *Olympic Airways* sowohl der *S-61* wie auch der *Boeing-Vertol 107* vorgezogen, um einen planmäßigen Dienst zwischen Athen und den Inseln Chios, Mykene, Thera, Santorin und Skiathos einzurichten. Die Wahl war auf die *Super-Frelon* gefallen, weil sie eine überlegene Leistung besitzt und die Fähigkeit hat, größere Lasten bei hohen Lufttemperaturen vom Boden hoch zu bringen – Eigenschaften, die bei den normalen Flugbedingungen in und um Griechenland verlangt wurden. Ein anderer Aspekt, der die Wahl beeinflußt hat, war der hohe Sicherheitsfaktor der drei *Turbomeca Turmo* Triebwerke, die je 1500 PS Wellenleistung abgeben. Da der größte Teil der Flugrouten über See führt, war die dreimotorige Auslegung den zweimotorigen Ausführung wie der *S-61* und der *Boeing-Vertol 107* vorzuziehen.
Als die *Super-Frelon* den Dienst aufnahmen, demonstrierten sie schnell ihren Wert. Die durchschnittliche Flugzeit von Athen zu den Inseln betrug 20 Minuten. Vorher hatte man per Schiff mehr als neun Stunden gebraucht. Mit einer Kapazität von 37 Passagieren und einem Komfort, der einem modernen Linienflugzeug nahekam, haben die Hubschrauber einen erheblichen Überschuß auf der »Milch-Runde« der Inseln ein-

gebracht – eine Gegend, für die die *Super Frelon* wie gemacht erscheinen.

Eine andere Gesellschaft, die Hubschrauber erfolgreich im Passagierdienst einsetzt, ist die französische *Heli-Union,* die im Sommer einen Dienst zwischen Nizza und St. Tropez und im Winter für die Skiläufer in den französischen Alpen eingerichtet hat. Indessen führt die *Heli-Union* – der größte Hubschrauber-Dienst auf dem europäischen Kontinent – auch eine weite Skala von kommerziellen Aufgaben durch, wobei der reine Passagierdienst nur einen kleinen Teil darstellt. Da die Aktivitäten dieser Gesellschaft als bewundernswertes Beispiel eines wirklich erfolgreichen Hubschrauber-Dienstes gelten können, lohnt es sich, näher auf sie einzugehen.

Die Ursprünge der *Heli-Union* gehen bis ins Jahr 1960 zurück, als ein Geschäftsmann namens Jean-Claude Roussel den Entschluß faßte, seine kleine private *Alouette II* ihr Geld verdienen zu lassen, indem er sie an Baufirmen vermietete, wenn er sie gerade nicht selbst benötigte. Als die *Heli-Union* 1961 offiziell gegründet wurde, bestand ihre Ausrüstung aus diesem einen Hubschrauber und das Personal aus einem Piloten und einem Mechaniker. Sieben Jahre später, am Anfang des Jahres 1968, gehörten der Firma 32 *Alouette II* und *III,* und 23 ausgezeichnete Mechaniker waren mit Wartung und Instandhaltung beschäftigt. Die Hubschrauber-Flotte, die zwischen Nizza und Issy-Les-Moulineaux bei Paris aufgestellt war, hatte einen soliden Rückhalt durch einen umfangreichen Bodendienst einschließlich mobiler Werkstätten, Funkwagen und Tankwagen.

Die Aktivitäten der *Heli-Union* sind nicht auf Frankreich beschränkt. 1961 wurde eine Schwesterfirma – *Lac Saint Jean Ltd.* – in Kanada gegründet, die acht Hubschrauber zur Verfügung hatte. Maschinen der *Heli-Union* haben auch in Afrika gearbeitet, hauptsächlich in Nigeria, wo vier *Alouette* samt Piloten an die Firma *Schreiner Aero Contractor* verchartert wurden. Und auch in Gabun standen eine Zeit lang vier Maschinen im Einsatz. Daneben bestand eine Zusammenarbeit mit der Firma *Bergen Air Transport* in Norwegen, die neue Flugdienste sogar in Grönland einrichtete.

Die Spezialität der *Heli-Union* war die Arbeit in bergigem Gelände. Hauptarbeitsgebiete waren und sind die Pyrenäen, das französische Zentralmassiv und die Alpen. Die kleinen *Alouette* übernehmen wichtige Spezialaufgaben wie den Transport von Material und Nachschub an Baustellen im Hochgebirge, oder die Verlegung von Kabeln, oder Landvermessung. Man kann sich einen Begriff von ihrer Leistung machen, wenn man weiß, daß eine *Alouette III* in 60 Stunden 465 Tonnen Maschinenteile und Ausrüstung für ein Wasserkraftwerk in den französischen Seealpen auf 2800 m Höhe transportiert hat. Eine andere schleppte 265 Tonnen Fertigbeton – Fundamente von Pfeilern – in 46 Stunden zur Baustelle eines französisch-schweizerischen Wasserkraftwerks bei Emosson im nördlichen Teil der Alpen. Bei kurzen Flügen im Gebirge hat eine einzige *Alouette* schon bis zu 30 Tonnen Beton in einer einzigen Stunde durch die Luft in die Berge transportiert. Diese Zahlen sprechen für sich selbst.

Ein anderer Auftrag der *Heli-Union* hält zwei *Alouette* in 24-Stunden-Bereitschaft bei Arcachon - für den Fall, daß sie für den Transport von Personal oder Material zu der französischen Bohrinsel Neptune gebraucht werden oder für irgendeine Notsituation. Die Mannschaft der Bohrinsel wird routinemäßig alle fünf Tage per Hubschrauber abgelöst. Die Maschinen dienen auch als fliegende Plattform für Filmkameras französisch-amerikanischer und deutscher Film- und Fernsehproduzenten.

Der Passagierverkehr der *Heli-Union* ist saisonbedingt und wahrscheinlich nicht besonders lukrativ im Vergleich zu den anderen Aktivitäten der Gesellschaft. Trotzdem scheint der Gewinn, den er abwirft, zu genügen, um die Weiterführung zu rechtfertigen. Und daneben ist nicht abzuleugnen, daß Hubschrauberdienste sich einer gewissen Popularität erfreuen. In den beiden Sommern der Jahre 1966/67 haben z. B. die *Alouette* auf der Route Nizza – St. Tropez immerhin schon 7340 Leute transportiert.

Wirklich hektisch – und gewinnträchtig – wurde es bei der *Heli-Union* aus Anlaß der Winterolympiade 1968 in Grenoble. In Verbindung mit dieser Veranstaltung bildeten die *Alouette*

Das LTV XC-142 V/STOL-Versuchsflugzeug beim Übergang vom Senkrecht- in den Horizontalflug

Das Bell X-22 Versuchsflugzeug mit schwenkbaren, ummantelten Propellern

Zeichnungen der Passagierprojekte WE-01 und WE-02 von Westland.

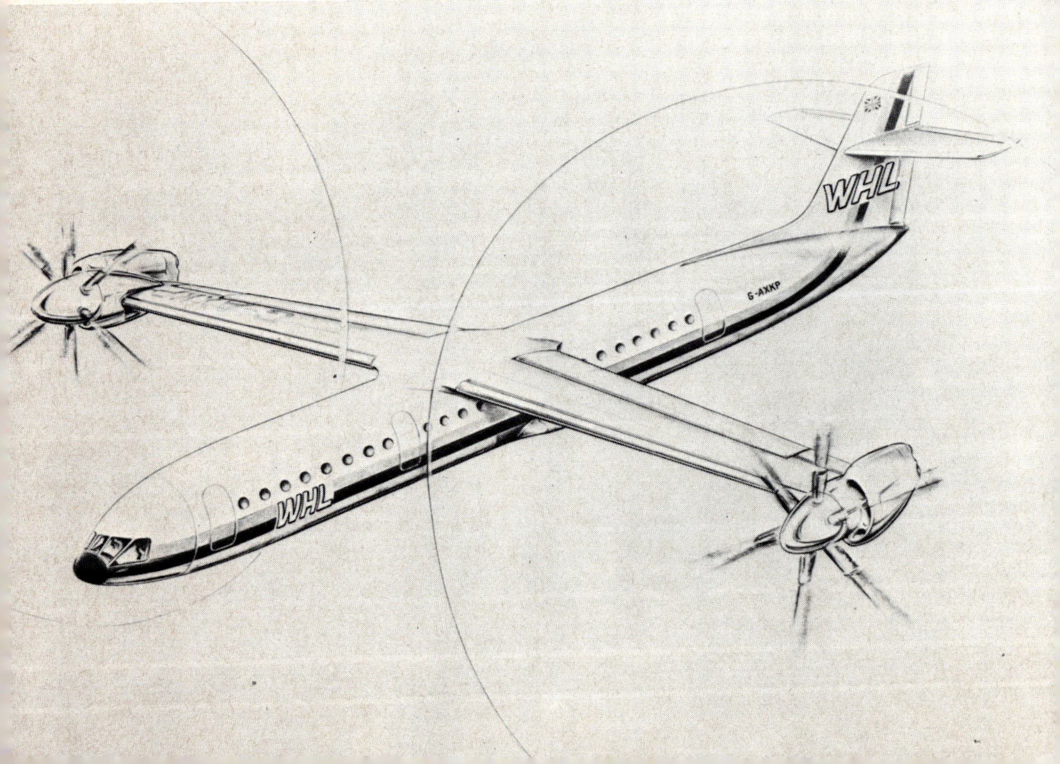

Ein typischer Sikorsky-Rotor auf dem Prüfstand (Mitte der 60er Jahre). Man erkennt deutlich unter dem Rotorkopf die Taumelscheibe. Dieser aufwendig gebaute gelenkige Dreiblattrotor besteht aus insgesamt 408 Teilen.

An dieser Bell 47G-4A wird sichtbar, um wie vieles einfacher ein halbstarrer Zweiblattrotor mit zentralem Schlaggelenk gebaut werden kann (220 Teile). Diese Konstruktionsart bleibt allerdings auf die kleineren Hubschrauber beschränkt.

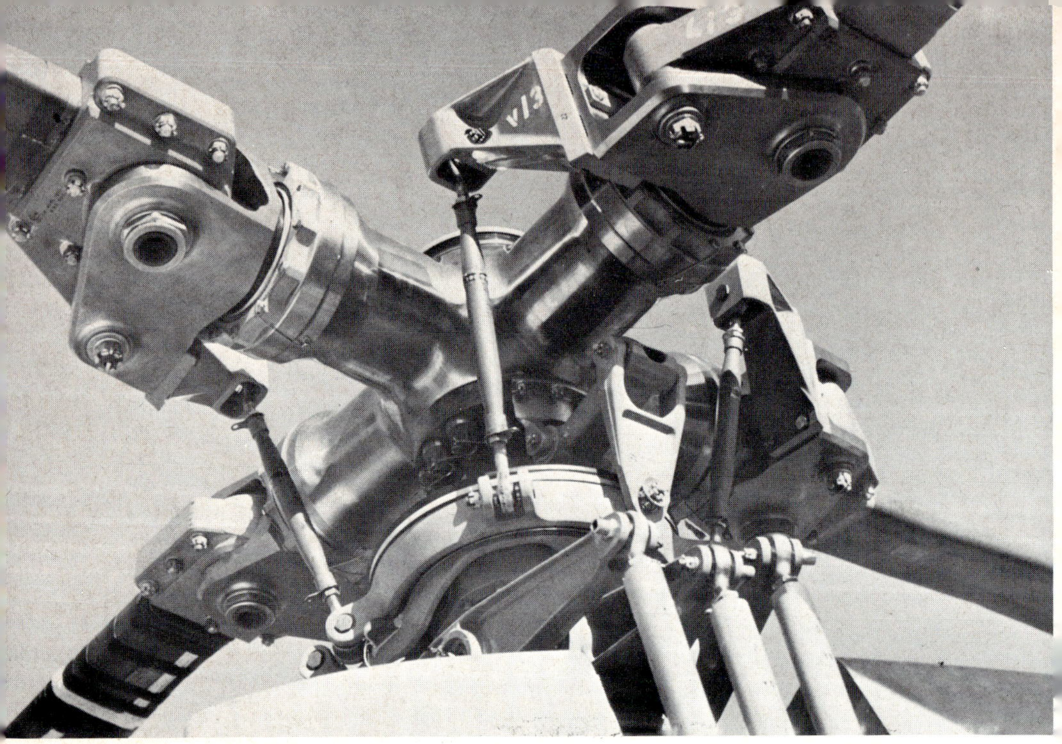

Rotorkopf des deutschen Hubschraubers MBB 105. Hier handelt es sich um ein gelenkloses Rotorsystem mit einem Titan-Rotorkopf und vier im Anstellwinkel veränderbaren Rotorblättern aus glasfaserverstärktem Kunststoff. Dieser gelenklose Rotor besteht aus nur 130 Teilen. Darüber hinaus verleiht er dem Hubschrauber Flugeigenschaften, die in der Manövrierfähigkeit z. B. im Terrainfolgeflug an ein Starrflügelflugzeug herankommen. Der Bölkow-Rotorkopf ist auch wesentlicher Bestandteil des UTTAS Boeing YUH-61A.

Bei dem deutschen Hubschrauber MBB BO 105 verbindet sich die Sicherheit von zwei Turbinen beim Antrieb mit den ausgezeichneten Steuerungseigenschaften des gelenklosen Vierblattrotors. Bis Anfang 1976 konnten Orders für 300 Maschinen und Optionen für weitere 50 Maschinen verbucht werden.

der Gesellschaft die größte zivile Hubschrauberkonzentration, die es bis dato aus friedlichem Anlaß gegeben hat: über 40 Maschinen. Die Hubschrauber der *Heli-Union* trafen bereits drei Wochen vor den Spielen in Grenoble ein und machten sich sofort für das französische Fernsehen ORTF und die amerikanische Fernsehgesellschaft ABC ans Werk, indem sie notwendiges Gerät zu den verschiedenen bevorzugten Blickpunkten auf den Bergen schleppten.

Sieben *Alouette* wurden dabei eingesetzt, zwei für ORTF und fünf für ABC. Zwei von den letztgenannten wurden für fliegende Kameras vorgesehen, zwei weitere für die Verlegung der notwendigen Kabel, und der fünfte Hubschrauber diente als Transportmaschine für Funktionäre und andere VIP. Zusammen haben es diese sieben Hubschrauber während den Spielen auf 125 Flugstunden gebracht.

Es besteht kein Zweifel, daß der wirtschaftliche Erfolg der *Heli-Union* das Ergebnis einer Politik ist, Hubschrauber dort einzusetzen, wo die besondere Situation dafür gegeben ist und wo ihre einmaligen Fähigkeiten sie unverzichtbar machen. Die Passagierdienste der Gesellschaft fallen mehr in die Kategorie der »Lustflüge« als in die des planmäßigen Verkehrs. Touristen wollten die Côte d'Azur aus der Luft sehen, und Skifans wollten ohne Zeitverlust an ihren Lieblingshang befördert werden – und die *Heli-Union* hat diese Möglichkeiten geboten. Das ist ein zusätzlicher Hinweis darauf, daß ein erfolgreicher Hubschrauberpassagierdienst doch von einer bestimmten Umgebung abhängt, wo es z. B. keine normalen Flugplätze gibt, weil das schwierige Gelände den Einsatz von Starrflügel-Flugzeugen verbietet. Ost-Pakistan (heute Bangla-Desch) ist ein gutes Beispiel für eine solche Umgebung. Das ganze Gebiet ist durchzogen von einem unregelmäßigem Netz von Wasserläufen und Kanälen – Straßen gibt es so gut wie nicht. Der Hubschrauber ist die einzige Garantie einer schnellen Verbindung von Punkt zu Punkt. Und zu diesem Zweck setzten die *Pakistan International Airlines* zwei Sikorsky *S-61N* dort ein. Die Gesellschaft bildete ihre Hubschrauber-Piloten in Dacca selbst aus; nach 150 Stunden Anfangsschulung auf kleinen *Hiller E 4* (einer Variante der *Hiller*

12) hatte der Schüler 30 Stunden als Beobachter an Bord einer *S-61* zu absolvieren, an die sich 500 Stunden als Copilot und schließlich 1200 Stunden als 1. Pilot anschlossen, bevor er als voll qualifiziert galt. Dies war eines der strengsten Ausbildungssysteme der Welt.

Die beiden *S-61* machten täglich Flüge nach 14 Punkten in Ost-Pakistan und kamen zusammen auf 44 Starts pro Tag. Während de ersten zwei Jahre, von Januar 1964 bis Dezember 1965, haben sie über 150 000 Passagiere befördert. Die beiden Maschinen wurden nach jeweils 15 Flugstunden einer Sicherheitsprüfung unterworfen; nach 30 Stunden erfolgte eine Teilüberholung, und nach jeweils 150 Flugstunden wurde eine rigorose Grundüberholung durchgeführt.

In Westeuropa gibt es heute über 600 Zivilhubschrauber. Mehr als die Hälfte davon fallen auf die führenden Fluggesellschaften. Der größte zivile Hubschrauberdienst ist *Bristow Helicopters Ltd.*, ein Unternehmen, das zuerst unter dem Namen *Air Whaling* das Aufspüren von Walfischen in der Antarktis betrieben hatte. 1960 bestand die Hubschrauberflotte dieser Gesellschaft aus 6 *Westland Widgeon,* 4 *Westland Whirlwind,* 7 *Bell 47* und einer *Alouette.* Die Expansion, die dann folgte, war bemerkenswert: 30 Hubschrauber im Jahr 1964, 65 im Jahr 1966, 85 im Jahr 1967, und schließlich 132 zu Beginn des Jahres 1971. Die Zahl der im Dienst stehenden Hubschrauber ist seither ständig gewachsen. Zu den Typen, die heute im Einsatz sind, gehören *Sikorsky S-61, Westland Wessex 60, Westland Whirlwind, Bell 47, Bell 206 Jet Ranger,* die *Bell-Serie 204-205* und alle kommerziellen *Hiller* Varianten. Von den *Westland Widgeon* gingen einige verloren, als *Bristow* – in Nigeria bei *Shell* unter Vertrag, um Personal und Material zu den Bohrstellen im Dschungel zu fliegen – in die Mühle des Bürgerkrieges zwischen Biafra und der Regierung geriet und gezwungen war, sich zurückzuziehen. Drei *Widgeon* kamen nach England zurück, aber diese wurden dann nach Lieferung neuer Maschinen aus dem Dienst gezogen. Heute unterhält *Bristow* das größte Streckennetz eines Hubschrauberdienstes ohne Passagierverkehr. Die Gesellschaft hält jedoch einige Hubschrauber für Geschäftsreisen-Char-

ter zur Verfügung. Die Hauptbeschäftigung erschöpft sich mehr oder minder in der Versorgung von Ölbohrstellen, und die Gesellschaft ist in diesem Zweig in Mittelost, der Karibik, dem Fernen Osten (Malaysia und Indonesien), Afrika, Australien, wie auch in Großbritannien und Irland tätig.
In Mittelost arbeiten die *Bristow* Hubschrauber unter Kontrakt amerikanischer Ölgesellschaften im Golf von Suez. Die Hubschrauber werden dabei von ägyptischem Territorium aus eingesetzt. Da aber die Bohrtürme ziemlich nahe der israelischen Grenze stehen, wurden die Flüge unter strikter militärischer Überwachung durchgeführt.
So wuchs diese Organisation von einem »freiberuflichen« Abenteuer in der Einsamkeit der Antarktis vor 20 Jahren zu einer enormen und blühenden Gesellschaft, die den Spezialeinsatz von Hubschraubern entwickelt hat und sich heute der Früchte dieses Wagnisses und des konsequenten Ausbaues erfreut.

Die Zukunft des Drehflügels

Vor über 25 Jahren, als kleine Hubschrauber wie der Typ *Sikorsky S-51* sich mehr und mehr bewährten, wurde mit großer Zuversicht prophezeit, daß eines Tages der eigene Hubschrauber genauso selbstverständlich sein werde wie das eigene Auto. Der durchschnittliche Geschäftsmann würde morgens vom kleinen Landeplatz auf dem Dach seines im Grünen gelegenen Hauses starten, um unberührt von den Auspuffgasen der schlangefahrenden Autos zu seinem Büro in der Stadt zu kommen.
Glücklicherweise ist diese Prophezeihung nicht eingetroffen, und wir sind verschont geblieben von dem Anblick tausender von Amateurpiloten, die in ihren »Minicoptern« mit klappernden Rotoren über die Dächer der Stadt hinweg ihren Arbeitsplätzen zustreben. Die Visionäre aus der Zeit vor einem Vierteljahrhundert haben mit einer etwas ernsteren Betrachtungsweise einen dichten Verkehr zwischen Städten und Flughäfen vorausgesehen. Auch dieser Traum kam nicht zustande – die Gründe wurden im vorhergehenden Kapitel deutlich. Obwohl die Hubschrauber-Passagierdienste in verschiedenen Teilen der Welt mit bescheidenem Erfolg operieren, hat die Idee als solche nie richtig gezündet. Und wenn nicht ein echter Durchbruch erzielt wird, dann ist es sehr unwahrscheinlich, daß dieser Aspekt des Hubschraubereinsatzes wirklich weiterentwickelt wird.
Welchen Platz wird also der Drehflügler in der Luftfahrt des letzten Viertels des XX. Jahrhunderts einnehmen? Auf militärischem Gebiet werden neue Kampfhubschrauber,

Transporthubschrauber und Waffenträger, die zur Zeit noch in der Entwicklung sind, dem Hubschrauber einen sicheren Platz in den Streitkräften fast jeder Nation noch auf viele Jahre hinaus sichern. Dazu gehören Maschinen wie die *Sikorsky S-67 Blackhawk,* ein Typ mit zwei Wellenturbinen, der an eine ganze Serie militärischer Aufgaben angepaßt werden kann. Als Kampfhubschrauber kann die *S-67* bis zu 3800 kg an Waffenlast einschließlich 7,62 mm MGs in einer schwenkbaren Wannenstation, Kanonen vom Kaliber 20 mm oder 30 mm, 40 mm Granatwerfer und Raketen oder Flugkörper an Außenstationen mitführen. In der Rettungsversion kann die Maschine Strecken bis zu 950 km zurücklegen und bis zu sechs Personen bei einem einzigen Flug bergen. Mit der mordernsten Elektronik ausgestattet, kann sie zur Nahaufklärung und zur Kampfzonenüberwachung herangezogen werden, und als Truppentransporter bietet sie 15 Soldaten mit voller Ausrüstung Platz und erreicht eine Marschgeschwindigkeit von 265 km/h und hat eine Reichweite von 350 km. Der neue Hubschrauber kann 320 km/h erreichen – im Sturzflug sogar 365 km/h. Er ist mit einer Stummeltragfläche von 8,33 m Spannweite ausgestattet, die den Rotor im Horizontalflug entlastet und zu einer ausgezeichneten Manövrierfähigkeit bei hoher Geschwindigkeit beiträgt.

Von der Technologie her gesehen nähert sich die *Blackhawk* der oberen Grenze der Möglichkeiten des reinen Hubschraubers. Die hohe Geschwindigkeit resultiert aus verschiedenen neuen Konstruktionseinzelheiten, einschließlich zurückgepfeilten Blattspitzen, die den frühen Strömungsabriß an dieser Stelle verhindern (ein Problem, das die erreichbare Höchstgeschwindigkeit eines Hubschraubers begrenzt).

Die nächste Generation könnte dann der Verbundflugschrauber sein, mit Triebwerken, die sowohl den Vortrieb als solchen wie auch den Antrieb des Rotors bewirken – eine Rückkehr zur Idee der *Fairey Rotodyne.* Die Firma Sikorsky Aircraft arbeitet an einem weit fortgeschrittenen Verbundflugschrauber-Projekt für zivile wie militärische Verwendung, aber inzwischen offeriert sie eine kommerzielle Version der *S-65A,* die 39 Passagiere über 320 km oder 48 Passa-

giere über 120 km mit einer Geschwindigkeit von 270 km/h befördern kann.
Um zu demonstrieren, daß ein solcher Hubschrauber praktikabel ist, machte eine *Sikorsky CH-53D* (die US Marine Corps Version der *S-65A*) z. B. am 17. April 1970 einen Hin- und Rückflug von London nach Paris. Mit 28 Passagieren startete die Maschine auf dem Londoner Hubschrauberplatz Battersea Heliport und landete nach 1 Stunde und 22 Minuten in Issy-les-Moulineaux. Beim Rückflug benötigte die Maschine 1 Stunde und 29 Minuten. Der größte Teil der Strecke wurde unter IFR-Bedingungen zurückgelegt, und die Zeiten von Stadtzentrum zu Stadtzentrum schneiden im Vergleich zu konventionellen Flugzeugen recht günstig ab. Ähnliche Vorführungsflüge wurden zwischen dem Wall Street Heliport in New York und Washington durchgeführt, wobei die Distanz von 190 km in einer Durchschnittszeit von 1 Stunde und 15 Minuten zurückgelegt wurde.
Die ins Auge gefaßte zivile *S-65* kann soweit schallisoliert werden, daß der Lärmpegel nicht höher liegt, als bei einem Turboprop-Passagierflugzeug. Die Passagierkabine könnte mit den üblichen Standardsitzen ausgerüstet und vollklimatisiert werden. Dieser Hubschrauber soll für den Allwettereinsatz instrumentiert werden und könnte im planmäßigen Liniendienst Verwendung finden. Natürlich stellt diese Maschine nur eine Interimslösung dar, bis die nächste Generation von Sikorsky »herangewachsen« ist – etwa ein Verbundhubschrauber wie das Projekt *S-65-200*. Die Entwurfsstudie ist nun auch schon über fünf Jahre alt, zeigt Stummeltragflächen, die an Pylonen zwei Triebwerke mit Zugpropeller tragen. Haupt- und Heckrotor werden über ein drittes Triebwerk angetrieben. Der Entwurf weist ein großes Schmetterlingsheck auf, das zusätzlichen Auftrieb und gute Flugstabilität bei hohen Geschwindigkeiten vermitteln soll. Die Fluggesellschaften haben jedoch bisher kein genügendes Interesse gezeigt, um den Entwurf Wirklichkeit werden zu lassen.
Solche Konstruktionen wie die *S-65-200* wären aber notwendig, wenn der Hubschrauber auch auf dem Gebiet der Passagierluftfahrt einen ähnlichen Durchbruch erzielen soll wie im

militärischen Verwendungsbereich oder als Nutzhubschrauber, denn es erstanden ihm ernsthafte Konkurrenten in der Form von Starrflüglern mit bemerkenswerten STOL-(Kurzstart- und -lande-)Eigenschaften – und zu einem gewissen Grad auch von Verwandlungsflugzeugen, die Kippflügel haben. Denn der Hubschrauber hat das Monopol des Senkrechtstarts verloren. Die *Hawker Siddeley Harrier* – das erste einsatzfähige V/STOL-Flugzeug, das seit 1969 bei der RAF im Dienst steht – startet und landet senkrecht durch den auf Hub schwenkbaren Strahl des mächtigen Bläser-Strahltriebwerkes. Und zivile Projekte, die auf demselben Prinzip basieren, werden in einigen Ländern auf Realisierbarkeit geprüft.
In der Bundesrepublik Deutschland flog die *Dornier Do 31* – ein senkrecht startendes und landendes Versuchsflugzeug als Vorstufe zu einem leichten Strahltransporter – mit denselben Rolls Royce Bristol *Pegasus* Triebwerken wie im *Harrier* – bereits 1967. Zu den großen Handicaps eines V/STOL-Strahlflugzeuges gehört indes der markerschütternde Lärm, den sie bei Start und Landung erzeugen. Bei einem Militärflugzeug wie der *Harrier* ist dies kein schwerwiegendes Problem. Aber bei einem Zivilflugzeug dieser Art kann es ich als unüberwindliches Hindernis herausstellen. Ein wesentlicher Teil des Flugversuchsprogramms der *Do 31* befaßte sich mit der Erforschung des Lärmproblems. Aber es sieht nicht so aus, als ob diese Frage in absehbarer Zeit einer Lösung zugeführt werden könnte – und solange bliebte der strahlgetriebene Passagier-Senkrechtstarter kaum mehr als ein interessantes Experiment.
Die Firma Westland in England ging das Problem von einer anderen Seite an. Obwohl diese Firma sich hauptsächlich mit dem Lizenzbau von Sikorsky-Hubschraubern und der gemeinsamen Produktion von Drehflüglern für die britischen und französischen Streitkräfte zusammen mit der Firma Aerospatiale – früher Sud Aviation – beschäftigt, hat sie einige Jahre lang auch Entwurtsstudien für Senkrechtstartprojekte für die Zivilluftfahrt und in der Klasse der Geschäftsflugzeuge durchgeführt. Das ursprüngliche Projekt, 1968 vorgestellt, war ein 6-sitziges Flugzeug mit der Typenbezeichnung

WE-01. Ein Hochgeschwindigkeits-Senkrechtstarter für Passagier- und Frachtflug zum Einsatz von unvorbereiteten Start- und Landeplätzen aus. Vier 370 PS Allison Wellenturbinen paarweise in einer Gondel jeweils an der Tragflächenspitze montiert, trieben zwei Vierblattrotoren von 7,26 m Durchmesser. Für Start- und Steigflug waren die Rotoren à la Hubschrauber waagrecht gestellt und wurden für den Vorwärtsflug dann in die Senkrechte geschwenkt.

Die Vorstudien führten zu dem Projetk *WE-02,* einer wesentlich größeren Passagierversion, die auf demselben Prinzip basierte, und zu weiteren VTOL-Projekten, die auf gegenwärtige und zukünftige Kurzstrecken-Erfordernisse abgestellt waren.

Seit 1950 wurden in den USA eine ganze Reihen von Senkrechtstarter-Ideen propagiert, und viele Prototypen wurden einer Flugerprobung zugeführt. Zu den ersten US Versuchstypen gehörten die »tail-sitter«-Flugzeuge, wie die Convair XFY-1 *Pogo* und die Lockheed XFV-1 von 1954. Als Abfangjäger für die US Navy konstruiert, wiesen die Maschinen enorm große gegenläufige Propeller auf, die sie senkrecht in die Luft zogen. Wenn eine genügende Höhe über Grund erreicht war, dann schwenkte das ganze Flugzeug in die Horizontale. Diese Typen flogen zwar, aber es tauchten doch eine ganze Menge ungelöster Probleme auf – besonders exzessive Propellerschwingungen und mangelnde Flugstabilität in der Übergangsphase vom Senkrecht- in den Horizontalflug. So kam man wieder von der Idee ab.

Kippflügeltypen hatten etwas mehr Erfolg. In Kanada verfolgt die Canadair Ltd. die Entwicklung einer vielversprechenden Kippflügelkonstruktion, der *CL-84,* die von den kanadischen Streitkräften erprobt wird. Der erste Prototyp der *CL-84* flog im Mai 1965 und bewies die Fähigkeit für alle Aufgaben, die ein Hubschrauber normalerweise erledigt und noch einiges mehr. Falls die *CL-84* für den militärischen Einsatz in Produktion geht, wird sie zur Gefechtsfeldunterstützung, für taktische Transportaufgaben, Hubschrauber-Begleitschutz, Rettungseinsatz, U-Bootbekämpfung und Verbindungsaufgaben eingesetzt werden. Die Verwendungsmöglichkeit im

Kurzstrecken-Städteverkehr bietet sich an. Alles in allem scheint die *CL-84* dem Hubschrauber überlegen: sie verfügt über eine Horizontalhöchstgeschwindigkeit von 600 km/h, eine Reichweite von 675 km und eine Steiggeschwindigkeit von 1680 m/min.

Ein anderer interessanter V/STOL-Entwurf ist die *Bell X-22A*, die schwenkbare ummantelte Propeller von 2,1 m Durchmesser aufweist. die Ummantelung bietet mehrere Vorteile: sie dient im Horizontalflug als Auftriebskörper und verstärkt den Propellerwirkungsgrad, d. h. daß kleinere und leichtere Propeller Verwendung finden können. Außerdem erlaubt sie die Anwendung einer Kombination von Quer- und Höhenruder im Propellerstrahl und bewirkt mehr Steuerwirkung im Schwebeflug und in der Übergansphase. Vier General Electric Wellenturbinen von je 1250 PS sind paarweise zwischen den hinteren Mantelpropellern montiert und treiben alle Propeller an. Die Kraftübertragung geschieht durch ein System von Getrieben und Antriebswellen, die so miteinander verbunden sind, daß auch ein einziges Triebwerk alle vier Propeller antreiben kann. Mit nur drei Triebwerken kann das Flugzeug abheben; für den Horizontalflug genügen zwei Triebwerke, wenn man Treibstoff sparen will.

Für den Senkrechtstart werden die vier Mantelpropeller in eine Senkrechtstrahlrichtung gebracht, um den notwendigen Auftrieb zu erzeugen. Mit zunehmender Flughöhe werden die Mantelpropeller langsam geschwenkt, bis sie am Schluß der Übergangsphase die Horizontalstellung erreicht haben. Bei der Senkrechtlandung wiederholt sich dieser Vorgang in der umgekehrten Reihenfolge.

Die *Bell X-22A* hat eine Höchstgeschwindigkeit von über 480 km/h und eine Besatzung von drei Mann. Am 30. Juli 1968 bereits machte die Maschine einen Schwebeflug in 2675 m – ein Weltrekord für ein V/STOL-Flugzeug.

In Kippflügel-, Mantelpropeller- und Schwenkdüsenflugzeugen finden die Konstrukteure immer mehr praktische Lösungen des alten Traums vom Senkrechtflug. Alle diese Flugzeuge leiden jedoch unter dem Grundübel aller Drehflügler: hohen Kosten. Ihr Hauptvorteil kann darin liegen, daß sie in weiterentwickelten Versionen größere Nutzlasten mit höheren Geschwindigkeiten über weitere Entfernungen tragen könnten. Unter diesen Voraussetzungen mögen sie einmal eine Ergänzung zum Hubschrauber bilden. Ersetzen werden sie ihn nicht.

In vieler Hinsicht droht dem Hubschrauber die ernsteste Konkurrenz vielleicht einmal aus einer ganz anderen Richtung – nicht von einem Flugzeug, sondern von einer Art Hochgeschwindigkeitszug, einem spurgeführten Schnellverkehrssystem, das strahlgetrieben oder magnetgetrieben ist. Dieses könnte sich als das endgültige Intercity- oder Flughafenzubringersystem der Zukunft erweisen und damit dem Passagier-Hubschrauber seinen Platz streitig machen. Obwohl der Fahrpreis höher als bei der heutigen Eisenbahnfahrkarte liegen wird, wird er doch wesentlich unter dem eines Hubschrauber-Tickets liegen oder dem Preis, den man für einen Flug in einem V/STOL-Flugzeug zahlen muß, falls diese zum Einsatz kommen sollten.

Abgesehen von allen anderen Betrachtungen ist die Einrichtung eines erfolgreichen Senkrechtstart-Passagierflugnetzes nicht so einfach, wie man uns vielleicht glauben machen könnte. Neben der befriedigenden Lösung von Preis, Geschwindigkeit, Lärmpegel und Sicherheitsfrage müßten VTOL-Intercity-Flugzeuge mindestens so groß sein, daß sie 200 Passagiere befördern könnten, wenn sie zu einem wirtschaftlichen Erfolg führen sollen. Und das heißt, daß die Landeplätze wesentlich größer sein müßten als die gegenwärtigen Heliports, wenn man große Passagierzahlen schnell und effektiv bewältigen will. Und um diesen Verkehr abwickeln zu könn, müßten auch die Flugsicherungssysteme völlig revidiert werden.

Die Probleme sind enorm – auch ohne die Energiekrise. Man darf mit Fug und Recht bezweifeln, ob sie jemals ganz gelöst werden. Das größte Problem ist jedoch die Öffentlichkeit: wenn es nicht gelingt, den Mann auf der Straße davon zu überzeugen, daß der Wert eines VTOL-Intercitysystems die Nachteile weit überwiegt, z. B. den Lärm, dann wird die Entwicklung des Senkrechtflugs am Ende angelangt sein.

Auf militärischem Gebiet allerdings wird die Entwicklung von Rotorflugzeugen – um neuen Forderungen nachzukommen – schneller als je voran getrieben, vor allem in den USA und in der Sowjetunion.

In den USA scheint man aus dem Krieg in Vietnam gründliche Lehren gezogen zu haben. Im Sommer 1973 gab die US Army bekannt, daß sie Entwicklungsaufträge für Prototypen eines *Advanced Attak Helicopter* (AAH) an die Firmen Bell und Hughes erteilt habe. Die primäre Aufgabe dieser Maschinen soll in der Panzerbekämpfung aus der Luft liegen, aber sie sollen auch ausreichend bewaffnet sein, um wirksame Erdkampfunterstützung leisten zu können. Der von Bell vorgelegte Entwurf, die *YAH-63*, wurde aus der *Bell 309 Kingkobra* weiterentwickelt. Für den Einsatz gegen feindliche Panzer – bei Tag und Nacht, bei jedem Wetter – führt sie als Bewaffnung mit: *TOW* Panzerabwehrraketen oder 72 mm Raketen an Außenstationen unter Stummelflügeln und eine Dreirohr-Kanone Kaliber 30 mm. Der Entwurf von Hughes, die *YAH-63*, ist ähnlich ausgerüstet, verfügt jedoch über eine ultraleichte Spezialentwicklung einer 30 mm Kanone mit einer Schußfolge von 1000 Schuß/min.

Ende August 1972 schrieb die US Army unter den beiden amerikanischen Firmen Sikorsky und Boeing-Vertol einen begrenzten Wettbewerb zum Bau von je drei Prototypen eines *UTTAS* (Utility Tactical Transport Aircraft System) aus. Sikorsky stellte in der *YUH-60A* einen Hubschrauber mit einem Hauptrotor, einem Heckrotor an Ausleger und zwei Wellenturbinen als Antrieb vor. Die Maschine ist so kompakt gebaut, daß sie in einer *C-130 Hercules* transportiert werden kann. In einer *C-5A Galaxy* finden bis zu sechs *YUH-60A* Platz. Sikorsky hat auch einen Zivilhubschrauber mit der Typenbezeichnung S-70 gebaut, der auf dem UTTAS-Entwurf basiert. Der Wettbewerbsentwurf von Boeing-Vertol, die *YUH-61A*, verfügt ebenfalls nur über einen Hauptrotor und wird gleicherweise von zwei Wellenturbinen angetrieben. Sie kann 20 Passagiere aufnehmen.

Boeing-Vertol erhielt 1970 dazuhin einen Entwicklungsauftrag für einen neuen Schwerlast-Hubschrauber *(HLH =*

Heavy Lift Helicopter) unter der Typenbezeichnung *XCH-62*. Es handelt sich hierbei um einen Tandemhubschrauber mit einer Entwurfstragfähigkeit von 22,5 t, die auf kurzen Strecken bis zu 35 t gesteigert werden kann. Der Erstflug fand im August 1975 statt. In der Sowjetunion scheint die Entwicklung ziemlich parallel zu der in den USA zu verlaufen – mit dem Hauptgewicht auf Hubschraubern für die Panzerbekämpfung aus der Luft. Bei Abschluß der Arbeiten zu diesem Buch war die *Mil Mi-24* (NATO-Bezeichnung »Hind«) als Standard-Kampfhubschrauber eingesetzt – mit Abschußschienen für Panzerbekämpfungsraketen unter Stummelflügeln und einem schwenkbaren 12,7 mm MG im Bug. Wenigstens zwei *Mil Mi-24* Staffeln wurden 1974 als in der DDR stationiert gemeldet.

Die Grundlagen des Hubschrauberflugs

WIE DER AUFTRIEB ZUSTANDE KOMMT

Der Querschnitt eines Rotorblatts gleicht dem eines Tragflächenprofils eines konventionellen Starrflügelflugzeugs. Die Oberseite ist stärker gekrümmt als die Unterseite. Streicht ein Luftstrom über die Oberseite, so wird er dabei beschleunigt, wobei sich gleichzeitig der Luftdruck vermindert. Auf der Unterseite ist es dann genau umgekehrt. Da das Blatt gewöhnlich gegen den Luftstrom »angestellt« ist, wird dieser abgebremst, und der Luftdruck steigt wieder an. Der höhere Luftdruck auf der Unterseite sucht den Ausgleich mit dem niedrigeren Luftdruck auf der Oberseite – es entsteht damit also eine Hubkraft: der Auftrieb.
Ein konventionelles Flugzeug muß erst auf dem Boden soweit beschleunigen, bis der Auftrieb größer wird als das Gewicht des Flugzeugs. Beim Hubschrauber erhalten die Tragflächen – in diesem Fall: die Rotorblätter – die notwendige Geschwindigkeit durch Rotation, ohne daß sich das Flugzeug dabei selbst bewegt.
Die Größenordnung des Auftriebs hängt bei einem Hubschrauberrotor von drei Faktoren ab: von Größe und Form der Rotorblätter, von der Geschwindigkeit, mit der sie rotieren, und ihrem Anstellwinkel – d. h. dem Winkel, mit dem sie den Luftstrom schneiden. Um den Auftrieb zu verstärken, muß – theoretisch gesehen – einer oder mehrere dieser Faktoren verstärkt werden. Dabei scheiden die beiden erstgenannten aus praktischen Gründen aus. Der Pilot hat keine

Möglichkeit, Größe und Form der Rotorblätter zu ändern, und er verfügt über keine solche Leistungsreserve im Triebwerk, daß er die Rotationsgeschwindigkeit rasch beschleunigen könnte, wenn er mehr Auftrieb benötigt.

Er kann aber den Anstellwinkel der Rortorblätter ändern, denn diese sind im Rotorkopf drehbar gelagert. Wenn der Anstellwinkel aller Blätter gleichzeitig vergrößert wird, dann ergibt sich ein plötzliches Anwachsen des Auftriebs - und sobald dieser größer wird als das Gewicht der Maschine, erhebt sich der Hubschrauber aus dem Stand in die Luft. Hat er einmal abgehoben, dann kann der Piot durch leichtes Reduzieren des Anstellwinkels den Zustand des Schwebeflugs herbeiführen: Auftrieb und Gewicht der Maschine halten sich die Waage. Um den Anstellwinkel aller Rotorblätter gleichzeitig zu verstellen, betätigt der Pilot mit dem Blattverstellhebel die sogenannte nichtperiodische (oder: konstante) Steigungssteuerung).

Um nun vom Schwebeflug in den Horizontalflug überzugehen, benötigt man irgend eine Kraft, die in horizontaler Richtung wirksam wird. Ein konventionelles Flugzeug bedient sich dazu des Propellers oder − beim Düsenflugzeug − des Schubstrahls. Beim Hubschrauber wird nun die Auftriebsebene des Rotors geneigt, um so eine horizontale Schubkomponente zu erzielen. Dies kann nun dadurch erreicht werden, daß der ganze Rotor nach vorne geneigt wird; aber in der Praxis hat es sich als wirkamer erwiesen, jedes einzelne Rotorblatt mit einem Gelenk am Rotorkopf so zu befestigen, daß es auf und ab »klappen« kann. Wenn der Hubschrauber auf dem Boden steht, dann »hängen« die Rotorblätter bei den meisten Hubschraubern deutlich nach unten − das ist auf dieses Gelenk zurückzuführen. Ein Anschlag verhindert, daß die Blätter zu tief nach unten hängen. Wenn der Hauptrotor sich zu drehen beginnt, dann richten sich die einzelnen Blätter mit zunehmender Geschwindigkeit unter der Einwirkung der Zentrifugalkraft zur waagrechten Lage auf. Wird nun jedes Blatt etwas stärker angestellt, um mehr Auftrieb zu erzeugen, dann hebt es sich über die Horizontale hinaus. Wird jetzt bei jedem Blatt der Anstellwinkel leicht vermindert, während es sich der in Flugrichtung vordersten Position nähert, so wird dabei der Auftrieb durch dieses Blatt leicht verringert. Wird der Anstellwinkel nach Passieren des vorderen Scheitelpunktes auf dem Weg nach hinten verstärkt, so erhöht sich auch der Auftrieb – mit dem Ergebnis, daß jedes Blatt sich dabei aufrichtet und dann unter der Zentrifugalkraft nach unten schlägt, während es sich auf den vorderen Scheitelpunkt zu bewegt.

Mit diesem Effekt wird bewirkt, daß die hinten hochgeklappte Rotorebene eine Horizontalkomponente entwickelt, die als Schub nach vorne wirksam wird. Bei jedem Blatt wird entsprechend seiner Position bei der Rotation der Anstellwinkel (zusätzlich zur vorgegebenen Stellung) einzeln verändert. Diese Veränderung wird automatisch bewirkt (durch eine Taumelscheibe) – es handelt sich hier um die sogenannte periodische Steigungssteuerung.

Es gibt noch einen Grund, warum man Rotorblätter in den Gelenken frei auf- und abschwingen läßt. Wenn ein Rotorblatt nach vorne dreht, hängt die Geschwindigkeit der Luft, die über das Profil streicht, nicht nur von der Rotationsgeschwindigkeit ab sondern auch von der Vorwärtsgeschwindigkeit, mit der der Hubschrauber fliegt. Andererseits erfährt das Rotorblatt auf seinem Weg nach hinten eine geringere Anströmung, denn hier wird die Fluggeschwindigkeit quasi von der Rotorgeschwindigkeit »abgezogen«. Das heißt also, daß ein Rotor beim Horizontalflug auf jener Seite, auf der er sich nach vorne bewegt, mehr Auftrieb erzeugt als auf der anderen Seite – vorausgesetzt der Blattanstellwinkel wird nicht gändert. Unternähme man also nichts, dann würde der Hubschrauber einfach wegkippen (wie es bei Cierva's ersten Versuchen geschah). Während nun die nach vorne drehenden Blätter ihren Anstellwinkel verringern und – durch das Gelenk ermöglicht – nach unten schwingen, dreht sich das Bild nach Passieren des vorderen Scheitelpunkts: die Blätter heben sich leicht unter der Einwirkung des inzwischen wieder verstärkten Anstellwinkels. Sie kompensieren dabei den Auftriebsverlust, der durch die Verlangsamung der Anströmung des nach hinten drehenden Blatts entsteht. Auf diese Weise wird auf den beiden Seiten des Rotorkreises ein gleich starker Auftrieb erzeugt. Die Blätter sind dazuhin an der Blattwurzel mit Dämpfern ausgerüstet, um einen bestimmten Grad von Flexibilität zu gewährleisten und damit die Belastungen auszugleichen, die sich durch die laufenden Laständerungen an der Blattwurzel ergeben.

DER HECKROTOR

Wenn ein Hubschrauber nur einen Rotor besäße, dann würde sich der Rotorantrieb so auswirken, daß der Rumpf sich laufend in der Gegenrichtung dreht. Es handelt sich hier um das Drehmoment, das man durch einen kleinen vertikal drehenden Rotor ausgleichen muß, der an einem Ausleger am Heck montiert ist. Dieser kleine Rotor ist mit dem Hauptrotorantrieb gekoppelt, und seine Wirkung kann durch Änderungen des Blattanstellwinkels so beeinflußt werden, daß man den Hubschrauber damit steuern kann. Der Drehmomentausgleich kann auch dadurch erreicht werden, daß man einen Hubschrauber mit gegenläufigen Zwillingsrotoren ausstattet oder daß man den Antrieb an die Blattspitzen verlegt und den Rotor frei drehen läßt.
Um alle mechanischen Teile eines Hubschraubers betätigen zu können, hat der Hubschrauberpilot vier Hauptsteuerelemente: die periodische Blattsteigungssteuerung, die Leistungsänderung des Triebwerks, die nichtperiodische Blattsteigungssteuerung und die Steuerung des Heckrotors.
Die nichtperiodische Blattsteuerung – der Blattverstellhebel – betätigt je Blatt eine Stange, die zu einem Arm an der Blattwurzel führt, mit dem der Anstellwinkel des Blatts verstellt werden kann. Wenn der Pilot diesen Hebel nach oben bewegt, dann kann er den Anstellwinkel aller Rotorblätter gleichzeitig vergrößern; bewegt er ihn nach unten, dann verkleinert sich der Anstellwinkel. Gleichzeitig mit der Vergrößerung des Blattanstellwinkels betätigt ein Nocken automatisch die Leistungseinstellung des Triebwerks – »gibt Gas«. Auf

diese Weise steht für die mehr Kraft erfordernde Blatteinstellung die richtige Leistung zur Verfügung.
Die Leistungsregelung ist Teil der nichtperiodischen oder konstanten Blattsteigungssteuerung und wird durch einen Drehgriff am Blattverstellhebel (ähnlich wie beim Motorrad) vorgenommen, so daß der Pilot beide Steuerfunktionen mit einer Hand ausführen und durch Drehen des Griffs plötzliche Laständerungen kompensieren kann.
Diese Steuerfunktionen nimmt der Pilot mit der linken Hand vor. Seine rechte Hand erfaßt den Steuerknüppel, mit dem die periodische Blattsteigungssteuerung vorgenommen wird und der ähnlich wie in einem koventionellen Fluzeug aussieht und auch ganz ähnlich bewegt wird. Er betätigt eine Taumelscheibe, die nach allen Seiten geneigt werden kann und von der die Verbindungsstangen zu den Blatteinstellungsarmen führen. Je nach der Richtung, in der der Pilot den Knüppel bewegt, wird der Anstellwinkel eines Rotorblatts verstärkt und eines anderen verringert. Wenn der Knüpel nach vorn gedrückt wird, verändert sich die Einstellung jedes einzelnen Blatts – mit der Wirkung, daß die Rotorebene nach vorn geneigt wird und vom Vertikalflug in den Horizontalflug führt. Durch Bewegen des Knüppels in die entsprechende Richtung kann der Pilot den Hubschrauber also auch seitwärts oder rückwärts fliegen lassen.
Der Heckrotor ist wie das Seitensteuer eines konventionellen Flugzeugs und wird in gleicher Weise über Pedale bedient. Wenn der Pilot das linke Pedal nach vorne drückt, dann dreht der Heckrotor den Schwanz des Hubschraubers nach rechts und bringt die Nase des Hubschraubers nach links.

AUTOROTATION

Der Hauptrotor eines Hubschraubers ist mit dem Triebwerk über ein Kupplungs- und Bremssystem verbunden. Ausgekuppelt kann der Pilot das Triebwerk starten und warmlaufen lassen, ohne daß sich der Rotor dreht. Wenn bei der Landung ausgekuppelt ist, wird die Rotorbremse betätigt und auf diese Weise der Rotor gestoppt. Sollte das Triebwerk während des Flugs ausfallen, kann der Rotor ausgekuppelt werden, und der Hubschrauber bewegt sich dann im »Gleitflug« bei frei drehendem Rotor der Erde zu. Dieser Flugzustand wird als Autorotation bezeichnet.

BODENEFFEKT

Wenn ein Hubschrauber in Bodennähe über einer ebenen Fläche im Schwebeflug verharrt, dann führt der vom Rotor erzeugte Luftstrahl zur Bildung einer Zone höheren Luftdrucks zwischen Hubschrauber und Erdoberfläche; dadurch ergibt sich etwas zusätzlicher Auftrieb. Um den Schwebeflug einhalten zu können, muß der Pilot deshalb mit der Leistung zurückgehen. Der Effekt dieses »Luftpolsters« variiert mit der Beschaffenheit der Oberfläche, über der der Hubschrauber gerade schwebt: über unregelmäßigem Gelände ist er schwächer als etwa über der glatten Betonstandfläche eines Flugplatzes. Befindet sich der Hubschrauber über einem schrägen Hang im Schwebeflug, ergibt sich kein Bodeneffekt, weil der Rotorstrahl talabwärts abstreichen kann. Das gleiche ist der Fall, wenn ein starker Wind geht. In diesem Fall wird die Blattspitzenebene gegen den Wind gestellt, um eine Abdrift zu vermeiden, und der Rotorstrahl trifft schräg auf dem Boden auf und verweht mit dem Wind.
Normalerweise verteilt sich der Rotorstrahl – wenn der Hubschrauber über einer ebenen und glatten Fläche schwebt – nach allen Seiten gleichmäßig, so daß das »Luftkissen« ringsherum gleich stark ist. Muß jedoch ein Hubschrauber in einem mehr oder minder geschlossenem Raum – z. B. in einer Waldlichtung – im Schwebeflug verharren, dann kann die Luft des Hubstrahls nicht ungehindert nach allen Seiten entweichen, weil dies (im vorgegebenen Fall) durch die umliegenden Bäume verhindert wird. So steigt die Luft wieder nach oben, um durch die Rotorblätter zu rezirkulieren. Dies ergibt

einen Verlust an Auftrieb. Befinden sich Hindernisse jedoch nur auf einer Seite, dann kann sich dieses Phänomen als gefährlich erweisen: die Luft wandert durch diejenige Seite des Rotors zurück, die dem Hindernis am nächsten ist und erzeugt nun denselben Effekt wie eine nichtperiodische Blattsteigung – die Rotorebene kippt in Richtung auf den Auftriebsverlust. Wenn also der Pilot nicht sofort reagiert, treibt der Hubschrauber auf das Hindernis zu. Mit möglicherweise katastrophalen Folgen.

STRÖMUNGSABRISS

Ein konventionelles Starrflügelflugzeug »verhungert«, wenn die Anströmung des Tragflächenprofils sich zu stark verringert oder wenn der Anstellwinkel über sein Optimum hinaus vergrößert wird und die Strömung über die Tragfläche dadurch abreißt. Dann wird Gewicht und Luftwiderstand größer als Auftrieb und Vortrieb; das Flugzeug senkt die Nase, stürzt, und die Tragfläche wird so lange ihrem Namen nicht mehr gerecht, bis wieder genügend Geschwindigkeit erreicht ist.
Bei einem Hubschrauber kann es zu einem Strömungsabriß kommen, wenn er zu schnell fliegt. Je schneller ein Hubschrauber fliegt, desto schlechter ist es um die Auftriebssymmetrie bestellt: je schneller die Maschine im Horizontalflug wird, desto mehr haben die nach hinten drehenden Blätter zu »schlagen« und dabei ihren Anstellwinkel zu verstärken – bis das Optimum des Anstellwinkels überschritten ist und auch hier die Strömung über dem Blatt abreißt. Das Ergebnis sind schwere Schwingungserscheinungen und eine Tendenz des Hubschraubers zu heftigen Bewegungen um die Rollachse.

ROTORVERFALL

Wenn man ein Gewicht an einem Bindfaden um den eigenen Kopf kreisen läßt, dann spannt sich der Bindfaden um so stärker je schneller man dreht. Jedes Schulkind weiß das. Ein Hubschrauberrotor arbeitet ähnlich. Die Zentrifugalkraft, die von der Rotorumlaufgeschwindigkeit ausgeht, hält die kreisenden Rotorblätter steif und im richtigen Kegel. Dies hängt jedoch von der Geschwindigkeit ab, mit der der Rotor kreist. Wenn die Umdrehungszahl unter den geforderten Wert absinkt, dann kann der Punkt erreicht werden, wo die Blätter – unter dem Gewicht des Hubschraubers – sich immer steiler aufstellen, bis die Belastung an der Blattwurzel zu groß wird und zum Bruch führt. Die Folge ist der Absturz des Hubschraubers.

Das Fliegen eines Hubschraubers erfordert eine gänzlich andere Technik als das Fliegen eines konventionellen Starrflügelflugzeugs. Ein Hubschrauberpilot muß sich die ganze Zeit über auf seine Maschine konzentrieren. Wenn er das eine Steuerelement betätigt, muß er ein anderes nachführen, um einen ausgeglichenen Flug aufrechtzuerhalten. Dies erfordert eine gute Koordinationsfähigkeit. Er muß sich bei seinem Job etwas mehr anstrengen; er kann nicht einfach wie sein Kollege von der Starrflügelzunft seine Maschine für den Horizontalflug austrimmen und dann die Hand vom Steuerknüppel nehmen. In einigen neueren Hubschrauberkonstruktionen ist zwar die Arbeit des Piloten durch automatische Systeme etwas erleichtert, aber ganz ohne seine volle Aufmerksamkeit geht es da auch nicht.

Vor ein paar Jahren erschienen die nachfolgenden »Zehn Gebote für einen Hubschrauberpiloten« in einem Sicherheitshinweis der englischen Fernost-Luftflotte. In spaßhafter Form weisen sie genau auf die Faktoren hin, die unter Umständen den Unterschied zwischen Leben und Tod bedeuten:

1. Du sollst Deine Maschine immer genau überprüfen, oder die Engel im Himmel haben Anlaß, sich auf Deine Betreuung vorzubereiten.

2. Du sollst Dich nicht in die Luft erheben, ohne zu wissen, wieviel Benzin im Tank ist.
3. Du sollst in Bodennähe besonders aufpassen, denn der Fallen zu Deinem Untergang sind gar viele.
4. Du sollst auf Deine Motordrehzahl achten, denn ohne die richtige fällst Du herunter.
5. Du sollst zwischen 3 und 100 Metern Höhe Reserven haben, oder die Erde kommt herauf zu Dir und zerschmettert Dich.
6. Du sollst keine Versuche machen mit Deinem Schwerpunkt, es sei denn Du stolperst über einen Stein.
7. Du sollst nicht mehr Einbildung als Können haben, denn breit ist der Weg des Untergangs.
8. Du sollst beim Anflug zur Landung aufpassen, daß der Wind nicht von hinten kommt, oder Du wirst zur Kasse gebeten.
9. Du sollst darauf achten, daß Dein Heckrotor nicht im Gebüsch hängen bleibt, oder Du verfluchst Deine Kinder und Kindeskinder.
10. Du sollst auf dieses Gebot achten oder Deine Freunde werden Dich betrauern:

»Sicherheit gibt es nur bei dem sichersten Mann, der so sicher fliegt, wie er überhaupt nur kann.«

ANHANG

Drehflügler seit 1907 (in alphabetischer Reihenfolge der Hersteller)

Hersteller	Typenbe-zeichnung	Ursprungs-land	Bemerkungen
Aero	HG-2	CSR	Zweisitziger Leichthubschrauber.
Aerospatiale, siehe unter Sud Aviation			
Aerotechnik	WGM-21	BRD	Vierblatt-Leichthubschrauber ausgelegt für niedrige Flugkosten.
Aerotecnica	AC-13 A	Spanien	Dreisitziger Hubschrauber.
Augusta	A-101 G	Italien	Dreimotoriger mittlerer Hubschrauber.
Augusta	A-101 H	Italien	Passagier- und Frachtversion des A-101 G
Augusta	A-106	Italien	Einsitziger leichter Hubschrauber zur U-Bootbekämpfung.
Augusta	A-109 C	Italien	Zweimotoriger Hubschrauber, aus dem einmotorigen A-109 weiterentwickelt.
Augusta	A-120 B	Italien	Hochgeschwindigkeits-Verbundhubschrauber-Projekt.
Augusta	A-123	Italien	Zweimotoriges mittleres Verbundhubschrauber-Projekt.
Augusta-Bell	Model 47	Italien	Lizenzbauversion der Bell 47.
Augusta-Bell	204 B	Italien	Lizenzbauversion der Iroquois.
Augusta-Bell	205	Italien	Lizenzbauversion der Bell UH-1D/1H. Die 205 A ist eine 14sitzige Passagierversion.
Augusta-Bell	212	Italien	Zweimotoriger mittlerer Hubschrauber.
Augusta-Sikorsky	Sea King	Italien	Lizenzbau des amerikanischen Hubschraubers zur U-Bootbekämpfung.
Air & Space	Model 18 A	USA	Sprungstart-Tragschrauber
ARDC	Omega RP-440	USA	Kranhubschrauber
Avian	2/180 Gyroplane	Kanada	zweisitziger Tragschrauber, angetrieben durch einen 200 PS Lycoming.
Bannick	Model C	USA	Zweisitziger Tragschrauber
Bannick	Model T	USA	Einsitziger leichter Tragschrauber
Baritsky	Gyroplane A	USA	Selbstbau eines zweisitzigen Tragschraubers

Hersteller	Typenbe-zeichnung	Ursprungs-land	Bemerkungen
Bell	Model 30	USA	Versuchshubschrauber, Erstflug 1943
Bell	Model 47	USA	Serienversion des Bell 30. Erstflug 8. Dezember 1945. Stetige Weiterentwicklung für zivilen wie militärischen Einsatz. Bell 47 G ist die meistproduzierte Variante. US-Militärbezeichnungen: UH-13 (USAF), OH-13 und TH-13 T (US Army), TH-13 (US Marine Corps). Sioux AH Mk. 1 und 2 (englische Armee).
Bell	Model 61	USA	Tandem-Rotor-Hubschrauber für die US Navy (Bezeichnung: HSL-1). Hauptsächlich für Ausbildungszwecke eingesetzt. Erstflug 4. März 1953.
Bell	Model 204/205	USA	Hubschrauber für allgemeinen Einsatz Verwundetentransport und Ausbildung. In vielen Ländern im Einsatz befindlich. US-Militärbezeichnungen: UH-1A/B/C/F/L, HH-1K und TH-AF/L Iroquois.
Bell	Model 209 Huey Cobra	USA	Kampfhubschrauber. US Army Bezeichnung: AH-1G. Erstflug des Prototyps 7. September 1965 Zweimotorige Version bei USMC unter der Bezeichnung AH-1J Sea Cobra im Einsatz.
Bell	Model 212	USA	Zweimotoriger Hubschrauber für zivilen und militärischen Einsatz. US-Militärbezeichnung: UH-1N.
Bell	Model 533	USA	Typ Iroquois, für Hochleistungsversuche umgebaut.
Bensen	Model G-8 Gyro-Glider	USA	Motorloser Tragschrauber für Schleppflug hinter einem Fahrzeug. USAF-Bezeichnung: X-25
Bensen	Model 8-M/Vp Gyrocopter	USA	Einsitziger leichter Tragschrauber mit Motor. Version B-8MW mit Schwimmern (»HydroCopter«); B-8MA (»AgriCopter«) ist die landwirt- schaftliche Version zum Absprühen
Berlin-Doman	BD-19	USA	Neunsitziges Transporthubschrauber-Projekt.
Berliner	Berliner Helicopters	USA	Serie von »Huschraubern«, von H. und E. Berliner 1921–24 konstruiert. Le'Rhône-Motoren trieben Rotoren an, die über den Tragflächen von Doppeldeckern angebracht waren.

Hersteller	Typenbe-zeichnung	Ursprungs-land	Bemerkungen
Boeing-Vertol	Model 107	USA	Von zwei Turbinen angetriebener Transporthubschrauber. Militärbezeichnungen: CH-46/UH-46 Sea Knight (USN und USMC), CH-113 Labrador und CH-113 A Voyageur (Kanadische Streitkräfte).
Boeing-Vertol	CH-47 Chinook	USA	Mittlerer Standard-Hubschrauber der US Army für Transport- und LL-Aufgaben sowie Bergung von notgelandeten Flugzeugen.
Bölkow (MBB)	Bö 105	BRD	Mehrzweckhubschrauber, angetrieben von 2 Zweiwellenturbinen, 5sitzig.
Bölkow (MBB)	Bö 106	BRD	7sitzige Version des Bö 105
Bölkow (MBB)	Bö 115	BRD	Panzerabwehrhubschrauber auf der Basis des Bö 105
Borgward	Kolibri	BRD	3sitziger Mehrzweckhubschrauber nach einem Entwurf von Prof. Hinrich Focke
Brantly	B-2	USA	2sitziger Hubschrauber. Erstflug 21. Februar 1953
Brantly	Model 305	USA	Vergrößerte 5sitzige Version des B-2. Erstflug Januar 1964
Bratuchin	Omega	UdSSR	Serie von zweimotorigen Versuchshubschraubern zwischen 1941 und 1945. Omega 2MG (erster Prototyp flog 1943). Varianten: B-5 (5sitzige Passagierversion), B-9 (Ambulanzversion), B-10 und B-11 (fliegender Beobachtungsposten).
Bréguet-Dorand	Gyroplane Laboratoire	Frankreich	Erster wirklich flugfähiger Hubschrauber der Welt, der praktisch einsetzbar war. Erstflug 26. Juni 1935.
Bréguet-Richet	Gyroplane 1 und 2	Frankreich	Versuchshubschrauber, gebaut und geflogen in den Jahren 1907/8
Bristol	Type 173	England	Doppelrotor-Passagierhubschrauber. Erstflug 3. Januar 1952. Nur Prototypen. Bristol 191 war für die Royal Navy, Bristol 192 für die RAF gedacht; letzterer wurde zum Belvedere weiterentwickelt (siehe unter Westland).

Hersteller	Typenbezeichnung	Ursprungsland	Bemerkungen
Bristol	Sycamore	England	Erster ziviler britischer Hubschrauber nach dem Zweiten Weltkrieg. Von der RAF als Rettungshubschrauber eingesetzt.
Brookland	Mosquito	England	Einsitziger leichter Tragschrauber.
Campbell	Curlew	England	2sitziger leichter Tragschrauber
Campbell	Cricket	England	Einsitziger leichter Tragschrauber
Canadair	CL-84	Kanada	Zweimotoriges Kippflügelflugzeug mit Senkrechtstartfähigkeit.
Carson	Super C-4	USA	4sitziger Umbau Bell 47 G.
Cessna	CH-1	USA	4sitziger Mehrzweckhubschrauber.
Chodan	Helicopter	USA	einsitziger Versuchshubschrauber (1966).
Cicarelli	Cicare No.1 und No.2	Argentinien	Einsitziger Leichthubschrauber.
Cierva	Autogiros	England/ Spanien	C.1 bis C.6 in Spanien gebaut, der Rest bis C.40 in England. Der C.30A wurde von Avro unter der Bezeichnung Rota für die RAF gebaut.
Cierva	W.9	England	Hubschrauber mit Drehmomentausgleich durch Steuerdüsen statt Heckrotor. Flugversuche 1946.
Cierva	Grasshoper	England	4sitziger ziviler Hubschrauber 1969 Beginn der Bodenversuche.
Continental Copters	El Tomcat	USA	Landwirtschaftsversion des Bell 47 G
Cornu	Hélicoptère	Frankreich	Erster Hubschrauber der mit Pilot einen Freiflug durchführte (1907).
Curtiss-Bleeker	Helicopter	USA	Versuchshubschrauber mit 4 Rotoren, 1930 gebaut und geflogen.
CZAL	HC-2 Helibaby	CSR	2sitziger Leichthubschrauber
D'Ascanio		Italien	Versuchshubschrauber 1930.
De Brothezat	Flying X	USA	Versuchshubschrauber mit 4 Rotoren. Erstflug 18. Dezember 1922. Über 100 Flüge.
Del Mar	Whirlymite	USA	Trainer für Hubschrauberpiloten.
Del Mar	DH2-C	USA	Hubschrauber zur Flugzieldarstellung (1969 gestrichen).

Hersteller	Typenbe-zeichnung	Ursprungs-land	Bemerkungen
Doblhoff	WNF-342	Deutschland	Versuchsentwicklung eines Hubschraubers mit Blattspitzenantrieb, während des Zweiten Weltkriegs.
Doman	LZ-1A	USA	Versuchsversion des Sikorsky R-6 mit einem neuen Rotorsystem.
Doman	LZ-4/5	USA	Mehrzweckhubschrauber (1955).
Doman	D-10B	USA	Einsitziger Mehrzweckhubschrauber.
Dornier	Do 32	BRD	Ultraleichter einsitziger Hubschrauber.
Dornier	Do 132	BRD	5sitziger Hubschrauber mit Blattspitzenantrieb (Projekt).
Dornier	Do 32K	BRD	Mobiler Beobachtungsposten mit gefesselter Rotorplattform.
Ellehammer		Dänemark	Serie von Versuchs-Rotorflugzeugen, von Jacob Christian Ellehammer in den Jahren 1910–16 und nach 1930, teils in verkleinertem Maßstab, gebaut und geflogen.
Enstrom	F.28	USA	3sitziger leichter Hubschrauber. Erstflug 27. Mai 1962.
Fairchild-Hiller	FH-1100	USA	5sitziger Mehrzweckhubschrauber mit Turbinenantrieb. Erstflug 26. Januar 1963.
Fairey	Gyrodyne	England	Versuchs-Kombinationsflugschrauber Erstflug (G-AIKF) 7. Dezember 1947.
Fairey	Jet Gyrodyne	England	Umbau des zweiten Prototyps mit Druckluftdüsen als Blattspitzenantrieb (1954).
Fairey	Rotodyne	England	40sitziger Passagier-Verbundflugschrauber. Das Projekt wurde 1962 aufgegeben.
Fairey	Ultra-Light	England	2sitziger Beobachtungs-Hubschrauber mit Blattspitzenantrieb durch Druckluftdüsen.
Fiat	7002	Italien	7sitziger Mehrzweckhubschrauber.
Filper	Beta 200	USA	3–4sitziger Hochgeschwindigkeitshubschrauber. Erstflug 26. Mai 1966.
Flettner	Fl 184	Deutschland	Einsitziger Tragschrauber (1935).
Flettner	Fl 185	Deutschland	Versuchshubschrauber. Prototyp (D-EFLT) flog 1936. Dreiblatt-Hauptrotor und zwei Rotoren auf Auslegern zum Drehmomentausgleich.

Hersteller	Typenbezeichnung	Ursprungsland	Bemerkungen
Flettner	Fl 265	Deutschland	Prototyp eines Hubschraubers für Seeaufklärung und U-Bootbekämpfung. Erstflug 1939.
Flettner	Fl 282 Kolibri	Deutschland	Hubschrauber für Seeaufklärung und U-Bootbekämpfung; im Zweiten Weltkrieg eingesetzt.
Flettner	FL 285	Deutschland	Entwurf eines verbesserten Fl 282.
Flettner	Fl 339	Deutschland	Entwurf eines größeren Fl 282 für den Transport von 20–24 Mann.
Florine		Belgien	Versuchshubschrauber, flog 1933.
Focke-Achgelis	Fa 223 E Drachen	Deutschland	Transporthubschrauber, aus Fw-61 weiterentwickelt.
Focke-Achgelis	Fa 224 Libelle	Deutschland	2sitziges Schulhubschrauber-Projekt.
Focke-Achgelis	Fa 225	Deutschland	Schlepp-Tragschrauber als Drehflügel-Lastengleiter (»Sturmgleiter«).
Focke-Achgelis	Fa 266	Deutschland	Passagierhubschrauber-Projekt (1938) für 6 Passagiere.
Focke-Achgelis	Fa 269	Deutschland	Kurzstart-Bordjagdeinsitzer – mit zwei großen, langsam laufenden Dreiblatt-Druckschrauben an der Flügelhinterkante, die für Start und Landung bis zu 80° nach unten geschwenkt werden sollten (nur Projekt).
Focke-Achgelis	Fa 283	Deutschland	Mehrzweckhubschrauber-Projekt.
Focke-Achgelis	Fa 284 Fliegender Kran	Deutschland	Entwicklung eines Hubschraubers für schwerste Lasten, abgebrochen wegen Schwierigkeiten bei den Wälzlagern des Rotorantriebs.
Focke-Achgelis	Fa 330 Bachstelze	Deutschland	Schlepp-Tragschrauber zur Vergrößerung des Horizonts von U-Booten.
Focke-Wulf	Fw-61	Deutschland	Hubschrauber mit 2 Hauptrotoren. Erstflug 26. Juni 1936. Fünf Hubschrauberrekorde bis 1939.
Focke-Wulf	Fw-186	Deutschland	Sprungstart-Hubschrauber (nur ein Versuchsmuster).
Gadfly Aviation	HDW.1	England	2sitziger leichter Tragschrauber.
Galaxie	G-100	USA	Einsitziger leichter Hubschrauber.
Gyrodyne	QH-50	USA	Ferngesteuerter Hubschrauber mit Torpedo zur U-Bootbekämpfung.

Hersteller	Typenbe-zeichnung	Ursprungs-land	Bemerkungen
Gyroflight	Hornet	England	Siehe Brookland Mosquito Gyroplane.
Gyroflight	Midge/ Gnat	England	Schlepp-Tragschrauber (Midge 2sitzig, Gnat einsitzig).
Hafner	Gyroplane AR. III	England	Versuchsdrehflügler, Entwurf von Raoul Hafner 1935.
Hafner	Rotachute	England	Einsitziger Gleit-Tragschrauber, für LL-Einsatz während des Zweiten Weltkriegs entwickelt und erprobt.
Havertz	HZ-5	BRD	Einsitziger leichter Hubschrauber, Weiterentwicklung aus HZ-3 (1953) und HZ-4 (1966).
Hiller	Model 360	USA	3sitziger Mehrzweckhubschrauber.
Hiller	UH-12 Serie	USA	Serienversion des Hiller 360. Militärbezeichnungen: H-23 (US Army), HTE-1/2 (US Navy).
Hiller	Hornet	USA	Einsitziger leichter Versuchs-hubschrauber mit Blattspitzenantrieb durch Düsen.
Hiller	Model 1099	USA	6sitziger Mehrzweckhubschrauber.
Hiller	Model 1100	USA	Leichter 4sitziger Beobachtungshub-schrauber. Militärbezeichnung: OH-5A.
Hiller	X-18	USA	Kippflügel-Senkrechtstarter (Versuchsausführung). Erstflug 24. November 1959.
Hiller	XH-44	USA	Erster Hubschrauber-Entwurf von Hiller; erster erfolgreicher amerikanischer Hubschrauber mit koaxialen Doppelrotoren (1944).
Hughes	XH-17	USA	Großer Kranhubschrauber (Versuchs-emodell), ursprünglich von Kellet Aircraft Corp. konzipiert. Erstflug 23. Oktober 1952. Bewährte sich nicht, Projekt wurde aufgegeben.
Hughes	XV-9	USA	Versuchshubschrauber zur Erforschung eines »heißen« Blattspitzenantriebs. Erstflug November 1964.
Hughes	Model 200/300	USA	2/3sitziger leichter Beobachtungshubschrauber. Militärbezeichnung: TH-55 (US Army).
Hughes	Model 369	USA	Turbinengetriebener leichter Beobachtungshubschrauber. Militärbezeichnung: OH-6A
Hughes	Model 500	USA	Zivilversion des Hughes 369.

Hersteller	Typenbe-zeichnung	Ursprungs-land	Bemerkungen
IPD	BF-1 Beija-Flor	Brasilien	2sitziger leichter Hubschrauber. Entwurf: Prof. Focke. Erstflug 1964.
Isacco	Helicogyre	Italien	Serie – leider erfolgloser – Hubschrauber, 1929–35 in Italien, Frankreich, England und Russland von Vittorio Isacco gebaut.
Jakowlew	EG	UdSSR	Versuchshubschrauber
Jakowlew	Jak-24	UdSSR	Tandemrotor-Transporthubschrauber. Erstflug 3. Juli 1943.
Jakowlew	Jak-100	UdSSR	Mehrzweckhubschrauber, Erstflug 1949. Zugunsten des Mil Mi-1 aufgegeben.
Jovair	JOV-3	USA	2sitziger Tandemrotor-Hubschrauber, (1946).
KAI	22A	UdSSR	Einsitziger Leichthubschrauber, entwickelt von den Studenten des Luftfahrtinstituts Charkow.
KAI	KAI-24	UdSSR	2sitziger leichter Tragschrauber.
KAI	KAI-27	UdSSR	2sitziger leichter Hubschrauber.
Kaman	Model 600	USA	Hubschrauber mit zwei ineinanderkämmenden Rotoren. Militärbezeichnungen: HOK-1 (USMC), HUK-1 (USN), H-43A (USAF).
Kaman	HH-43B Huskie	USA	Turbinengetriebene Weiterentwicklung des Model 600. Huskie III war die Zivilversion.
Kaman	UH-2 Seasprite	USA	Seenotrettungshubschrauber für Allwettereinsatz; Mehrzweckeinsatz. Erstflug: 2. Juli 1959.
Kaman	K-700	USA	Mittlerer Hubschrauber, von zwei Wellenturbinen angetrieben, Weiterentwicklung aus Huskie III.
Kaman	K-800	USA	Hochgeschwindigkeits-Kampfhubschrauberbzw. Rettungshubschrauber-Projekt, basierend auf UH-2.
Kaman	Saver	USA	Kleines Drehflügelprojekt mit Turbofan-Antrieb, zur Unterbringung (gefaltet) in einem Pilotensitz. Als Rettungsgerät bei Flugzeugabsturz konzipiert. Entwicklung begann 1971.
Kamov	Ka-8	UdSSR	Einsitziger ultraleichter Hubschrauber (»fliegendes Motorrad«).

Hersteller	Typenbe-zeichnung	Ursprungs-land	Bemerkungen
Kamov	Ka-10	UdSSR	Weiterentwicklung des Ka-8 für Nahaufklärung über See.
Kamov	Ka-15	UdSSR	2sitziger Mehrzweckhubschrauber für die sowjetische Flotte. Erstflug 1952. Ka-15M ist die Zivilversion.
Kamov	Ka-18	UdSSR	4sitziger Mehrzweckhubschrauber für hauptsächlich zivilen Einsatz.
Kamov	Ka-20	UdSSR	Mehrzweckhubschrauber und U-Jagdhubschrauber der Sowjet-Flotte.
Kamov	Ka-22 Wintokryl	UdSSR	Großer Kombinationshubschrauber (1961), später wieder aufgegeben.
Kamov	Ka-25	UdSSR	Zivilversion des Ka-20.
Kamov	Ka-26	UdSSR	Ziviler Mehrzweckhubschrauber.
Kaminski	Gigant	Polen	Einsitziger Versuchshubschrauber mit Blattspitzenantrieb durch Staustrahldüsen (1957).
Kaskr	Kskr-I	UdSSR	Erster sowjetischer Tragschrauber (1929); Nachbau des Cierva C.8.
Kaskr	Kskr-II	UdSSR	Weiterentwicklung aus Kaskr-I mit Gnôme-et-Rhône Titan (1930).
Kayaba	Ka-1	Japan	Entwicklung aus Kellet KD-1. Eingesetzt im Zweiten Weltkrieg.
Kawasaki	KH-4	Japan	4sitziger leichter Mehrzweckhubschrauber, aus Bell 47G entwickelt. Japanische Militärbezeichnung: H-13KH.
Kawasaki	KHR-1	Japan	Versuchsausführung des KH-4 mit starrem Rotor.
Kellet	KD-1	USA	2sitziger Tragschrauber mit direkter Rotorsteuerung.
Kellet	K-2	USA	Erster Tragschrauber von Kellet (1931).
KLAI	KLAI-24	UdSSR	Leichter Tragschrauber des Luftfahrtinstituts Charkow.
Kindermann		BRD	Leichter Versuchshubschrauber mit direkt angetriebenen gegenläufigen Rotoren (Versuchsgerät 1962).
Kjolseth	X-1/X-2	Norwegen	Turbinengetriebene Versuchshubschrauber, 1960. X-2 stürzte im Februar 1962 ab.

Hersteller	Typenbe-zeichnung	Ursprungs-land	Bemerkungen
Kokkola	Ko-1	Finnland	Schlepp-Tragschrauber, 1959. Erster finnischer Drehflügler. Angetriebene Varianten: Ko-2 und Ko-3.
Kokkola	Ko-4	Finland	Einsitziger leichter Tragschrauber. Erstflug 12. Dezember 1961.
Krauss	TRS-1	BRD	Einsitziger leichter Tragschrauber. Erstflug September 1967. Wurde 1970 zur TRS-3 weiterentwickelt.
Lazarow	LAZ-1OH	Bulgarien	2sitziger leichter Hubschrauber mit intermittierendem Blattspitzenantrieb.
Lift Systems	LS-3	USA	2sitziger leichter Versuchs-hubschrauber (1967).
Lipnur	X-08	Indonesien	Einsitziger leichter Hubschrauber (nur Prototyp).
Lockheed	CL-475	USA	Versuchshubschrauber mit starrem Rotor.
Lockheed	CL-595	USA	4sitziger Versuchshubschrauber mit starrem Rotor (1963).
Lockheed	XH-51A	USA	Versuchsausführung eines Verbund-hubschraubers (November 1962).
Lockheed	XH-51N	USA	Hochgeschwindigkeits-Versuchs-hubschrauber mit starrem Rotor.
Lockheed	Model 286	USA	5sitziger Mehrzweckhubschrauber mit starrem Rotor. 2 Prototypen 1965.
Lockheed	AH-56A Cheyenne	USA	2sitziger Kampfhubschrauber als Verbundhubschrauber für Allwettereinsatz gebaut.
Logan	Pixie	USA	Einsitziger leichter Hubschrauber (Amateurbau).
LTV	XC-142A	USA	Kippflügelflugzeug für Senkrechtstart (Versuchsausführung).
Lualdi	L-59	Italien	4sitziger leichter Mehrzweckhub-schrauber, aus den 2sitzigen Typen L.55 und L.57 weiterentwickelt.
Manzolini	Libellula	Italien	Leichter Mehrzweckhubschrauber. Erstflug 1952.
Marchetti	Heliscope	Frankreich	Rotorflügel-Drohne mit elektrischem Antrieb. Erstversuche 1970.

Hersteller	Typenbezeichnung	Ursprungsland	Bemerkungen
Matula	Liliput	Polen	Ultraleichter Hubschrauber mit Blattspitzenantrieb durch Staustrahldüsen (1957).
McCandless	M4 Gyroplane	England	Einsitziger ultraleichter Hubschrauber. Erstflug 1961.
McCulloch	4E Sedan	USA	4sitziger leichter Tandem-Hubschrauber.
McCulloch	MC-4	USA	Vergrößerte Weiterentwicklung des Jovair JOV-3 (1951).
McDonnell	XH-20	USA	Versuchshubschrauber mit Blattspitzenantrieb durch Staustrahldüsen, von USAF 1950 getestet.
McDonnell	XHJD-1	USA	Erster zweimotoriger Hubschrauber der USA. Flog 1946 als »fliegendes Laboratorium«.
McDonnell	XV-1	USA	Erster amerikanischer Kombinationsflugschrauber (1954) mit »kaltem« Blattspitzenantrieb durch Druckluftdüsen. Erreichte bei der Flugerprobung Geschwindigkeiten bis 320 km/h.
McDonnell	Model 120	USA	Versuchsausführung eines kleinen »fliegenden Krans« mit Blattspitzenantrieb. Konnte Nutzlast tragen, die größer als Eigengewicht war.
Merkle	SM 67	BRD	5sitziger Mehrzweckhubschrauber.
Merkle	E 89D/ E 130	BRD	Versuchprojekt eines Hochgeschwindigkeitshubschraubers.
Meridionali	EMA 124	Italien	3sitziger leichter Hubschrauber, in Zusammenarbeit mit Augusta entwickelt.
Mil	Mi-1	UdSSR	Erster sowjetischer Hubschrauber der in die Serienproduktion ging (1950). Viele Varianten.
Mil	Mi-2	UdSSR	Turbinengetriebene Version der Mi-1.
Mil	Mi-4	UdSSR	Mehrzweckhubschrauber, in der UdSSR und den Ländern des Sowjetblocks verbreitet im Einsatz.
Mil	Mi-6	UdSSR	Schwerer Transporthubschrauber.
Mil	Mi-8	UdSSR	Transporthubschrauber, angetrieben durch zwei Wellenturbinen, als Ersatz für Mi-4 gedacht. Bei den Sowjet-Streitkräften und der Aeroflot im Einsatz.

Hersteller	Typenbezeichnung	Ursprungsland	Bemerkungen
Mil	Mi-10	UdSSR	Fliegender-Kran-Version der Mi-6; Mi-10K ist eine Variante mit kurzen Fahrwerksbeinen.
Mil	Mi-12	UdSSR	Bisher größter Hubschrauber der Welt.
KL Aviation	Totabuggy	England	Versuchsausführung eines »fliegenden Jeeps« (1942).
Nagler und Roltz	NR.54/55	Deutschland (Österreich)	Einsitzige ultraleichte Versuchshubschrauber (1940). Flugversuche blieben erfolglos.
Nagler (Vertidynamics)	Vertigiro	USA	Versuchstragschrauber, von Bruno Nagler (siehe vorher), 1964 gebaut und geflogen.
NHI	H-3 Kolibrie	Holland	2sitziger Mehrzweckhubschrauber. Erstflug Mai 1956.
Oemichen		Frankreich	Serie von Versuchshubschraubern, von Etienne Oemichen in den zwanziger Jahren entworfen. Der erfolgreichste war die Nr. 2, die die allerersten Hubschrauberrekorde der FAI erflog (1924).
Pescara		Spanien	Serie von Versuchshubschraubern, Anfang der zwanziger Jahre. Stand mit Oemichen im Wettbewerb um die ersten Rekorde. Baute die ersten Hubschrauber mit Blattsteuerung.
Piasecki	PV-2	USA	Einsitziger Hubschrauber. Erstflug 11. April 1943.
Piasecki	HRP-1	USA	Tandemrotor-Mehrzweckhubschrauber. Erstflug März 1945.
Piasecki	HUP-2	USA	Transport- und Rettungshubshrauber, spätere Bezeichnung Vertol UH-25 Retriever.
Piasecki	HRP-2	USA	Rettungsversion der HRP-1; Erstflug 1949. Nur 5 Maschinen gebaut.
Piasecki (Vertol)	H-21A/B Workhorse H-21C Shawnee	USA	Tandemrotor-Kampfhubschrauber. H-21C (1969) umbenannt in CH-21C.
Piasecki	YH-16	USA	Versuchs-Transport- und Rettungshubschrauber. Erstflug 23. Oktober 1953; Prototyp bei Absturz im Januar 1956 zerstört.

Hersteller	Typenbe-zeichnung	Ursprungs-land	Bemerkungen
Piasecki	PA-59H Airjeep	USA	Versuchsausführung eines »fliegenden Jeep« mit einem Rotor mit kaltem Blattspitzenantrieb. US Army-Bezeichnung: VZ-8P(B).
Piasecki	16H-1 Pathfinder	USA	Versuchs-Verbundhubschrauber. Erstflug 1962. 16-H3J ist die projektierte Geschäftshubschrauberversion.
(Andere Piasecki-Hubschrauber siehe unter Boeing-Vertol.)			
Pitcairn	XOP-1	USA	Versuchstragschrauber, von der US Navy 1932 getestet.
Pitcairn	PA-22	USA	Ziviler Tragschrauber (Cierva-Typ), zu Beginn der dreißiger Jahre gebaut.
Platt-LePage	XR-1	USA	Versuchshubschrauber, von der US Army 1940 getestet.
PZL	BZ-4Zuk	Polen	3sitziger Mehrzweckhubschrauber.
Rotorcraft	Grasshopper	England	2motoriger leichter Versuchshubschrauber. Erstflug März 1962.
Rotorcraft	Minicopter	Südafrika	Einsitziger, ultraleichter Tragschrauber. Erstflug September 1962.
Rotormaster	Boomerang	USA	2sitziger leichter Tragschrauber. Erstflug Juli 1964.
Rotorway	Scorpion	USA	Einsitziger leichter Hubschrauber. Originalversion (1965) als Rotorway Javelin bezeichnet.
Russell	BR-1/BR-2	USA	Einsitzige ultraleichte Tragschrauber. BR-4 als Landwirtschaftsversion gebaut.
Siai-Marchetti	SH-4	Italien	3sitziger leichter Hubschrauber
Siai-Marchetti	SV-20	Italien	2motoriges Projekt eines Hochgeschwindigkeitshubschraubers.
Saunders-Roe	Skeeter	England	2sitziger leichter Hubschrauber; ursprünglich ein Cierva-Entwurf (W.14). 50 Maschinen an Army Air Corps und RAF geliefert, 15 an die deutsche Bundeswehr. Erstflug 8. Oktober 1948.
Scheutzow	Model B	USA	2sitziger leichter Hubschrauber. Erstflug 1966.
Seremet	W.S.3/W.S.4 Minicopter	Dänemark	Einsitziger Rotorgleiter.

Hersteller	Typenbezeichnung	Ursprungsland	Bemerkungen
Seremet	W.S.6 Tragschrauber	Dänemark	Einsitziger leichter Tragschrauber, ähnlich wie W.S.5, aber mit 72 PS McCulloch-Motor.
Siemetzki	ASRO-4	BRD	2sitziger leichter Hubschrauber; aus dem Vormuster ASRO-3-T entwickelt (1962).
Sikorsky		Russland	Entwicklung zweier (nicht erfolgreicher) Drehflügelflugzeuge von Igor Sikorsky, 1909–10.
Sikorsky	VS-300	USA	Erster praktisch verwertbarer Hubschrauber in den USA; erster Freiflug 13. Mai 1940.
Sikorsky	R-4	USA	Erster US-Hubschrauber, der in die Serienfertigung ging. Wurde von US Navy, USAAF, US Coast Guard, RAF und Royal Navy (als Hoverfly I) eingesetzt.
Sikorsky	R-5	USA	Weiterentwicklung der R-4. Erstflug 18. August 1943.
Sikorsky	R-6	USA	Weiterentwicklung der R-4. Erstflug 13. Oktober 1943. Bei USN als HOS-1, bei RAF und RN als Hoverfly II eingesetzt.
Sikorsky	S-51	USA	4sitzige Weiterentwicklung aus der R-5D. Erstflug 16. Februar 1946. Militärbezeichnungen: R-5F, H-5G, H-5H (USAF), HO3S-1 und 2 (USN). Britische Varianten siehe unter Westland.
Sikorsky	S-52	USA	2sitziger Hubschrauber mit Ganzmetall-Rotorblättern. Erstflug 12. Februar 1947. US Army-Bezeichnung: YH-18B.
Sikorsky	S-55	USA	Mehrzweckhubschrauber. Erstflug 9. November 1949. Militärbezeichnungen: H-19 (US Army), HO4S-3 (USN), HRS-1, 2 und 3 (USMC).
Sikorsky	S-56	USA	2motoriger Kampfhubschrauber für das US Marine Corps. (HR2S-1), bei US Army: H-37.
Sikorsky	S-58	USA	Mehrzweckhubschrauber. Erstflug 8. März 1954. Militärbezeichnungen: HSS-1, SH-34 (USN), HUS-1, UH-34 (USMC), CH-34 Choctaw (US Army).

Hersteller	Typenbe-zeichnung	Ursprungs-land	Bemerkungen
Sikorsky	S-59	USA	Turbinengetriebener Versuchshubschrauber aus YH-18B entwickelt.
Sikorsky	S-60	USA	Versuchsprototyp des »fliegenden Krans«. Erstflug 25. März 1959.
Sikorsky	S-61	USA	2motoriger Allwetter-Amphibien-Hubschrauber zur U-Bootbekämpfung. Militärbezeichnungen: RH-3A und SH-3A Sea King, VH-3A, CH-3B. Varianten: S-61L und S-61N (Zivilversionen, S-61R (CH-3 und HH-3), Rettungshubschrauber, S-61F Hochgeschwindigkeits-Versuchshubschrauber.
Sikorsky	S-62	USA	Amphibienhubschrauber mit Turbinenantrieb. HH-52 (US Coast Guard).
Sikorsky	S-64	USA	Schwerer Kranhubschrauber mit Turbinenantrieb. CH-54 (US Army).
Sikorsky	S-65A	USA	Schwerer Transporthubschrauber, durch 2 Wellenturbinen angetrieben. Militärbezeichnungen: CH-53A Sea Stallion (USN), HH-53 (USAF), CH-53D (USMC).
Sikorsky	S-66	USA	Kampfhubschrauberprojekt.
Sikorsky	S-67 Blackhawk	USA	Hochgeschwindigkeits-Kampfhubschrauber mit zwei Wellenturbinen. Erstflug 20. August 1970.
Silvercraft	SH-4A	Italien	Leichter Landwirtschaftshubschrauber, aus SIAI-Marchetti SH-4 entwickelt.
Skyway	AC-35	USA	2sitziger Tragschrauber, der auch auf der Straße fahren kann, aus Entwurf des Jahres 1937 weiterentwickelt.
Sobkow	WS-4	Polen	2sitziger leichter Hubschrauber.
SOH	SOH-1	Ungarn	2sitziger Versuchshubschrauber, unter Erprobung seit 1956.
Sonel (Bannick)	Model T	USA	Einsitziger leichter Tragschrauber.
Sonel	Model C	USA	2sitziger Tragschrauber (1967).
Stierlin		Schweiz	3 einsitzige ultraleichte Hubschrauber (1960–64).
Sud-Aviation (Sud-Est)	SE 3101	Frankreich	Erster rein französischer Hubschrauber nach dem Zweiten Weltkrieg.

Hersteller	Typenbe-zeichnung	Ursprungs-land	Bemerkungen
Sud-Aviation (Sud-Est)	SE 3110	Frankreich	2sitzige Weiterentwicklung aus SE 3101.
Sud-Aviation (Sud-Est)	SE 3120	Frankreich	Prototyp der Alouette, ursprünglich als Landwirtschafts-hubschrauber konzipiert.
Sud-Aviation	Alouette II	Frankreich	Mehrzweckhubschrauber mit Turbinenantrieb.
Sud-Aviation	Alouette II Astazou	Frankreich	Variante mit Antrieb durch Astazou
Sud-Aviation	Alouette III	Frankreich	Größere und stärkere Version der Alouette II.
Sud-Aviation	Djinn	Frankreich	2sitziger Mehrzweckhubschrauber mit Blattspitzenantrieb durch Gasturbine. Erstflug 16. Dezember 1953.
Sud-Aviation	Frelon	Frankreich	Schwerer Transport- und U-Bootsbekämpfungshubschrauber. Erstflug 10. Dezember 1959.
Sud-Aviation	Super Frelon	Frankreich	3motoriger schwerer Mehrzweckhubschrauber. Erstflug 7. Dezember 1962.
Sud-Aviation	SA-330 Puma	Frankreich	Mittlerer Transporthubschrauber, gemeinsam mit Westland produziert.
Sud-Aviation	SA-341 Gazelle	Frankreich	Leichter Mehrzweckhubschrauber, gemeinsam mit Westland produziert.
Tervamaki-Eerola	ATE-3	Finnland	Einsitziger leichter Tragschrauber. Erstflug 11. Mai 1968.
Thruxton	Gadfly	England	2sitziger leichter Tragschrauber (Projekt).
VFW	WFG-H2	BRD	Einsitziger Versuchstragschrauber.
VFW-Fokker	HS Sprinter	BRD	3sitziger leichter Verbundhub-schrauber. Erstflug 1970.
Victa	Victa 67A	Australien	2sitziger Tragschrauber. Erstflug Mai 1962.
von Asboth	AH-1 bis AH-4	Ungarn	Versuchshubschrauber aus den Endzwanziger Jahren.
von Baumhammer		Holland	Mäßig erfolgreicher Hubschrauber, 1930.
Vos	Springbok	Südafrika	2sitziger leichter Hubschrauber, (1964).
Wagner	Sky-Trac	BRD	Leichter Mehrzweckhubschrauber. Erstflug Mai 1965.

Hersteller	Typenbe-zeichnung	Ursprungs-land	Bemerkungen
Wallis	WA-16	England	Einsitziger leichter Tragschrauber. Weiterentwicklungen waren: WA-117, WA-118 Meteorite und WA-119 Imp.
Weilage	Boon	USA	2sitziger leichter Hubschrauber.
Weir	W.5 und W.6	England	Versuchshubschrauber. Erstflüge 6. 6. 1938 und 27. 10. 1939.
Weir	W.7	England	Doppelrotor-Hubschrauberprojekt, (1940).
Weir	W.8	England	Hubschrauber-Entwurf mit Blattspitzenantrieb durch Düsen.
Westland	Dragonfly	England	Lizenzbauversion der Sikorsky S-51.
Westland	Wasp	England	5sitziger Mehrzeckhubschrauber, ursprünglich Saunders-Roe P.531. Erstflug 20. Juli 1958.
Westland	Wessex	England	Lizenzbauversion der Sikorsky S-58. Zivilversion: Wessex 60.
Westland	Westminster	England	Schweres Transporthubschrauberprojekt, zugunsten Fairey Rotodyne aufgegeben.
Westland	Whirlwind	England	Lizenzbauversion der S-55. Whirlwind Serie 3 mit Gasturbine.
Westland	Sea King	England	Lizenzbauversion der Sikorsky SH-3D.
Westland	WG-13	England	2motoriger Mehrzweckhubschrauber für die britischen und französischen Streitkräfte.
Westland	Widgeon	England	5sitziger Mehrzweckhubschrauber, (Weiterentwicklung aus Dragonfly).

Westland produziert auch die folgenden Hubschraubertypen in Zusammenarbeit mit Aerospatiale (Frankreich):

	SA 330 Puma		Mittlerer Transporthubschrauber.
SA 341	Gazelle		Leichter militärischer Hubschrauber.
Wigal	Autogiro	USA	Einsitziger leichter Tragschrauber. Erstflug 23. März 1962.
Wilford	Gyroplane	USA	Versuchstragschrauber der späten dreißiger Jahre. Von der US Navy 1937 unter der Bezeichnung XOZ-1 erprobt.

Auch diese Bücher werden Sie interessieren

Wolfgang Dierich
Das große Handbuch der Flieger

Dieses nunmehr in der „zweiten Generation" vorliegende Nachschlagewerk hat mit seinen Vorgängern eines gemeinsam: es ist aus der Praxis heraus entstanden und führt mitten hinein in die Welt des Fliegers. Es behandelt alle Bereiche der zivilen und militärischen Luftfahrt. Informiert sachkundig, umfassend und systematisch wie kein anderes Buch dieser Art.
684 Seiten, 634 Abbildungen, 7 teilweise illustrierte Anhänge, Leinen, DM 58,—

Heinz A. F. Schmidt
Lexikon der Luftfahrt

Dem heutigen Stand der technischen Entwicklung entsprechend definiert und erläutert das LEXIKON DER LUFTFAHRT die wichtigsten Fachbegriffe aus Aerodynamik, Flugmechanik, Flugzeugbau, Flugnavigation, Fallschirm- und Flugmodellsport, Kunstflug, Geschichte der Luftfahrt, dem zivilen Luftverkehr und der Militärluftfahrt.
420 Seiten, zahlreiche Abbildungen, Karten, Zeichnungen, Schnitte und sonstige erläuternde Darstellungen, Leinen, DM 24,—

Douglas Rolfe/Alexis Dawydoff
Vom Drachen bis zum Jumbo-Jet

Vom Drachen bis zum Jumbo-Jet führen hier Zeichnungen von nahezu 1200 Flugzeugen aus aller Welt. Es ist die umfangreichste Sammlung ihrer Art, von der Idee des Schwingenflugzeugs Leonardo da Vincis aus dem Jahre 1490 bis zum modernsten Flugzeug von heute. Den Zeichnungen der verschiedenen Zeitabschnitte ist jeweils ein zusammengefaßter Text vorangestellt.
416 Seiten, 1165 Abbildungen, Leinen, DM 28,—

Hans J. Ebert
Messerschmitt/Bölkow/Blohm

111 MBB-Flugzeuge 1913—1973

Dies ist kein Typenbuch im üblichen Sinn. Dieser neue Band will vielmehr das Leistungsspektrum der deutschen Luftfahrt vom Segelflugzeug bis zu den modernsten europäischen Gemeinschaftsentwicklungen AIRBUS und MRCA vorstellen. 60 Jahre deutscher Flugzeugbau im Spiegelbild von zwölf Firmen, die sich heute direkt oder indirekt im Firmenverband der größten deutschen Luft- und Raumfahrtfirma MBB wiederfinden.
252 Seiten, 149 Abbildungen, Leinen, DM 28,—

Klaus Hünecke
Flugtriebwerke – Ihre Technik und Funktion

Das Buch beschreibt eine der faszinierendsten Erfindungen der Gegenwart – das Turbinentriebwerk als Flugzeugantrieb! Es wendet sich in erster Linie an von der Neigung her interessierte Leser, ist aber gleichermaßen geeignet für in der Praxis tätige Ingenieure, Studenten, etx. Der Aufbau macht es auch als Nachschlagewerk verwendbar.
256 Seiten, 181 Abbildungen, Leinen, DM 36,—

MOTORBUCH-VERLAG
7 STUTTGART 1
POSTFACH 1370